现代水治理丛书

U0167296

现代水治理与中国特色社会主义制度优势研究

贾兵强　张泽中　山雪艳　马宁　著

中国水利水电出版社
www.waterpub.com.cn
·北京·

内 容 提 要

我国水治理事业是中国特色社会主义制度显著优势的重要表征。本书运用管理学、政治学、马克思主义理论、历史学和社会学等多学科知识，运用综合交叉研究的方法，从理论和案例两个维度，分别从集中力量办大事是中国特色社会主义制度的显著优势、新中国水利事业发展与集中力量办大事的动员组织体制、运行管理、领导责任体制、协同运作以及我国水治理体系和治理能力现代化发展路径等方面探讨我国水治理事业取得举世瞩目成绩的动因，以及中国特色社会主义制度优越性在现代水治理事业中的地位和作用。

本书可供管理学、政治学、马克思主义理论和历史学等学科科研工作者参考，也可以供政府有关部门、水利工作者等阅读，同时还可作为高等院校管理、水利、经济等专业的人文素质教育教材，尤其适合公共管理和马克思主义理论方面的研究生研读。

图书在版编目（CIP）数据

现代水治理与中国特色社会主义制度优势研究 / 贾兵强等著. -- 北京 : 中国水利水电出版社, 2020.8
（现代水治理丛书）
ISBN 978-7-5170-8851-6

Ⅰ. ①现… Ⅱ. ①贾… Ⅲ. ①水资源管理－研究－中国②中国特色社会主义－社会主义制度－理论研究 Ⅳ. ①TV213.4②D621

中国版本图书馆CIP数据核字(2020)第171266号

书　　名	现代水治理丛书 **现代水治理与中国特色社会主义制度优势研究** XIANDAI SHUIZHILI YU ZHONGGUO TESE SHEHUI ZHUYI ZHIDU YOUSHI YANJIU
作　　者	贾兵强　张泽中　山雪艳　马　宁　著
出版发行	中国水利水电出版社 （北京市海淀区玉渊潭南路1号D座　100038） 网址：www.waterpub.com.cn E-mail：sales@waterpub.com.cn 电话：(010) 68367658（营销中心）
经　　售	北京科水图书销售中心（零售） 电话：(010) 88383994、63202643、68545874 全国各地新华书店和相关出版物销售网点
排　　版	中国水利水电出版社微机排版中心
印　　刷	天津嘉恒印务有限公司
规　　格	170mm×240mm　16开本　13印张　255千字
版　　次	2020年8月第1版　2020年8月第1次印刷
定　　价	**68.00**元

“现代水治理丛书”编纂委员会名单

总序

党的十八大以来，党中央从治国理政的层面对治水作出了一系列重要论述和重大战略部署，形成了新时代治水思路与方针，为我国现代水治理开创治水兴水新局面提供了根本遵循。从“节水优先、空间均衡、系统治理、两手发力”的治水方针，到“要从改变自然、征服自然转向调整人的行为、纠正人的错误行为”，再到“重在保护，要在治理”“要坚持山水林田湖草综合治理、系统治理、源头治理”“促进全流域高质量发展、改善人民群众生活、保护传承弘扬黄河文化，让黄河成为造福人民的幸福河”等，为明确和把握现代水治理的目标任务和基本内涵提供了根本要求和科学指引。水治理是关系中华民族伟大复兴的千秋大计。我国地理气候条件特殊，人多水少，缺水严重，水资源时空分布不均，旱涝灾害频发，是世界上水情最为复杂、治水最具有挑战性的国家。从某种意义上讲，一部中华民族的治水史也是一部国家治理史。水是基础性自然资源和战略性经济资源，维护健康水生态、保障国家水安全，以水资源可持续利用保障经济社会可持续发展，是关系国计民生的大事。在水治理过程中，上游与下游、干流与支流、左岸与右岸、河内与河外、洪涝与干旱等自然元素，和开发与保护、生产与生态、生活与生态、物质与文化、行政区域与流域单元等社会元素之间，存在着错综复杂、纵横交织的博弈关系，使得水治理成为现代社会治理中最为复杂的方面之一。中国特色社会主义进入新时代，以节约资源、保护环境、生态优先、绿色发展为主要内容的生态文明建设，对包括水资源、水生态、水环境、水灾害等内容的现代水治理提出了更高目标要求。

现代水治理的关键是综合性与整体性。山水林田湖草之间相互依存、有机联系。实现治水的综合性，就要突破就水治水的片面性，立足山水林田湖草这一生命共同体，统筹兼顾各种要素、协调各方关系，把局部问题放在整个生态系统中来解决，实现治水与治山、治林、治田等有机结合，整体推进。治水的整体性要求：把握区域均衡、全域统筹、科学调控，改变富水区资源流失和缺水区资源匮乏的不合理现象，实现资源区域均衡利用。自然界的淡水总量是大体稳定的，但一个国家或地区可用水资源有多少，既取决于降水多寡，也取决于盛水的“盆”大小，这个“盆”指的就是水生态。要遵循人口资源环境相均衡的客观规律，坚持经济效益、社会效益、生态效益有机统一的辩证关系，科学把握水资源分布和使用的均衡性，包括区域均衡、季节均衡、时空均衡等，实现区域水生态整体良性循环。科学实施水系连通，构建多元互补、调控自如的江河湖库水系联通格局，采用工程蓄水、湿地积存、湖泊吸纳、林草涵养等措施，增强区域防汛抗旱和水资源时空调控能力。

现代水治理的核心是调整人的行为、纠正人的错误行为。在现代水治理中调整人的行为和纠正人的错误行为，必须牢牢把握好水利改革发展的主调，形成水利行业强监管格局。诸多水问题产生的根源，既有经济发展方式粗放和一味追求 GDP 数量增长等原因，也有治水过程中对社会经济关系调整不到位，行业监管失之于松、失之于软等原因。解决复杂的新老水问题，必须全面强化水利行业监管，必须依靠强监管推动水利工作纲举目张，适应新时代要求。在为用水主体创造良好的条件和环境的同时，有效监管用水的行为和结果；在致力于完善用水和工程建设信用体系的同时，重视对其监管体系的建设，维护合理高效用水和公平竞争秩序；在建立并严格执行规范的监管制度的同时，不断开拓创新，改革发展新的监管方式和措施；在实施水利行业从上到下的政府监管的同时，推动水利信息公开，充分发挥公众参与和监督作用。通过水利强监管调整人的行为和纠正人的错误行为，全面实现江河湖泊、水资源、水利工程、水土保持、水利资金等管理运行的规范化、秩序化，对于违反自然规律的行为和违反法律规定的行为实行“零容忍”，管出河湖健康，管出人水和谐，管出生态文明。

现代水治理的策略是政府主体与市场主体协同发力。生态环境问题，归根结底是资源过度开发、粗放利用、奢侈消费造成的。资源开发利用既要支撑当代人过上幸福生活，也要为子孙后代留下生存根基。要解决这个问题，就必须在转变资源利用方式、提高资源利用效率上下功夫。要树立节约集约循环利用的资源观，实行最严格的耕地保护、水资源管理制度，强化能源和水资源、建设用地总量和强度双控管理；要更加重视资源利用的系统效率，更加重视在资源开发利用过程中减少对生态环境的破坏，更加重视资源的再生循环利用，用最少的资源环境代价取得最大的经济社会效益。水资源节约集约利用是全面促进资源节约集约利用的主要组成。我国水资源的总体利用效率与国际先进水平存在一定的差距，水资源短缺已成为生态文明建设和经济社会可持续发展的瓶颈。要站在水资源永续发展和加快生态文明建设的战略高度认识节约用水的重要性，坚持节水优先、绿色发展，大力发展节水产业和技术，大力推进农业节水，实施节水行动，把节水作为水资源开发、利用、保护、配置、调度的前提和基础，进一步提高水资源利用效率，形成全社会节水的良好风尚。

现代水治理的精髓是塑造中华水文化。调整人的行为和纠正人的错误行为除了监管、法治的刚性约束外，还需要充分发挥水文化的塑造功能。一是法律、法规、条例、规章、制度办法等强制性行为规范，这些都是水文化中制度文化功能的集中体现，不仅规范从事水事活动人们的行为，而且要求全社会的人都要共同遵守。二是人们遵循长期以来在水事活动中形成的基本道德、习惯、行为准则及对水和水利的价值判断标准，这是一种情感、意识的内在强制性的规范功能。在现代水治理中，调整人的行为和纠正人的错误行为，需要多措并举，除了严格法律规制、加强政策引导，还要通过塑造主流的精神文化和开展多种形式的宣传教育等方式，对良好的行为加以倡导，对不良的行为加以鞭笞。在传承原有“献身、负责、求实”的水利行业精神基础上，按照新时代水利改革发展的新要求，从对党忠诚、清正廉洁、勇于担当、科学治水、求真务实、改革创新等方面，打造新时代水利行业新精神；通过加强宣传教育，形成全社会爱水、节水、护水的良好氛围。

总之，在深入贯彻“节水优先、空间均衡、系统治理、两手发力”的治水思路，加快推进水利治理体系和治理能力现代化，不断推动“水利工程补短板、水利行业强监管”总基调的新时代，水利工作者理应肩负起为水利事业改革与发展贡献力量的重任，为夺取全面建成小康社会伟大胜利、实现“两个一百年”奋斗目标提供坚实的水利支撑和保障。组织编写“现代水治理丛书”，对华北水利水电大学而言，既是职责所系，也是家国情怀，更是责任与使命。华北水利水电大学是一所缘水而生、因水而兴的高等学府，紧跟时代步伐，服务于国家水资源管理、水生态保护、水环境治理、水灾害防治，是“华水人”矢志不渝的初心；坚持务实水利精神，致力于以水利学科为基础、多学科深度融合的现代水治理研究，是“华水人”义不容辞的担当。近年来，学校顺应国家战略及水利事业改革与发展的需要，先后成立“河南河长学院”“水利行业监管研究中心”“黄河流域生态保护与高质量发展研究院”等研发单位，组织开展了一系列专题及综合研究，并初步形成了“现代水治理丛书”“国际水治理与水文化译丛”等成果。“现代水治理丛书”包括《现代水治理与中国特色社会主义制度优势研究》《现代水利行业强监管前沿问题研究》《现代水治理中的行政法治研究》《现代城市水生态文化研究——以中原城市为例》《现代生态水利项目可持续发展——基于定价的PPP模式与社会效益债券协同研究》5册。这套丛书在政治学、管理学、法学、经济学等学科与中国水问题的交叉融合研究上进行了有益探索，不仅从行政管理层面丰富了我国水治理理论，而且为我国水利事业改革发展实践提供了方案及模式参考，更是华北水利水电大学服务于黄河流域生态保护与高质量发展国家战略的时代担当。

是为序。

中国科学院院士 夏军

2020年6月

前言

党的十九届四中全会首次系统提出了中国特色社会主义制度和国家治理体系具有十三个方面的显著优势，其中有“坚持全国一盘棋，调动各方面积极性，集中力量办大事的显著优势”。集中力量办大事是中国特色社会主义制度的重要特征和突出特征，也能最直接、最形象、最有力体现中国特色社会主义制度的显著优势。集中力量办大事以马克思主义为指导，根本立场是以人民为中心，根本政治保证是党的领导，体现了民主集中制组织原则的生动实践，是中华民族实现从站起来、富起来到强起来历史性飞跃的重大举措，是坚定中国特色社会主义道路自信、理论自信、制度自信、文化自信的基本依据。其中，治水兴水关乎国计民生，功在当代，利在千秋。“治水即治国”，无论是水患治理还是水污染治理，都有着特别重要的政治意义。新中国成立以来，我国建成了一座座举世瞩目的水利重大工程，水资源事业得到迅速发展，防洪除涝、农田灌溉、城乡供水、水土保持、水产养殖、水力发电等都取得了很大成就，逐步成长为水利大国、强国。可以说，水治理事业也是集中力量办大事的重要实践领域。鉴于此，本书作为《现代水治理丛书》之一，基于水治理事业伟大历史成就进行理论和案例分析，为新时代进一步发挥集中力量办大事的显著优势提供重要理论参考和现实依据。

基于此，我们整合现有的学术资源和研究力量，结合学科建设发展，撰写《现代水治理与中国特色社会主义制度优势研究》，详细分析了新中国成立以来我国水利事业取得辉煌历史成就的动因及中国特色社会主义制度优越性在现代水治理事业中的地位和作用。本书的框架结构由集体商定，共分九章内容。基本写作思路是：采取总分的写作方法，先概述，再分述；根据对水治理的认知规律，先学理分析理论部分，再案例分析实践部分。其中第一章绪论是综述和统领部分，通过梳理学术史，明晰写作主要内容、研究方法和创新点。第二章～第五章是理论部分，第六章～第九章是实践部分。本书的撰写人员分工为：第一章、第七章由山雪艳撰写，贾兵强参与第一章部分内容写作；第二章、第三章、第六章由贾兵强撰写；第四章、第九章由张泽中撰写；第五章、第八章由马宁撰写。第一章、第五章、第七章由贾兵强审阅；第二章、第八章由张泽中审阅；第三章、第六章由山雪艳审阅；第四章、第九章由马宁审阅。贾兵强对全书进行统稿。

本书是集体智慧的结晶，也是国家社会科学基金项目“中华水文化信息资源数据库建设研究”（19BTQ008）的阶段性成果。在写作过程中，丛书编纂委会主任、华北水利水电大学校长刘文锴教授对本书的选题、写作给予了指导。华北水利水电大学公共管理学院院长、博士生导师何楠教授对本书的资料收集、框架结构、撰写进度、写作要求提出了建设性建议。李贵成教授经常关注书稿并督促写作进度，同时也提出了许多建设性的建议。感谢秦皇岛市河湖长服务中心主任宋士迎提供了基础资料并提出了建设性建议。我校研究生院、学科办、社科处、财务处、人事处等部门对书稿的编写也提供了大力支持。2019级研究生闫欣珂参与书稿编校。中国水利水电出版社的编辑为本书的出版付出了辛劳。在本书付梓之际，谨向所有支持帮助本书写作和出版的领导、师友和学生表示诚挚的谢意。

在编写过程中，我们参阅了大量参考文献，并尽可能在文中标注相应的参考文献以表对原作者的尊重和感谢，但有些内容可能属于表述雷同或者很难查到原始出处，也许未能全部标出相应参考文献，谨向这些文献的所有作者一并致谢。

由于现代水治理与中国特色社会主义制度优势研究涉及多学科且内容繁杂，加之作者的知识水平所限，本书难免出现不足之处，敬请各位专家学者和读者批评指正。

贾兵强

2020年5月

目录

第一章

绪　论

党的十九届四中全会首次系统提出了中国特色社会主义制度和国家治理体系具有十三个方面的显著优势，其一是“坚持全国一盘棋，调动各方面积极性，集中力量办大事的显著优势”。新中国成立以来，我国建成了一座座举世瞩目的水利重大工程，水治理事业得到迅速发展，逐步成长为水利大国、强国。水治理正是集中力量办大事的重要实践领域，也是我国集中力量办大事这一显著优势最直接、最形象、最有力的体现。在当今中国，坚定“四个自信”，应对“新时代”“大变局”寻求制度和治理支撑，亟需充分认识、论证与进一步发挥集中力量办大事的显著优势。与此同时，水利事业发展也进入了新时代，破解我国新老水问题，亟需总结水治理的发展规律和特色经验，形成中国水治理独创理论体系。对这一主题现实层面的关注和理论层面的反思即是开展本项研究的缘由。本章将在梳理国内外关于水治理和集中力量办大事研究进展的基础上，提出本项研究的切入点，阐明研究思路与主要内容、研究方法和技术路线及创新意图。

第一节　问题的提出

水，是生命之源、生产之要、生态之基。治水兴水关乎国计民生，功在当代，利在千秋。“治水即治国”，水治理有着特别重要的政治意义。治水、调水需要具备强大的动员力、组织力，是集中力量办大事的重要实践领域。将水治理与中国特色社会主义制度显著优势结合起来进行全方位、系统化研究，能够为推进我国水治理体系集中力量办大事的未来发展提供有力的理论指导和学理支撑，具有重要独到的理论价值和应用价值。

一、研究背景

（一）新中国成立 70 年的水治理效能

人多水少，水资源时空分布不均，洪涝干旱等自然灾害频发、多发，是中国的基本国情和水情。民生为上，治水为要。兴修水利、防治水害历来是治国安邦的大事，中国共产党和政府高度重视解决水问题，领导人民开展了轰轰烈烈的水利建设，建成世界上规模最大、功能最全的水利基础设施体系，已经逐步形成了较为完备的防洪减灾工程体系和非工程措施体系，水利面貌发生了翻天覆地的变化，防洪除涝、农田灌溉、城乡供水、水土保持、水产养殖、水力发电、航运等都取得了举世瞩目的成就，彻底改变了数千年来中华大地饱受洪旱之苦、人民群众饱经用水之难的艰辛局面，为经济发展、社会进步、人民生活改善和社会主义现代化建设提供了重要支撑，谱写了中华民族治水史、世界水利发展史上的辉煌篇章❶。

新中国成立 70 年来，我国成功地应对了一系列严重涉水自然灾害，解决了 3 亿多农村人口的饮水安全问题，着力提高了水资源利用效率和效益。水治理的主要成效体现在❶：一是合理开发，保障经济社会发展用水需求。新中国成立初期，全国只有水库 1200 多座，截至 2018 年年底，全国共有各类水库近 10 万座，总库容近 9000 亿 m^3。2018 年我国供水总量比新中国成立初期增加近 5 倍，有力地保障了经济社会持续快速发展。农田有效灌溉面积由 1949 年的 2.4 亿亩增加到 2018 年年底的 10.2 亿亩❷，灌溉面积位居世界第一。二是优化配置，形成调配互济的供水保障格局。70 年来，相继建成了南水北调、三峡、黄河小浪底等一大批水资源配置工程，水资源配置、调控能力得到明显提高，目前建成了比较完备的供水保障体系，“南北调配、东西互济”的水资源配置格局逐步形成，水利工程供水能力达到 8600 多亿 m^3。根据中国工程院 2019 年的评估，我国的供水保障能力已经达到较安全水平。三是节水优先，用水效率和效益显著提高。农业节水方面，实施大中型灌区续建配套节水改造，全国灌溉水利用系数由 2011 年的 0.510 提高到 2018 年的 0.554。工业节水方面，严控高耗水、高污染项目，加快节水技术改造，与 2000 年相比，2018 年万元国内生产总值用水量、万元工业增加值用水量分别下降了 77.4% 和 78.6%。生活用水方面，大力推广节水型器具，加大再生水等非常规水开发利用。四是强化保护，水生态水环境得到修复和改善。70 年来，我国水土流失面积从 367 万 km^2 减少到 274 万 km^2，减幅达 25.3%，通过实施水土保持、退耕还林、京津风沙源治理等重大生态保护修复工程，累计治理水土流失面积 131.5 万 km^2，黄土高原建成淤地坝 5.9 万座。对河北省滹沱河、滏阳河、南拒马河重点河段实施河湖生态补水，实施黄河、塔里木河、黑河、石羊

❶ 马颖卓，轩玮，车小磊，张瑜洪．治水兴水为人民，盛世千秋谱华章：专访水利部部长鄂竟平［J］．中国水利，2019（19）：6－19。

❷ 1 亩≈666.67m^2。

河生态修复，实施白洋淀、衡水湖、永定河、扎龙湿地等生态补水，显著改善生态环境。五是严格监管，以水定需，量水而行。2012 年以来，全面实行最严格水资源管理制度，加强需求管理和用水总量控制，建立全国和各省市县三级行政区的“三条红线”控制指标体系。2012 年至今，全国年用水总量维持在 6100 亿 m^3 左右，以用水总量的微增长支撑经济社会快速发展。

综上所述，在波澜壮阔的治水实践中，我国坚持以人为本、人水和谐的思路，注重科学治水、依法治水，着力强化政府主导、社会协同、全民参与的水利工作格局，全面加强投资、政策、法律、科技等方面的支持，构建了国家、流域、省、市、县五级水利管理体系，走出了一条具有中国特色的治水兴水道路❶。党的十八大以来，党中央把治水作为实现“两个一百年”奋斗目标和中华民族伟大复兴中国梦的长远大计来抓，明确提出“节水优先、空间均衡、系统治理、两手发力”的治水思路，把新中国治水提升到新的高度，推动水利改革发展取得新的历史性成就。

（二）集中力量办大事的制度优势

“积力之所举，则无不胜也；众智之所为，则无不成也。”党的十九届四中全会指出，我国国家制度和国家治理体系具有“坚持全国一盘棋，调动各方面积极性，集中力量办大事”的显著优势。所谓集中力量办大事，就是基于科学的决策，立足于全国的整体和大局，在党的集中统一领导下，调动各方面积极性，科学有效调配各领域各层级的人力、物力、财力等资源力量，集中到解决改革发展稳定中的关键难题，推动具有重大战略意义的尖端项目和重大活动，应对危及公共安全和正常秩序的危机事件上，以不断满足人民对美好生活向往的需要❷。新中国诞生之初，国家一穷二白，百废待兴。中国共产党坚持把马克思主义基本原理同中国具体实际相结合，建立和完善中国特色社会主义制度，逐步形成了集中力量办大事的独具特色的举国体制，从而用几十年的时间走完了发达国家几百年的发展历程，创造了世所罕见的经济快速发展奇迹和社会长期稳定奇迹，中华民族迎来了从站起来、富起来到强起来的伟大飞跃。

新中国是通过革命的方式挣脱对外依附而成立的。成立初期，新中国面临强大的外部压力，必须走优先发展重工业的道路以确保军事安全和经济独立。1956 年，毛泽东在《论十大关系》中提出集中力量发展生产力和走中国工业化道路。在资本极其稀缺的情况下，只能依靠自身的力量，也只能把有限的资本、技术力量等资源集中到办好工业化这一国家大事上。这正是新中国实行集

❶ 涂曙明，邓淑珍，等．第六届世界水论坛向全球发出倡议：治水兴水，时不我待，全球治水，迫在眉睫，中国治水，世界瞩目 [J]. 中国水利，2012 (6)：1-5。

❷ 傅慧芳，苏贵斌．集中力量办大事制度优势转化为公共危机治理效能的内在机理及实现机制 [J]. 福建师范大学学报（哲学社会科学版），2020 (3)：9-15，168。

中力量办大事的逻辑起点，以及与之对应的动员全国人民自力更生、艰苦奋斗的历史逻辑。这样的逻辑并非是一种推断，而是第一代中央领导集体基于当时的实际条件所进行的思考和真实的实践探索❶。之后著名的“南方谈话”中提到：“现在，我们国内条件具备，国际环境有利，再加上发挥社会主义制度能够集中力量办大事的优势，在今后的现代化建设过程中，出现若干个发展速度比较快、效益比较好的阶段，是必要的，也是能够办到的。我们就是要有这个雄心壮志!”在谈论“六五”计划时明确指出：社会主义同资本主义比较，它的优越性就在于能做到全国一盘棋，集中力量，保证重点。中共十四大报告提出，集中必要的力量，高质量、高效率地建设一批重点骨干工程，抓紧长江三峡水利枢纽、南水北调、西煤东运新铁路通道、千万吨级钢铁基地等跨世纪特大工程的兴建❷。对于加大人才培养的力量，中共十四大报告指出要发挥社会主义集中力量办大事的优势：“要建立一套能够发挥社会主义集中力量办大事和社会主义市场经济体制这两种优势的创新机制，形成一个拴心留人的环境，培育一个争相创新的氛围，使优秀人才脱颖而出，发挥才干。”2006 年青藏铁路通车庆祝大会指出：“在建设青藏铁路的过程中，从中央到地方上百个单位、十几万建设大军同舟共济、团结协作，自觉服从大局，全力保证大局，形成了青藏铁路建设的强大合力。这一事实再一次充分说明，只要我们坚持发挥社会主义制度能够集中力量办大事的政治优势，并善于把这一优势与市场经济体制的优势有机结合起来，我们就一定能够推动关系国计民生的重大建设项目更快更好地完成。”2011 年，庆祝中国共产党成立 90 周年大会指出，中国特色社会主义制度有利于集中力量办大事、有效应对前进道路上的各种风险挑战。2016 年的全国科技创新大会、两院院士大会、中国科协第九次全国代表大会指出：“科技创新、制度创新要协同发挥作用，两个轮子一起转。我们最大的优势是我国社会主义制度能够集中力量办大事，要形成社会主义市场经济条件下集中力量办大事的新机制”，强调：“我们最大的优势是我国社会主义制度能够集中力量办大事。这是我们成就事业的重要法宝”。

当今世界正经历百年未有的大变局，我国正处于实现中华民族伟大复兴关键时期。顺应时代潮流，适应我国社会主要矛盾变化，必须进一步发挥好我国社会主义制度能够集中力量办大事的优势，集中全社会力量抓重点、补短板、强弱项。只有这样，才能有效应对重大挑战、抵御重大风险、克服重大阻力、解决重大矛盾。

---

❶ 郑有贵．集中力量办大事：中国跨越发展的法宝［J］．人民论坛，2019（13）：26－27。

❷ 江泽民．加快改革开放和现代化建设步伐　夺取有中国特色社会主义事业的更大胜利［N］．人民日报社，1992－10－12（1）。

(三) 集中力量办大事与水治理的内在关联

回首70年水利发展历程，我国积累了宝贵的历史经验，其一就是坚持发挥社会主义制度优越性，凝聚全社会团结治水、合力兴水的巨大力量。水利事业关乎民生、社会经济发展，水利工程是国家重要基础设施和国家发展战略工程，其显著特征为建设周期长、投资往往极大、参与协作建设部门较多，因而必须是全面的系统的建设和推进，是多领域的联动和集成，需要集中力量办大事。可以说，集中力量办大事的制度优势是实现水治理效能的重要法宝，保证了水治埋特别是重大水利工程中人、财、物资源的集结和资源配置，降低了资源配置和使用的机会成本。集中力量办大事是一种集体主义的价值选择，在国家发展战略利益面前，集中力量办大事保证重点，坚持全国一盘棋，立足整体和大局，克服地方局部利益，积极调动各方面积极性，促使水利部、生态环境部、发展改革委、财政部、自然资源部、住房和城乡建设部、林业部等多个部门的联合协作，以及企业、社会组织和公众个人的共同参与，众志成城，团结协作，积力攻关，破解了一盘散沙而想办但办不成且关系国计民生的水利大事的问题。从另一个角度而言，水治理效能是集中力量办大事制度优势的充分体现。"制度优势在运用中呈现"❶，治理效能是制度在实践中被检验的结果，是制度优势的彰显。在新中国成立70年以来的水治理过程中，集中力量办大事的制度优势得以展示和检验。三峡、南水北调、黄河小浪底等一大批水资源配置工程充分彰显了集中力量办大事的中国力量，河长制作为具有中国特色的典型治理模式，也是集中力量办大事的生动体现。

"制度优势只有通过国家治理实践才能转化为国家治理效能，彰显制度优势功能"❷，治理效能是集中力量办大事制度优势的体现和升华。同样，集中力量办大事的制度优势与水治理效能两者之间不是孤立存在的，而是紧密联系、良性互动、相互促进、内在统一的。一方面，水治理只有充分发挥集中力量办大事的制度优势才能实现治理效能目标。水治理举世瞩目的发展成就背后，是各方资源的统筹协调，是举国之力的攻坚克难，正是集中力量办大事这一中国之治的显著优势的体现。另一方面，通过对水治理过程集中力量办大事运行机制的不断反思、学习和调整，能够更好发挥集中力量办大事的制度优势，提升水治理效能。因此，未来应当进一步将集中力量办大事的制度优势与水治理效能有机结合，不断促进集中力量办大事的制度优势更好地向水治理效能转化，以此推进水治理体系与能力的现代化。

---

❶ 韩庆祥．以"制度优势""治理效能"应对"新时代""大变局"［J］．马克思主义与现实，2020（1）：14－20。

❷ 陈金龙，魏银立．论我国制度优势的多维功能［J］．马克思主义理论学科研究，2020，6（1）：67－76。

二、研究意义

本研究以新时代中国特色社会主义思想为指导，深入贯彻落实党的十九大和十九届二中、三中、四中全会精神，以水治理为切入口，深入研究阐释坚持和发挥我国国家制度和治理体系集中力量办大事的显著优势，大力推动实践基础上的理论创新，着力推出有理论说服力、有实践指导意义、有决策参考价值的重大成果，必然对中国独创理论领域的深入研究具有促进作用，同时对水治理实践领域产生支持作用。

（一）理论价值

集中力量办大事以马克思主义为指导，根本立场是以人民为中心，根本政治保证是党的领导，体现了民主集中制组织原则的生动实践，是中华民族实现从站起来、富起来到强起来历史性飞跃的重大举措，是坚定中国特色社会主义道路自信、理论自信、制度自信、文化自信的基本依据。对集中力量办大事显著优势的科学认知和充分彰显，是坚定制度自信的重要体现，也是新时代中国发展进步的根本保障。对此，国内学者们都认为，充分认识集中力量办大事的显著优势的重要性和必要性，迫切需要加强理论研究、增强制度自信。本研究在坚持和完善中国特色社会主义制度、推进国家治理体系和治理能力现代化这一特定背景下研究水治理与集中力量办大事的显著优势问题，旨在坚持好、巩固好已经建立起来并经过实践检验的水治理制度体制机制，及时总结水治理实践中的好经验好做法，构筑中国水治理理论的学术体系、理论体系、话语体系，为坚定制度自信提供理论支撑。这必然涉及对水治理领域集中力量办大事之内涵外延、逻辑起点、制度体系与治理体系构建、逻辑机理、比较优势、成功实践、发展前景等问题的学理研究。因此，本研究将聚焦这些重点和难题，采用科学研究方法展开以水治理为切入口的集中力量办大事显著优势全面性系统化研究，从历史与现实的对照、理论与实践的结合上，深刻解析水治理与集中力量办大事，学理上既有助于认识和把握、深刻领会我国水治理中集中力量办大事的显著优势，也有助于丰富和发展我国水治理理论体系，更有助于构建具有中国特色的学科体系、学术体系、话语体系。

（二）应用价值

基于水治理对坚持和发挥集中力量办大事的显著优势研究，将对我国坚定制度自信、全面建设社会现代化强国具有重要的应用价值和实践意义。一方面，从马克思主义和马克思主义中国化的理论框架出发，基于水治理事业的案例，总结和归纳我国国家制度和治理体系集中力量办大事的经验启示和实现路径，进而为在全面深化改革和全面建设社会主义现代化强国中进一步发挥集中力量办大事的显著优势和提升水治理效能提供政策建议，更加自觉地用中国特色社会主义理论指导工作，在水治理体系和治理能力乃至国家治理体系和治理能力现代化上形成总体效应，取得总体效果。另一方面，从中国共产党治水兴国的伟大实践中汲取“四个自信”的强大力量，有助于深化我国集中力量办大事逻辑机理的认识，增强坚持和发展中国特色社会主义的行动自觉，从而有助于在复杂环境下进一步统一思想、认清方向、找准目标；也有助于全党和全国人民更深刻地领会坚定中国特色社会主义制度自信的重大意义，更清醒地明白自身肩负的历史使命，增强勇气和信心，在实践中更加自觉地投身伟大事业的生动实践，增强国家凝聚力和民族向心力；还有助于进一步巩固和掌握对中国特色社会主义制度的解释权、定义权和话语权，回应和纠正国际上对我国集中力量办大事的误解、偏见和歪曲，不断推进迈向“中国之治”更高境界，为人类制度文明贡献新的中国智慧。

第二节 研 究 综 述

一、水治理相关研究

治理是一种新的管理方式，是各种公共的或私人的个人和机构管理其共同事务的诸多方式的总和[1]，包含了制度、自然资源管理所依据的法律、法规和行动以及政府之外受影响的网络。水治理包含现行的一系列政治、社会、经济和行政管理体制，需要国家、地方政府人员、公民个人及经济利益共同体通力配合参与，他们不仅有层级节制的纵向关系，还有其他的横向关联[2]，涉及的学科领域主要为水资源、环境研究、环境科学、生态学、民用工程、地理学及地球科学等[3]。本研究从广义上的水治理范畴展开相关文献梳理，下面将从水治理综合性研究、水利工程建设研究、水资源管理研究、水生态环境治理研究四个方面展开综述。

（一）水治理综合性研究

“水治理”（water governance）理念已在国际社会引起广泛关注，被认为将替代“可持续管理（sustainable water management）”和“水资源综合管理”（intergrated water resources management，IWRM），成为一种新的水资

[1] Commission on global governance. Our global neighborhood：the report of the comission on global governance [M]. Oxford University Press，1995。

[2] Briscoe J. Water security：why it matters and what to do about it [J]. Innovations：Technology，Governance，Globalization，2009，4 (3)：3-28。

[3] 高春东，吴秀平．基于文献计量的水治理研究国际发展态势分析 [J]. 地球科学进展，2019，34 (3)：324-332。

源管理模式[1]。Biswas 指出，IWRM 解决的是水的再分配、财力资源的分配和环境目标的实施问题，IWRM 不能将宏观或中观尺度的水政策或项目方案在局地实施[2]。Rogers 进一步指出 IWRM 需要一种新的框架，在这个框架内可能需要对政治、法律、规章、体制、民间社会以及消费者之间业已存在的相互关系进行重大变革，而进行这些变革的力度依赖于水治理的变革[3]。关于我国水治理体制历史沿革，吴舜泽等认为可以分为三个阶段[4]：第一阶段（新中国成立初期至 20 世纪 80 年代中期）：以兴利除害为首要任务，水污染防治萌芽起步；第二阶段（20 世纪 80 年代后期至 21 世纪初期）：水开发利用不断强化，水环境保护日益成为重点、难点；第三阶段（21 世纪初期至今）：水资源与水环境、水生态问题相互交织，水的治理保护和可持续利用成为主基调。吴丹等从资源维、社会维、经济维、生态维、环境维 5 个维度设计了我国水治理评估指标体系，综合评估得出：改革开放以来，我国水治理指数从低于 0.235 快速提升至接近 0.70，预测 2030 年我国水治理指数将接近 0.95，基本实现水治理目标，2050 年我国水治理指数将达到最优值，实现水资源利用、水污染排放、水灾害损失、水生态退化面积的"零增长"，全面实现人水和谐[5]。

关于水治理模式的研究，学者们普遍认为正在由政府单中心管理向社会多元共治、多中心治理、协同治理、网络化治理等现代治理模式转变。王亚华从分权到集权将水治理结构分为自由放任、协议、协商、协调、科层五种基本形态[6]。近年来，不少学者开始探讨 PPP 模式在水治理领域的运用，Sahooly 较早地根据也门政府的供水和卫生改革，使用荷兰、德国和世界银行等的资金援助，从购买力评价上探讨 PPP 模式使用的可能性[7]；Ameyaw 认为 PPP 模式可以有效应用在水利基础设施建设上，并针对 PPP 模式在发展中国家供水等

---

[1] Rogers P，Hall A W. Effective water governance [M]. Stockholm：Global Water Partnership，2003。

[2] Biswas A K. Integrated water resources management：a reassessment [J]. Water International，2004，29 (2)：248 - 256。

[3] Rogers P，Hall A W. Effective water governance [M]. Stockholm：Global Water Partnership，2003。

[4] 吴舜泽，姚瑞华，赵越，王东．科学把握水治理新形势完善治水机制体制 [J]. 环境保护，2015，43 (10)：12 - 15。

[5] 吴丹，曹思奇，康雪，王弘跻，刘帅，许贺艳．我国水治理现状评估与展望 [J]. 水利水电科技进展，2019，39 (1)：7 - 14。

[6] 王亚华．从 70 年治水成就看中国制度优势 [J]. 中国水利，2020 (1)：13 - 14。

[7] Sahooly，Anwer. Public - private partnership in the water supply and sanitation sector：the experience of the Republic of Yemen [J]. International Journal of Water Resources Development，2003，19 (2)：139 - 152。

水利基础设施项目中应用的危险因素和评估方法进行了全方位的探讨❶；陈超提出优化城市水环境治理 PPP 模式补偿机制的策略。更具体的，孙金华、王思如等指出我国正在实现以被动式水管理和运动式水管理为特征的传统水管理模式向主动性治理和科学性治理的现代水问题治理模式转变❷。杨选通过采用比较和归纳的方法对日本、美国以及我国上海、北京的水治理模式进行研究，归纳出强制性水污染治理模式、流域性水生态治理模式、景观性水环境治理模式、综合性水系治理模式四大典型水治理模式❸。

关于水治理要素的直接研究并不多见，将其引申至关于国家治理的间接文献来看，可以归纳为“三要素说”：目标要素说、资源要素说和过程要素说。相应地，我们认为水治理主要涉及三方面要素：目标、资源和过程。一是具有指向性，能够有效地达成某一特定目标；二是必须拥有资源作为施展能力的前提条件；三是治理的过程事实上就是能力运作体现的过程，总体上是由政府乃至全社会的人员、结构、制度、流程、文化等各方面要素决定的。

关于我国水治理存在的问题及对策研究，吴舜泽等分析指出我国水治理体制存在统筹不足、职能冲突、制度不协调等问题，认为完善水治理机制，应当促进法规制度体系的完善、协调机制的建立、多元共治模式的探索、党政同责责任的落实以及涉水职能的适度整合和优化等❹。黄秋洪、刘同良、李虹指出，我国目前的水治理体制从特征上说还只是一种管理体制，主要体现在“条条”与“块块”两个方面，导致部门的职能交叉和职责不清，水污染治理不力，只体现政府权力，而未体现社会治理力量，同时缺少横向间交流与协作。因而主张探寻建立新型水治理体制的目标，构建以流域机构为核心的水治理体制，从而推进水治理体系和治理能力的现代化❺。王建华、赵红莉、冶运涛论证了智能水网工程是驱动我国水治理现代化战略实施的集成性载体，并探讨了国家智能水网工程建设方向❻。

---

❶ Effah Ernest Ameyaw, Albert P C. Evaluation and ranking of risk factors in public - private partnership water supply projects in developing countries using fuzzy synthetic evaluation approach [J]. Expert Systems with Applications, 2015, 42 (12): 5102 - 5116。

❷ 孙金华，王思如，朱乾德，李明，陈静．水问题及其治理模式的发展与启示 [J]. 水科学进展，2018，29 (5)：607 - 613。

❸ 杨选．国内外典型水治理模式及对武汉水治理的借鉴 [J]. 长江流域资源与环境，2007 (5)：584 - 587。

❹ 吴舜泽，姚瑞华，赵越，王东．科学把握水治理新形势完善治水机制体制 [J]. 环境保护，2015，43 (10)：12 - 15。

❺ 黄秋洪，刘同良，李虹．创新以流域机构为核心的水治理体制 [J]. 新视野，2016 (1)：101 - 105。

❻ 王建华，赵红莉，冶运涛．智能水网工程：驱动中国水治理现代化的引擎 [J]. 水利学报，2018，49 (9)：1148 - 1157。

（二）水利工程建设研究

国内外普遍认为，新中国成立以来我国顺应水利发展形势，立足基本国情水情，不断创新水利工程建设和管理体制机制，取得了显著成效。孙继昌指出，新中国成立以来，经过大规模水利建设，形成了数千亿元的水利固定资产，初步建成了防洪、排涝、灌溉、供水、发电等工程体系，在抗御水旱灾害、保障经济社会持续稳定发展、保护水土资源和改善生态环境等方面发挥了重要作用❶。吴军安指出，农村水利工程建设已经获得了巨大的成果，进一步强化了农业综合生产能力与防灾抗灾能力，提高了人民群众的生活水平，改变了农村的社会面貌❷。王亚华指出，黄河流域开展了大规模堤防建设，修建了三门峡、小浪底、刘家峡、龙羊峡等干支流水利枢纽和一大批平原蓄滞洪工程，黄河洪水得到有效控制，创造了伏秋大汛 70 年不决口的历史记录。目前长江堤防已经达到了 6.4 万 km，中下游修建了高标准的防洪体系。长江三峡工程建成以后，在 2010 年和 2012 年经受了两次超过 1998 年最大洪峰的考验，为长江流域提供了重要安全保障❸。郑守仁指出，三峡工程具有防洪、发电、航运和供水等巨大综合效益，是治理开发长江的关键骨干工程，枢纽建筑物大坝、电站、船闸和升船机设计，研究解决了许多关键技术问题❹。殷保合指出小浪底工程大胆采用新技术、新设备、新工艺，实现了多项技术突破，系统性地创新了工程建设管理模式，取得了质量优良、工期提前、投资节约的巨大成绩，为我国现代水利水电工程建设管理树立了成功典范❺。

关于我国水利工程建设存在的问题及对策研究，学者们从不同角度切入进行了丰富的研究。薛亚锋等对我国水利工程建设与管理现行技术标准体系进行分析，揭示了现行体系的不足之处，并根据 WTO/TBT 协定要求及新时期我国水利事业的发展要求，对水利工程建设与管理技术标准新体系的建设提出了建议❻。朱涛、韩占峰着重探索了市县水利工程质量监督机构的设置和职能问题，倡导建立一个领导到位、有专职人员、组织结构合理并有配套的规章制度的独立的质量监督机构，有效、公平、公正、公开地对每一宗水利工程实行质量监督，达到使每一宗水利工程都符合质量标准要求❼。胡德秀等分析了对水

---

❶ 孙继昌．加快推进水利工程建设和管理体制改革［J］．中国水利，2011（6）：121－124。

❷ 吴军安．加快水利工程建设，推动乡村振兴：评《水利，农业的命脉：农田水利与乡村治理》［J］．人民黄河，2020，42（4）：167－168。

❸ 王亚华．从 70 年治水成就看中国制度优势［J］．中国水利，2020（1）：13－14。

❹ 郑守仁．三峡工程设计综述［J］．中国电力，2009，42（3）：1－5。

❺ 殷保合．黄河小浪底工程关键技术研究与实践［J］．水利水电技术，2013，44（1）：12－15，26。

❻ 薛亚锋，薛占群，黄林泉，王润海．探析我国水利工程建设与管理现行技术标准体系［J］．中国水利，2008（6）：41－44。

❼ 朱涛，韩占峰．论市县水利工程质量管理体制建设［J］．中国水利，2009（2）：30－32。

利工程风险的防控，内容包括水利工程截流设计、水利建设风险管理、水利工程建设截流施工以及相关监测等，提出了具有我国特色的，具备因地制宜优势的水利工程建设风险防范机制，提出了丰富我国水利建设工程管理决策的新方式❶。李世珠从质量安全重要性的认识着手，提出了水利工程建设质量安全管理的思路和“严把十大关口”的质量安全管理措施，以全面打造工程安全、资金安全、干部安全的优质高效水利工程❷。陈祖煜等主张建立云计算管理平台和系统，云平台解决了水利工程实现信息化管理面临的手工管理、传统模式、分散管理、效率低等难题，可以全面提升水利工程建设信息化管理的整体水平，同时也可以提高工程管理的水平和工程质量❸。赵宇飞等也探讨了计算机技术、互联网等相关应用在水利工程建设管理中的广泛应用❹。就农村水利工程建设而言，赵爱莉指出，我国农村水利工程建设与运行管理由于主体缺失、缺乏统一的建设规划和管理、立项科学性严谨性不够、招投标实施过程僵等原因而导致暴露出诸多问题，结合此现状，提出创新改革框架，建议建立以“省-市（区）-县”三级协商为主要特征的行政管理体制，以县为基础的水利建设管理体制，以及以发挥政府主导，社会主体积极参与的建设和运行管理机制❺。吴军安认为，农村水利工程建设与管理工作存在防洪排涝工程发展有所欠缺、农业节水措施发展缓慢、农村饮水安全系数较低等问题，对此应从以下几个方面入手进行改进：加强农村水利基础设施建设；全面推进农村水利工程管理体制改革；加强农村水利工程建设与管理的组织领导；加大农村生态环境修复力度❻。

（三）水资源管理研究

我国以占全球总量 6%的水资源和 9%的耕地养活了全球约 20%的人口，实现了水资源的有效利用，用水效率快速提升，有效支撑了经济社会的快速发展。这一点在学术界基本达成共识。水资源管理研究的领域较广、范围较大、主题较多，大致可以归纳为以下几大部分。首先，关于水资源管理模式与制度研究，国家间由于历史、传统、地理位置、气候水文条件、政治制度、体制、

---

❶ 胡德秀．水利工程风险与管理［M］．北京：科学出版社，2017。

❷ 李世珠．对水利工程建设质量安全的认识与思考［J］．中国农村水利水电，2019（3）：155-156。

❸ 陈祖煜，杨峰，赵宇飞，金雅芬．水利工程建设管理云平台建设与工程应用［J］．水利水电技术，2017，48（1）：1-6。

❹ 赵宇飞，祝云宪，等．水利工程建设管理信息化技术应用［M］．北京：中国水利水电出版社，2018。

❺ 赵爱莉．我国农村水利工程建设与运行管理体制机制改革研究［J］．中国农村水利水电，2017（3）：195-197，203。

❻ 吴军安．加快水利工程建设，推动乡村振兴：评《水利，农业的命脉：农田水利与乡村治理》［J］．人民黄河，2020，42（4）：167-168。

经济社会发展水平等存在差异，各国水资源管理模式与制度差异较大[1]：以英国、法国等欧洲国家和美国为代表的流域综合管理模式；以新加坡为代表的统一管理模式；以日本为代表的分部门行政和集中协调水资源管理模式；以中国、美国为代表的行政区域水资源管理模式[2]。其次，关于水资源管理制度研究，主要分为供给管理、技术性节水、结构性节水和社会化管理 4 个阶段[3]，由于我国水资源管理制度呈现了相应的时代特征，大致经历了从以工程管理为主，水资源管理分散、制度缺失、中央政府明确水资源公有制、国家负责调配并制定了水价政策，到以行政命令为主，如黄河水量分配方案便是实行水使用权定量分配制度的标志，再到水资源综合管理阶段。随着《中华人民共和国水法》及相关法律的颁布，我国进入了有法可依和取水许可管理阶段，2002 年新水法颁布确立了水资源论证制度，2011 年中央提出了按“三条红线”实施最严格的水资源管理制度[4]，我国水资源管理制度处于不断发展和完善的过程，目前已经确立了以水量分配、取水许可、水资源论证为主的水权管理制度和以全成本核算为原则的水价管理制度[5]。再次，关于水资源管理模型研究，包括水资源管理评价模型、模拟模型、综合模型，其中评价模型相关研究较多，通常是构建水资源管理评价指标体系，采用不同的模型，分别对区域水资源管理的绩效、政策、管理水平、承载力、脆弱性等进行科学评价，为制定区域水资源管理政策提供了一定的参考。此外，学者们广泛采用 SWAT 模型对流域水资源、气候变化和土地利用变化的水资源进行研究。第四，关于水资源管理方法与技术研究，多用定量模型来探索，FAYE 等基于模糊逻辑的最小化准则加权参数滑动视界方法，采用线性规划和动态规划方法来解决长期水资源管理的供需问题[6]。MYSIAK 等研究了水资源管理决策支持系统（water resturces management recision support systems），分别介绍了韩国大邱市和欧

---

❶ 李锋瑞，刘七军，李光棣．水资源管理模式评述与展望［J］. 中国沙漠，2008（6）：1174－1179。

❷ 杜桂荣，宋金娜，肖滨，孙雅智．国外水资源管理模式研究［J］. 人民黄河，2012，34（4）：50－54。

龚虹波．“水资源合作伙伴关系”和“最严格水资源管理制度”：中美水资源管理政策网络的比较分析［J］. 公共管理学报，2015，12（4）：143－152，160。

❸ 王喜峰．基于二元水循环理论的水资源资产化管理框架构建［J］. 中国人口·资源与环境，2016，26（1）：83－88。

❹ 左其亭，李可任．最严格水资源管理制度理论体系探讨［J］. 南水北调与水利科技，2013，11（1）：34－38，65。

❺ 贾绍凤，张杰．变革中的中国水资源管理［J］. 中国人口·资源与环境，2011，21（10）：102－106。

❻ Faye R M，Sawadogo S，Lishou C，et al. Long－term fuzzy management of water resources systems［J］. Applied Mathematics&Computation，2003，137（2/3）：459－475。

洲研究项目的决策支持系统，促进了城市不同区域水资源的高效配置❶。此外，还有关于应用于水资源管理的群体决策模型、两级线性分水管理模型、非精确多阶段模糊随机规划模型等技术研究，方法不断创新，新方法均需软件实现，促使水资源管理的相关技术和软件也快速更新❷。最后，关于水资源合作管理研究，全球水伙伴（Global Water Partnership，GWP）提出集成水资源管理（integrated water resources management，IWRM），水资源管理模式从传统的以水为中心的命令控制型管理转向公众参与协调的新水资源管理模式，使水资源管理从传统的自上而下命令控制型转向注重参与的自下而上协作型❸。关于公众参与水资源管理，其中对于公众参加听证会的研究较多，学术界总体意见认为这种传统方式不能广泛覆盖公众，只有少部分人能够参与，因此体现公众利益的作用有限，在某些时候往往流于形式。刘红梅、王克强、郑策探讨了我国公众参与水资源管理问题，认为公众应主要参与分配水权、制定水价，建议从微观、中观、宏观三个层面改善公众参与水资源管理，提高公众参与主体的参与意识，完善信息渠道和NGO，加强相关教育、健全法律体系、完善司法保障❹。由于水资源管理涉及区域广、部门多，水资源管理区域合作逐渐兴起，ZHAO等研究了我国大型引水工程—南水北调工程，对其管理法规、控制措施和共同问题进行了研究❺。

（四）水生态环境治理研究

水治理是生态文明的重要内容。水环境治理包括三层涵义：工程技术和生态学意义上的治理；行政管理层面的治理；公共管理学与政治学层面意义上的治理❻。王清军指出我国流域生态环境管理体制变革经历了形成、受挫和调整三个时期，未来发展主要集中体现在流域生态环境管理机构的法治化发展中❼。胡若隐利用数理分析手段，采用实证的案例分析方法，对我国流域水污

---

❶ Mysiak J, Giupponi C, Rosato P. Towards the development of a decision support system for water resource management [J]. Environmental Modelling&Software, 2005, 20 (2): 203-214.

❷ 李加林，田鹏，等．水资源管理研究进展［J］．浙江大学学报（理学版），2019，46（2）：248-260。

❸ 李玉文，陈惠雄，徐中民．集成水资源管理理论及定量评价应用研究：以黑河流域为例［J］．中国工业经济，2010（3）：139-148。

❹ 刘红梅，王克强，郑策．水资源管理中的公众参与研究：以农业用水管理为例［J］．中国行政管理，2010（7）：72-76。

❺ Zhao Z Y, Zuo J, Zillante G. Transformation of water resource management: a case study of the South-to-North Water Diversion Project [J]. Tournal of Cleaner Production, 2017, 163: 136-45.

❻ 范仓海．中国转型期水环境治理中的政府责任研究［J］．中国人口·资源与环境，2011，21（9）：1-7。

❼ 王清军．我国流域生态环境管理体制：变革与发展［J］．华中师范大学学报（人文社会科学版），2019，58（6）：75-86。

染的严峻形势及其治理现实困境进行了研究，指出参与共治将逐步超越地方行政分割体制，可以成为我国水污染治理的基本原则[1]。杨光、唐晓雪、娜雅就城市水环境综合治理提出建议，主张从企业视角以系统化解决路径、创新型科技研发为抓手，形成不断迭代升级的“研、投、技、建、运、融”六位一体全生命周期项目管控体系[2]。吴月提出将技术作为嵌入手段，开展水环境协同治理模式的创新成为重要议题，并以珠三角超大城市群的实践案例阐释了超大城市群水环境协同治理的实践运行、困境，据此提出了相应的政策建议[3]。胡官正等建立了河流类型划分及其水生态环境治理技术路线图设计方法[4]。

河长制作为水生态环境治理的新兴模式，已成为社会各界关注的焦点。刘晓星、陈乐认为河长制最大程度整合了各级党委政府的执行力，弥补了“多头治水”的不足，真正形成全社会治水的良好氛围[5]。任敏对河长制的观察表明，河长制跨部门协同可以较好地解决协同机制中责任机制的“权威缺漏”问题，短期内成效明显、通过横向层面和纵向层面的协调机制，大大提高了协同效率。即使出现跨省治理，由各地省级河长出面协调，也容易达成一致[6]。周建国、熊烨通过对不同层级河长制政策文本内容的分析和江苏河长制实践的观察两种途径审视河长制治水之能与变革之道，发现河长制改革通过职能的垂直整合、政府注意力的转换、问责“倒逼”协作实现了河湖治理绩效的提升[7]。河长制建立起行政系统内部协同机制，使行政系统内部各要素协同运作，产生的集体功效大于各部分总和[8]。但是，学者们也普遍认为，河长制实施与否都不能改变我国多职能部门治水的客观现实。治水部门的责任落实至关重要，而河长制的“责任发包”对于完善整个水资源管理部门的“职责体系”影响甚微，因而河长制面临着系列制度困境和结构性治理问题，如治理层级、治理功

---

[1] 胡若隐．从地方分治到参与共治：中国流域水污染治理研究［M］．北京：北京大学出版社，2012。

[2] 杨光，唐晓雪，娜雅．基于城市发展需求的水环境治理体系研究［J］．区域经济评论，2019（3）：124－128。

[3] 吴月．技术嵌入下的超大城市群水环境协同治理：实践、困境与展望［J］．理论月刊，2020（6）：50－58。

[4] 胡官正，曾维华，马冰然，宋永会．河流类型划分及其水生态环境治理技术路线图［J］．人民黄河，2020，42（7）：7－15。

[5] 刘晓星，陈乐．“河长制”：破解中国水污染治理困局［J］．环境保护，2009（9）：14－16。

[6] 任敏．“河长制”：一个中国政府流域治理跨部门协同的样本研究［J］．北京行政学院学报，2015（3）：25－31。

[7] 周建国，熊烨．“河长制”：持续创新何以可能：基于政策文本和改革实践的双维度分析［J］．江苏社会科学，2017（4）：38－47。

[8] 司会敏，张荣华．“河长制”：河流生态治理的体制创新［J］．长沙大学学报，2018，32（1）：14－18。

能、治理信息和公私部门关系的碎片化[1]。对此，学者们也都针对性地提出了河长制作为一项制度创新需要不断再创新、再提升的观点。姜斌认为未来应与现行水治理体制和管理制度有机衔接，转变被动应急机制为常态实施制度，完善相关配套政策制度，完善法律法规作为支撑，鼓励公众参与河长制[2]；周建国、熊烨指出深化河长制改革需要变“责任发包”为“责任链”，夯实组织基础，强化制度供给，动员多方力量，优化政策工具组合；周建国、曹新富指出未来应当推进河长制法制化、建立完善跨部门协作的程序性机制、建立完善自上而下的考核、激励及督察制度、积极吸纳体制外力量参与以及建立完善基于政治民主协商的流域利益补偿机制等[3]。

二、我国集中力量办大事相关研究

“集中力量办大事”通俗地讲，就是在有限的资源约束下能够排除阻碍，集中人、财、物等各种资源来完成一件具有高难度的事情。若置于举国体制下进行思考，集中力量办大事则要复杂得多。学者们对于我国集中力量办大事的内涵、实践运行及效果、未来政策建议等方面进行了广泛的研究。

（一）集中力量办大事的内涵厘定

首先，“集中”既包括数量意义上的集中，如集中财力、物力和人力建设三峡工程，也包括公共资源配置意义上的聚集，如有效配置各省资源、构建地震灾区“对口支援机制”[4]。“集中”的理论层面蕴含着“二八法则”，即价值观引领下的优先权排序问题，关键在于集中方式的选择，其表现形式有两种：一是以多数服从少数为基础的专制集中制；二是以少数服从多数为基础的民主集中制。在现代化进程里，“集中”强调民主制，因为没有民主的集中，就会放任长官意志，办出事情的效果也多有悖人民的根本利益[5]。从这个角度来看，集中不等同于集权。集权主要是指决策的一切权力集中于上级，下级处于被动受控地位，凡事都依据上级命令办理的体制。而“集中”要求集体决定重大问题，实行少数服从多数的原则，要求权力的行使必须体现大多数人的意志和利益。因而，集中产生的决策结果便是多数人的意见，通常情况下也表现为

---

[1] 丘水林，靳乐山．整体性治理：流域生态环境善治的新旨向：以河长制改革为视角［J］．经济体制改革，2020（3）：18－23。

[2] 姜斌．对河长制管理制度问题的思考［J］．中国水利，2016（21）：6－7。

[3] 周建国，曹新富．基于治理整合和制度嵌入的河长制研究［J］．江苏行政学院学报，2020（3）：112－119。

[4] 毛昭晖．集中力量办大事：中国式真理［J］．廉政瞭望，2008（7）：21－22。

[5] 陶文昭．论中国特色社会主义的文化优势［J］．思想理论教育导刊，2011（8）：65－68。

正确的意见，这正是民主集中制的属性[1]。

其次，“力量”既包括财力、物力和人力等硬力量，也包括人文精神力量等软力量。Danis Wrong 将力量划分为武力、操纵和说服三种形式[2]，Joseph S. Nye 创造性地将“力量”划分为“硬”和“软”两种[3]，硬力量是指有形的物质力量，包括基本资源（如土地面积、人口、自然资源）、军事力量、经济力量和科技力量等，实质是“支配性实力”，软力量的实质是“吸引力”。胡建进一步将软力量概括为政治力、文化力、外交力、社会力[4]。另一方面，现代意义上的集中力量办大事，强调集中的力量还包含决策主体与实施主体的观念行为统一化，接纳融合各种力量[5]。

最后，“大事”的内涵，一方面涉及办事的性质，要分清是好事还是坏事，要考虑所办的事情符不符合人民的根本利益。一般认为政权的性质决定办事的价值取向，集中力量办大事所办的并非全是“好事”[6]。另一方面，涉及办事的规模，彭才栋认为“集中力量办大事”中的“大事”即使不是中央一级的大事，也应该是在某个地方压倒一切、并对全国产生重大影响的大事。此外，还要统筹大事与小事，不集中力量办好大事，就不能办好绝大多数小事；集中力量并不一定能办成大好事，但是不集中力量就一定办不成大好事。真正意义上的大事，是具有政治、治理和民生等共生价值的“大事”。

综上所述，集中力量办大事从本质上而言是一种手段、方法。李文顺、李潇洋认为，集中力量办大事是个优势，但假如是不论性质、不计代价后果、不顾条件、不分场合去办事，未必是什么优势[7]。王再新、高原也从不同维度阐释了集中力量办大事的可能性偏差[8]，如决策偏差、统筹偏差、耦合偏差等。对于新型举国体制之下的集中力量办大事而言，逻辑起点则应是人民长远根本利益的大事，其方式是民主集中制，其范围是有所为有所不为，其结果是公共价值最大化，将民主与集中有效地结合起来，让其先进性、效率性和优越性得

---

[1] 王俊拴，魏佳．关于“集中力量办大事”的政治学思考［J］．社科纵横，2013，28（3）：17－20。

[2] ［美］丹尼斯·朗．权力论［M］．北京：中国社会科学出版社，2001。

[3] ［美］约瑟夫·奈．美国定能领导世界吗［M］．何小东，盖玉云，等，译．北京：军事译文出版社，1992。

[4] 上海社会科学院世界经济与政治研究院．国际体系与中国的软力量［M］．北京：时事出版社，2006。

[5] 毛昭晖．集中力量办大事：中国式真理［J］．廉政瞭望，2008（7）：21－22。

[6] 王占阳．“集中力量办大事”不是什么优越性［J］．领导文萃，2010（9）：37－39。
陶文昭．论中国特色社会主义的文化优势［J］．思想理论教育导刊，2011（8）：65－68。

[7] 李文顺，李潇洋．“集中力量办大事”与社会主义［J］．邯郸职业技术学院学报，2012，25（4）：12－14。

[8] 王再新．集中力量办大事的可能性偏差与纠偏路径［J］．领导科学，2020（10）：61－63。
高原．“集中力量办大事”的可能性偏差及纠偏之策［J］．领导科学，2020（9）：97－99。

到充分发挥，才能真正地办好大事❶。因而，学界普遍认为，我国社会主义制度能够集中力量办大事，且具有集中力量办大事的显著优势。

（二）集中力量办大事的制度与治理体系构建研究

社会主义国家“集中力量办大事”是世界近现代工业化进程的产物，是生产社会化的一般要求与后起工业化国家所面临的内外部环境日趋严酷两种客观因素共同促成的❷❸。夏锦文指出中国特色社会主义制度契合中国国情，具有独特优势，能最大程度整合资源、集中力量办大事、聚焦最大公约数、形成最大同心圆，从而为提升国家治理效能奠定坚实的基础❹。我国国家制度具有集中力量办大事的显著优势，能够实现集中力量办大事的关键在于制度体系构建具有显著优势。概括而言，学界主要从党的领导、人民当家作主、行政、经济、文化、法治等制度方面对集中力量办大事进行了研究。

一是党的领导制度体系。新中国成立后，在共产党的领导下，形成了一个统一而强有力的政权和一个能代表中国人民根本利益、整体利益和长远利益的政治核心，使中国具备了国家法律和政策的统一性、权威性，这构成集中力量办大事的政治前提❺。中国共产党的领导是集中力量办大事的基础和根本政治保证。郑云天指出，在中国党的领导本身就体现出中国特色社会主义制度的优越性，在中国这样的大国要把十几亿人的思想和力量统一起来建设社会主义❻。何自力认为中国共产党的领导在国家经济治理中坚持党总揽全局、协调各方的领导作用，使集中力量办大事成为实施重大国家战略、实现经济快速发展、满足人民日益增长物质和文化需要的重要途径❼。

二是人民当家作主制度体系。以人民为中心是集中力量办大事的根本立场。郝铁川认为我国实行中共领导的多党合作与政治协商制度、人民代表大会制度和民族区域自治制度，集中了人民的意志，避免了一些不必要的牵扯，为集中力量办大事提供了有力的制度支撑❽。李君如也这样认为，政权机构中政府由人民代表大会选举产生并接受其监督，而作为立法机关的人民代表大会实

---

❶ 王俊拴，魏佳．关于“集中力量办大事”的政治学思考［J］．社科纵横，2013，28（3）：17－20。

❷ 彭才栋．历史让“集中力量办大事”成为优越性：邓小平“集中力量办大事”思想不容被解构［J］．探索，2014（5）：168－172。

❸ 彭才栋．集中力量办大事的优越性不容否定［N］．人民日报，2015－05－07（7）。

❹ 夏锦文．国家治理体系和治理能力现代化的中国探索［J］．理论导报，2019（11）：37－39。

❺ 王俊拴，魏佳．关于“集中力量办大事”的政治学思考［J］．社科纵横，2013，28（3）：17－20。

❻ 郑云天．邓小平论中国特色社会主义制度优势［J］．社会主义研究，2013（4）：73－77。

❼ 何自力．不断健全和完善我国经济治理体系［N］．经济日报，2019－12－17（15）。

❽ 郝铁川．办大事能力和防错纠错能力都要强：三论加强党的执政能力建设［J］．马克思主义与现实，2005（6）：103－105。

行的是民主集中制而不是西方那样的两院制，其优越性之一是能够集中力量办大事❶。正是在人民群众的积极支持和广泛参与下，我国发挥集中力量办大事的优势，取得了举世瞩目的伟大成就。

三是中国特色社会主义行政体系。我国坚持一切行政机关为人民服务、对人民负责、受人民监督，建设人民满意的服务型政府，是集中力量办大事的组织基础。李民圣指出强大的战略规划能力也有利于集中力量办大事❷。我国的战略规划全面系统深入，涵盖国家发展的短期、中期和长期发展目标，使得社会的资源流向能够带动发展的重要领域和关键环节，从而实现集中力量办大事。国外学者政要也认为，中国共产党和政府具有战略思维，如法国前总理让-皮埃尔·拉法兰称："中国是当今世界上不多见的对未来制定长期规划的国家"❸。

四是中国社会主义基本经济制度。公有制为主体、多种所有制经济共同发展的基本经济制度是集中力量办大事的经济基础。郝铁川认为在经济制度上，我们实行的是公有制为主体、多种所有制经济共同发展，始终发挥国有经济的主导作用，为集中力量办大事提供了坚实的物质基础❹。徐曼、何益忠认为我国基本经济制度决定了我国的社会主义性质，巩固了党的执政地位，保障了全国各族人民共享发展成果，从而实现在根本利益上高度一致，也是我们能够集中力量办大事的经济基础❺。陶文昭进一步指出，公有制为主体决定了我国的社会主义性质，70 年来事关国计民生的重大工程大多是以国有大型企业为主要力量完成的❻。

五是中国特色社会主义文化制度。中国特色社会主义先进文化的制度是巩固全体人民团结奋斗、集中力量办大事的共同思想基础和提供强大的精神支撑。邹谨、姜淑兰认为，马克思主义指导思想能为集中力量办大事和应对各种风险挑战提供根本指导思想，以爱国主义为核心的民族精神和以改革创新为核心的时代精神能鼓舞人们斗志，中国特色社会主义共同理想能凝聚力量❼。徐

❶ 李君如．从全能型国家体系的改革到现代国家治理体系的重构［J］．毛泽东邓小平理论研究，2017（6）：1－7，108。

❷ 李民圣．为什么说中国特色社会主义制度具有明显制度优势［J］．红旗文稿，2019(4)：14－18。

❸ 李海，范树成．国外学者视野下的中国治理优势［J］．毛泽东思想研究，2018，35(5)：107－112。

❹ 郝铁川．办大事能力和防错纠错能力都要强：三论加强党的执政能力建设［J］．马克思主义与现实，2005（6）：103－105。

❺ 徐曼，何益忠．充分发挥集中力量办大事的制度优势［N］．中国社会科学报，2019－11－07（1）。

❻ 陶文昭．中国何以办成这么多大事：充分发挥社会主义制度优势［J］．理论导报，2019（8）：12－14。

❼ 邹谨，姜淑兰．"五个有利于"：中国特色社会主义制度的显著优势［J］．中央社会主义学院学报，2012（6）：110－113。

曼、何益忠指出，正是在中国特色社会主义先进文化指引下，中国人民在人民幸福、民族复兴这一根本利益上高度一致，才使得在重大事项上实现全国一盘棋、上下一条心，也才能办成一件件利国利民的大事❶。此外，陶文昭指出，中国具有集中力量办大事的悠久历史传统，自古以来就崇尚集体主义的价值观和政治信仰，在几千年历史长河中，中国人民团结一心、同舟共济，成为了守望相助的中华民族大家庭❷。

制度优势必须通过治理效能表现出来。国家治理一切工作和活动都依照中国特色社会主义制度展开，治理体系和治理能力是中国特色社会主义制度及其执行能力的集中体现，就是要把这些制度的显著优势发挥出来。对此，国内学界也对集中力量办大事的治理体系构建进行了相关探讨。一是治理理念。一个国家选择什么样的治理体系，是由这个国家的历史传承、文化传统、经济社会发展水平决定的，是由这个国家的人民决定的。强卫指出我国能够集中国家力量办大事，源于中国共产党以人为本、执政为民的执政理念。我们党始终坚持以人民为中心的发展思想，能最大范围地凝聚共识，使我们办大事始终具有源源不竭的力量❸。张诺夫认为，中国共产党自身蕴含的构成要素为中国国家治理提供意识形态指导，更成为中国国家治理创新的科学理念，体现在为人民服务、集体主义、公平正义，服务、合作治理及责任，民主、公民参与及法治，这些都为集中力量办大事创造了理念前提❹。二是治理结构。在长期的发展过程中，我国形成了一套有效的政府治理结构，即宪政结构与党政结构的二元统一。这种政权和施政体系在力量整合、政治动员、政策实施等方面具有巨大的优越性，“集中力量办大事”极具可能性和现实性❺。毛昭晖指出，中国政府治理结构和决策体制，在政治动员、力量整合、政策推进等方面所具有的强大力量，是世界上任何国家都无法与之相比的❻。夏锦文更是认为，政党是现代国家治理的重要组织力量，并在其间扮演着重要角色，中国共产党让政治领导力、思想引领力、群众组织力、社会号召力等得到极大提升❼。此外，陶希东认为具有中国特色的治理结构体系体现在“党、政、企、社、民、媒”六位一

❶ 徐曼，何益忠．充分发挥集中力量办大事的制度优势［N］．中国社会科学报，2019-11-07（1）。

❷ 陶文昭．中国何以办成这么多大事：充分发挥社会主义制度优势［J］．理论导报，2019（8）：12-14。

❸ 强卫．伟大的国家力量的生动展示［J］．求是，2011（9）：20-22。

❹ 张诺夫．中国共产党的政治方位与国家治理理念的创新［J］．科学社会主义，2014(5)：36-39。

❺ 王俊拴，魏佳．关于“集中力量办大事”的政治学思考［J］．社科纵横，2013，28(3)：17-20。

❻ 毛昭晖．集中力量办大事：中国式真理［J］．廉政瞭望，2008（7）：21-22。

❼ 夏锦文．国家治理体系和治理能力现代化的中国探索［J］．理论导报，2019（11）：37-39。

体及其分工合作、平衡互动的多主体和谐关系❶。三是治理方法。用好“看不见的手”和“看得见的手”，努力形成市场作用和政府作用有机统一，中国有能力集中力量办大事❷。郑有贵也指出我国在改革中不断完善集中力量办大事的路径、机制，在手段上不排斥市场而综合运用计划和市场两种手段，在方式上让行政手段逐步退出而综合运用发展战略、规划、政策的引领和促进❸。王彩波、陈亮总结了我国国家治理方法体系上复合性的特点，包括两个重要组成部分：一是民主化治理、法治化治理及科学化治理等基本方法；二是契约治理、习俗治理及道德治理等辅助性方法❹。邓力平指出大国财政能“集中力量办大事”，“大国财政”与“大国税务”、“大国金融”等的协同配合，政府（财政）与全国人大及其常委会的密切配合，组合出招，合法地调动重要财政资源来服务于国家的最大利益❺。三是治理过程。傅慧芳、苏贵斌指出，我国集中力量办大事的制度优势依赖于全国一盘棋的决策机制、综合协调的组织机制、高效运转的执行机制、问题导向的监督机制❻；美国学者弗朗西斯·福山认为，中国政治体制最大的优势在于能够快速做出复杂的决定，而且决策的效果还不错，至少在经济政策方面如此，这一点在基础设施领域表现得最为明显❼；约翰·奈斯比特指出，中国这套体制好就好在认准了就能够大胆地向前走，不争论，不耗费时间，是一个很高效的体制。❽

（三）集中力量办大事的总体实践效果研究

中国特色社会主义事业之所以能取得举世瞩目的成就，发挥集中力量办大事的显著优势无疑是成功秘诀之一。学者们普遍认可且高度赞同新中国成立以来集中力量办大事的显著成绩，在关系国计民生的重要基础设施建设、重大技术创新、应对自然灾害等方面，集中力量办大事的显著优势得到充分体现。徐曼、何益忠指出正是集中力量办大事的制度优势，使我们实现跨越发展，用几

---

❶ 陶希东．新时代中国社会治理现代化的内涵、特征与路径［J］．治理现代化研究，2018（3）：77－83。

❷ 李民圣．为什么说中国特色社会主义制度具有明显制度优势［J］．红旗文稿，2019（4）：14－18。

❸ 郑有贵．集中力量办大事：中国跨越发展的法宝［J］．人民论坛，2019（13）：26－27。

❹ 王彩波，陈亮．中国特色国家治理现代化的核心要素及其表征：基于“价值多维性-主体层次性-方法复合性”的分析［J］．江苏社会科学，2015（4）：113－120。

❺ 邓力平．人民财政：共和国财政的本质属性与时代内涵［J］．财政研究，2019（8）：3－12，59。

❻ 傅慧芳，苏贵斌．集中力量办大事制度优势转化为公共危机治理效能的内在机理及实现机制［J］.福建师范大学学报（哲学社会科学版），2020（3）：9－15，168。

❼ 李海．中国治理优势源于治理特色［N］．北京日报，2018－12－03（15）。

❽ 赵启正，约翰·奈斯比特，等．对话：中国模式［M］．北京：新世界出版社，2010：33。

十年的时间走完了发达国家几百年的发展历程[1]。新中国成立初期，我国发挥集中力量办大事的制度优势，完成了156项重大工程。之后又在三线地区建起一大批大中型工矿企业，以及成功研制“两弹一星”，在20世纪七八十年代实施了“四三方案”。特别是“两弹一星”，是在政治环境异常严峻、经济条件异常艰苦的条件下，举全国全民之力集中力量办大事的历史丰碑。改革开放后，我国继续发挥集中力量办大事的优势，高质量、高效率地建设了一批重点骨干工程，如长江三峡水利枢纽、南水北调、西煤东运新铁路通道、千万吨级钢铁基地等跨世纪特大工程，如高速铁路网的建设，航天技术的突破，抗洪抢险、抗震救灾中一方有难八方支援等，都是集中力量办大事的生动体现[2]。2008年震惊中外的四川汶川大地震期间的“中国式救灾”，更充分验证了集中力量办大事的公共治理模式在重大危机状态下的巨大价值[3]。郑有贵进一步指出改革开放以来在重大战略性先导产业突围、重大科技攻关、重大基础设施建设领域取得重大突破。王炳林以青藏铁路阐释我国集中力量办大事的成效[4]。中国环境治理也体现了集中力量办大事的优势[5]。党的十八大以来，我国进一步充分发挥社会主义制度集中力量办大事的显著优势，在大飞机、港珠澳大桥、脱贫攻坚等方面取得重大进展，如大兴国际机场的建设充分体现了中国共产党领导和我国社会主义制度能够集中力量办大事的政治优势。综上所述，新中国通过集中力量办大事，到20世纪70年代末建立起比较完整的工业体系和国民经济体系，到现今已建立起全世界最完整的现代工业体系[6]。

（四）进一步发挥集中力量办大事的显著优势研究

新时代，集中力量办大事依然是我们成就事业的法宝。当前中国仍是发展中国家，还在追赶发达国家，其内外部环境并未发生实质性的改变。为了在变幻莫测的国际经济政治环境中立于不败之地，并不断推进中华民族复兴的进程，中国仍有必要保持“集中力量办大事”的能力[7]。新时代开启全面建设社会主义现代化国家新征程中无疑仍需坚持和发挥这一显著优势，切实将这一制度优势转化为治理效能。对此，学者们主要从以下四个方面展开探讨。

---

[1] 徐曼，何益忠．充分发挥集中力量办大事的制度优势［N］．中国社会科学报，2019-11-07（1）。

[2] 广研心．改革开放彰显集中力量办大事优势［N］．中国改革报，2018-08-23（3）。

[3] 毛昭晖．集中力量办大事：中国式真理［J］．廉政瞭望，2008（7）：21-22。

[4] 王炳林．共和国成长之道：为什么能够实现从站起来、富起来到强起来的伟大飞跃［J］．当代世界与社会主义，2019（3）：33-39。

[5] 裴远．环境治理：体现集中力量办大事的优势［N］．社会科学报，2014-02-13（8）。

[6] 郑有贵．集中力量办大事：中国跨越发展的法宝［J］．人民论坛，2019（13）：26-27。

[7] 彭才栋．历史让“集中力量办大事”成为优越性：邓小平“集中力量办大事”思想不容被解构［J］．探索，2014（5）：168-172。

一是充分认识集中力量办大事的显著优势。一方面，学者通过国际化比较，充分论证中国特色社会主义集中力量办大事的显著优势。杨震指出相比欧美发达国家，我国的一个重要优势是能集中力量办大事[1]。一些国外学者也认识到这一点，法新社发表文章称，集中全国资源做大事，这恰恰是美国开展大型基建项目最缺乏的推动力，同时这也反映了中国相对美国的制度优势。另一方面，由于国外学者所持的立场或受其意识形态的影响，其观点比较主观，当前国际主流尚未充分认识到这一显著优势，主要表现为认为中国缺乏真正的民主。“中国现在没有而且可能从未有过一种合宜的民主集中制，也从未完全在国内实行过民主集中制模式”[2]。对此，国内学者们都表达出充分认识集中力量办大事显著优势的重要性和必要性，迫切需要加强理论研究，增强制度自信，姜迎春强调要加强制度宣传教育，讲好中国制度故事，扩大中国制度的影响力和感召力，增进国际社会对我国制度的认识和认同[3]。

二是进一步完善集中力量办大事的制度机制。充分认识和高度评价我们的制度优势，坚定制度自信，并不表示我们的制度已经至善完美，不再需要改革、发展和完善[4]。党的十九届四中全会开创性研究和系统性解决国家制度和国家治理体系问题，科学描绘中国特色社会主义制度体系“图谱”。围绕这一目标，来自不同学科领域的学者们从不同视角展开了研究，提出了进一步发挥集中力量办大事的显著优势的政策建议。苏贵斌指出要始终坚持党的领导、明确“大事”的范围、形成科学民主依法的决策机制、建立调动各方面积极性的执行机制和健全决策贯彻执行的监督机制，进一步建立和完善社会主义市场经济条件下集中力量办大事新机制[5]。

三是将制度优势转化为治理效能。集中力量办大事的制度优势并不直接带来治理效能，只有通过决策、执行、组织和监督机制的有序运行，才能实现制度优势到治理效能的转化[6]。要强化制度执行力，加强制度执行的监督，切实把我国制度优势转化为治理效能。毛昭晖强调要以法治化的手段强化民主决策机制的刚性，使民主决策机制真正成为防范集中力量办大事公共治理模式滥用

---

❶ 杨震．集中力量办大事［N］．光明日报，2016-03-10（6）。

❷ 史蒂芬·C·安格尔．合宜的民主集中制［C］//吕增奎．民主的长征：海外学者论中国政治发展．北京：中央编译出版社，2011：34。

❸ 姜迎春．坚定“四个自信”增强国家共识［J］．红旗文稿，2019（11）：18-20。

❹ 徐曼，何益忠．充分发挥集中力量办大事的制度优势［N］．中国社会科学报，2019-11-07（1）。

❺ 苏贵斌．集中力量办大事的内在逻辑与机制建构［J］．西南石油大学学报（社会科学版），2020，22（3）：63-70。

❻ 傅慧芳，苏贵斌．集中力量办大事制度优势转化为公共危机治理效能的内在机理及实现机制［J］.福建师范大学学报（哲学社会科学版），2020（3）：9-15，168。

的控制阀[1]；郑有贵主张探索完善与社会主义市场经济相适应的集中力量办大事路径和机制，在手段上不排斥市场而综合运用计划和市场两种手段，在方式上让行政手段逐步退出而综合运用发展战略、规划、政策的引领和促进，在主体上不单纯依赖公有制企业而实行多种所有制企业共同推进[2]；虞爱华指出把制度优势转化为治理效能需把握“五个关键”：坚持党的领导，坚定制度自信，提高执行能力，用好科技支撑，加强实践探索[3]。

四是集中力量办大事的纠偏之策。王再新指出应强化执行主体秉持以人民为中心之责并以思维革新为前提，以科学组织为保证，以统筹调配为抓手集中必要的一切人、财、物资源，以协同耦合为关键全面调动各方面力量积极参与，确保集中力量办大事的优势更科学、更充分地发挥出来[4]；高原从办什么事、怎样集中力量、如何办事三方面探讨集中力量办大事的纠偏之策[5]；朱德成等设计了一种国家意志和市场利益相绑定的重大科技任务集中力量办大事组织模式，并就保持科技创新生态的稳定性与生命力提出了配套措施建议[6]。

三、水治理与集中力量办大事相关研究

“治水即治国”，自古以来水治理对于中国国家治理就有特殊意义。1949年以来，新中国开启了从传统治水到现代治水转型的新征程，其治水实践及取得的成就生动诠释了中国国家制度和国家治理体系的显著优势，其中重要的一项就是坚持全国一盘棋、调动各方积极性，集中力量办大事。王亚华指出中国在文明早期由于治水等跨区域公共事务供给面临高昂的合作成本，驱使国家治理利用纵向的行政控制代替横向的政治交易，以较高的管理成本为代价换取合作成本的节约，由此导致了大一统体制及其自我强化特性[7]。当前我国建成了世界上数量最多、规模最大的水利工程体系，三峡工程、小浪底工程、南水北调工程等一大批超级水利工程相继建成，充分彰显了集中力量办大事的显著优势。以三峡工程为例，三峡工程是中国社会主义制度集中力量办大事优越性的典范，这一点学界基本达成共识。卢纯在《百年三峡·治水楷模·工程典范·大国重器——三峡工程的百年历程、伟大成就、巨大效益和经验启示》一文中

---

[1] 毛昭晖．集中力量办大事：中国式真理［J］．廉政瞭望，2008（7）：21－22。

[2] 郑有贵．集中力量办大事：中国跨越发展的法宝［J］．人民论坛，2019（13）：26－27。

[3] 虞爱华．把制度优势转化为治理效能需把握“五个关键”［N］．学习时报，2019－11－25（1）。

[4] 王再新．集中力量办大事的可能性偏差与纠偏路径［J］．领导科学，2020（10）：61－63。

[5] 高原．“集中力量办大事”的可能性偏差及纠偏之策［J］．领导科学，2020（9）：97－99。

[6] 朱德成，刘从，李欣欣．新时期重大科技任务集中力量办大事的组织模式研究［J］．中国电子科学研究院学报，2020，15（4）：299－305。

[7] 王亚华．治水与治国：治水派学说的新经济史学演绎［J］．清华大学学报（哲学社会科学版），2007（4）：117－129。

指出：三峡工程充分折射出中国特色社会主义制度的一系列强大优势，其中就包括坚持全国一盘棋，调动各方面积极性，集中力量办大事的优势，这是我们在新时代坚定中国特色社会主义道路自信、理论自信、制度自信、文化自信的基本依据、有力证明和充分彰显。李京文、李平详细地解读了三峡工程采用集中力量办大事的举国体制，举国体制在三峡工程中的应用保证了三峡工程建设的效率和公平性、科学性。举国体制强调加强规划、集中资源，在国家资源有限的情况下，保证了三峡工程顺利实施；举国体制促使三峡工程的效益得到充分发挥并让全社会受益；举国体制保证了三峡工程立项论证更严格、更充分，组织管理更规范、更精细[❶]。此外，河长制是具有中国特色的典型治理模式，也是集中力量办大事的生动体现。庄超、刘强指出，在河长制的建制与运行中由地方党政一把手担任河长或者总河长，在我国现有国情体制下能够体现“集中力量办大事”的优越性[❷]。司会敏、张荣华认为，河长制的本质是党政负责制，这正是我国政治制度优越性的体现。在党和国家领导体制中，“以党领政”与“条块管理”制度构成了中国特色的国家治理和公共治理模式，正是这种制度安排，才使得我们能够集中力量办大事[❸]。对于未来发展，王亚华表示要坚定制度自信，继续用好中国制度的显著优势，将其不断转化为治水的高效能，实现中国水治理体系和治理能力现代化[❹]。

四、总体性评价

在中国，集中力量办大事既是历史的真实写照，又是社会发展的客观必然。总体而言，尽管国内学术界对我国水治理相关研究相对丰富，但是对于集中力量办大事的显著优势研究尚较匮乏，将两者连在一起进行专题研究的更为少见。2019 年党的十九届四中全会之后，针对集中力量办大事显著优势的相关研究才多起来，并迅速成为了热门话题。从水治理领域来看，不少学者在研究三峡工程、南水北调工程、农村水利工程等时，都不同程度地对我国国家制度和治理体系集中力量办大事相关内容进行了简要的间接阐述，但至今深入直接研究则并不多见，总体上存在着一些有待进一步深入研究的薄弱环节和亟待深入研究的领域。

第一，基本达成一些学术共识，政治阐释有余而学理研究不足。国内外学

❶ 李京文，李平．三峡工程的巨大成就和宝贵经验［N］．人民日报，2014-12-10（7）。

❷ 庄超，刘强．河长制的制度力量及实践隐忧［C］//2017 第九届河湖治理与水生态文明发展论坛论文集，2017：251-255。

❸ 司会敏，张荣华．“河长制”：河流生态治理的体制创新［J］．长沙大学学报，2018，32（1）：14-18。

❹ 王亚华．从治水看治国：理解中国之治的制度密码［J］．人民论坛·学术前沿：1-15。

者们已对我国集中力量办大事的内涵和特征、显著优势、表现及进一步完善等方面做了一定的研究，也取得了比较丰富的研究成果，已基本能把握集中力量办大事的内涵、制度体系和治理体系构建。但目前研究思路大多是围绕着党的十九届四中全会提出十三个显著优势的政治阐释，达到的学术共识尚处于表征层，深度分析研究还不够，学理研究较为欠缺，故尚未形成系统的研究框架和范式，坚定制度自信还需要进一步挖掘、论证和探索集中力量办大事的显著优势。

第二，研究内容呈现普遍性，整体性研究较为欠缺。当前学者们基本上能够从我国国家制度和治理体系层面把握集中力量办大事的显著优势，并对党的领导、人民当家作主、依法治国、经济制度等制度体系及党的治理、政府治理、社会治理等每一部分都有相对深入的研究。但应当看到，中国特色社会主义制度的显著优势是一个系统表达，可称之为“优势叠加”。坚持全国一盘棋，调动各方面积极性，集中力量办大事，背后是一系列制度体系和治理体系的支撑，也正是这些制度优势的集中体现。当前学界已经意识到应当加强坚持和发挥我国国家制度和国家治理体系集中力量办大事的显著优势的整体性研究，但现有研究成果不足，亟需从整体性视角展开全方位、全过程的研究。

第三，梳理回顾有余而概括前瞻不够。就目前的研究成果而言，大量的论著主要是围绕我国国家制度和治理体系集中力量办大事的生成逻辑进行历史性的回顾、勾勒与描述，从内在联系、逻辑结构、完整框架和成熟形态上对集中力量办大事进行哲学概括、提升的成果并不多，一些论著尽管偶有涉及，但仅仅是零散性的，系统性的研究的确少之又少。这种研究方向影响了相关研究成果的深度和前瞻性。哲学社会科学应当积极研究集中力量办大事的发展脉络、内在结构，从而找到历史逻辑、理论逻辑和实践逻辑，总结中国成功的经验与内在规律性的东西。这是理论自身发展的需要，也是国家发展的战略需要，正是相关研究特别需要加强的。

第四，独立研究有余而比较研究不足。目前的理论成果多是就中国国家制度和治理体系集中力量办大事的内容而论中国集中力量办大事的，大多又是从马克思主义理论这一单一视角去论述，研究视角相对狭窄。相比之下，集中力量办大事的比较研究尚显不足，如对中国特色社会主义与经典科学社会主义，与西方市场社会主义、民主社会主义和当代资本主义等集中力量办大事的比较研究则显得不够。同时，集中力量办大事研究是涉及哲学、政治学、管理学、法学、社会学、历史学等多学科、多领域、多视角的论述，跨学科的综合性研究视角亟待加强。

集中力量办大事是我国国家制度和国家治理体系的最大优势，有其深刻的历史逻辑、理论逻辑和实践逻辑，体现在社会发展的各个领域，本研究将基于水治理事业的多案例进行全方位、系统化论证。进一步探讨、发展或突破的空间表现在以下几个方面。

第一，我国集中力量办大事的显著优势的基础性理论有待进一步深化。学者们虽然已对集中力量办大事基础性问题有了较为丰富的研究，也取得了显著的研究成果，但总体而言还不够深入。本研究将在以下几个方面有进一步深化的空间：系统梳理集中力量办大事的内涵，包括政治内涵、制度内涵和实践内涵；系统梳理新中国全国一盘棋思想与集中力量办大事的现代化发展战略的建构；系统梳理国际上典型国家（如印度）的正反面案例，通过比较有力论证我国集中力量办大事的显著优势；增加理论深度，加强战略性思考，形成中国特色话语体系。

第二，我国国家制度和治理体系集中力量办大事的内在逻辑机理有待进一步探索。当前无论是学术界还是政府都已认识到集中力量办大事的显著优势，并从不同方面进行了研究，但是关于集中力量办大事的历史逻辑、理论逻辑和实践逻辑仍缺乏研究，对于集中力量办大事的制度体系和治理体系构建仍显薄弱；对于新时代中国集中力量办大事的形成机理以及战略构建等内容更是缺乏深入理论研究。本研究拟采用唯物辩证法、内容分析法、历史比较分析法、探索性分析等科学理论和方法对其进行分析，预期将在研究思路、方法和结论等方面取得较大进展。

第三，运用实证方法全方位全过程论证我国集中力量办大事的显著优势有待进一步突破。当前学者们主要通过简单罗列一系列典型案例来佐证我国集中力量办大事的显著优势，缺乏深入实际调查的研究。本研究组开展针对性研究和实证研究，基于水治理的视野展开，不仅开展新中国水利事业发展与集中力量办大事的动员组织体制与运行管理模式的主要经验与显著优势研究，还开展新时期水治理河长制与集中力量办大事的领导责任体制与协同运作模式的主要经验与显著优势研究，运用三峡工程、南水北调、黄河治理等多案例来全方位全过程论证我国集中力量办大事的显著优势，从而使得集中力量办大事理论体系更加严谨、科学，同时为未来实践提供经验启示。

第四，新时代如何有效地坚持和发挥我国国家制度和治理体系集中力量办大事的显著优势有待进一步研究。在上述研究基础上，本研究拟从不同层面（历史、实证、比较，或者不同领域），并结合水治理中的领导优势、制度优势、组织人力优势、学习优势等，系统总结我国集中力量办大事显著优势的内容与特征。同时，进行前瞻性研究，提出坚持发挥全国一盘棋思想，调动各方面积极性，集中力量办大事的显著优势，推动水治理体系和治理能力现代化的战略构想，预期在方案设计、实施路径、政策建议以及话语体系构建等方面有一定的突破。

第三节 研究内容与研究方法

本书以新时代中国特色社会主义思想为指导，深入贯彻落实党的十九大和十九届二中、三中、四中全会精神，以新中国水利事业辉煌成就和治理案例为研究对象，按照“理论阐释-案例分析”思路，从理论和实践的维度，对集中力量办大事是中国特色社会主义制度的显著优势、新中国水利事业发展与集中力量办大事的动员组织体制与运行管理、水治理河长制与集中力量办大事的领导责任体制与协同运作、我国水治理体系和治理能力现代化的发展战略进行研究，为宣传、贯彻十九届四中全会精神，推进我国国家制度和治理体系集中力量办大事的未来发展提供有力的理论支持和学理支撑。

一、研究内容

本书由绪论、理论部分和实践部分组成，其中，第一章是绪论，第二章至第五章是理论部分，第六章至第九章是实践部分，主要内容如下。

绪论部分，对选题意义进行阐述，通过对前人研究成果的回顾和综述，明确现代水治理与中国特色社会主义制度优势研究的薄弱环节和学术价值，然后，对研究内容和研究方法进行论述，选取与之相关的研究方法，力图全面、系统、深入地对本书进行概述。

理论部分从以下四个方面对现代水治理与中国特色社会主义制度优势进行研究。

(1) 集中力量办大事是中国特色社会主义制度的显著优势。主要从集中力量办大事的历史逻辑和思想基础、集中力量办大事是中国特色社会主义制度的标识、集中力量办大事是推进我国水治理体系现代化的保障三个方面论述集中力量办大事是新中国取得辉煌成就的重要法宝，是中国特色社会主义制度的鲜明特征和显著优势的重要体现。

(2) 新中国水利事业发展与集中力量办大事的动员组织体制与运行管理模式。主要探讨新中国 70 年水利事业取得的辉煌成就，探究集中力量办大事是我国水利事业取得伟大成就的重要法宝、新中国水利事业发展与集中力量办大事的动员组织体制，并对新中国水利事业发展与集中力量办大事主要经验与显著优势进行总结。

(3) 新时期水治理河长制与集中力量办大事的领导责任体制与协同运作模式。探讨河长制的时代特征与内涵，研究新时期河长制的领导责任体制和协同联动机制，总结分析了新时代新时期水治理河长制与集中力量办大事河长制的领导责任体制与协同联动运作模式的主要经验与显著优势。

（4）坚持和发挥我国国家制度和国家治理体系集中力量办大事的显著优势与发展战略研究。主要探讨水治理内涵、水治理成效、水治理经验，研究以水治理体系构建和治理能力现代化提升的内在逻辑和水治理体系和治理能力现代化的发展战略，构建国家治理战略，最大程度地使集中力量办大事这一中国特色社会主义制度优势得以充分发挥。

实践部分围绕南水北调工程、长江三峡工程、黄河小浪底水利枢纽工程、河长制等重大水治理案例分析，探究新中国水利事业发展与集中力量办大事的主要经验与显著优势。

二、研究方法

（1）文献研究法。新中国水利事业发展与集中力量办大事不仅仅是一个客观现实的问题，同时也是一个主观认识层面的问题。不同立场、利益和情感的人对新中国重大水利工程建设会持有不同的态度和看法。这体现在国内外许多现有的研究成果和文献资料上。本书要大量收集此类文献，通过文献梳理，对不同的观点进行理论分析、现实考辨。

（2）系统分析法。新中国水利事业发展与集中力量办大事显著优势的研究，涉及自然、社会、文化、经济、制度、生态、旅游等众多方面。故必须遵循科学发展观，以水治理、水工程和水文化为研究的出发点，将一般性与特殊性、典型调查与系统分析、专家研究与职能部门对话相结合，既强调理论分析，又注重实用性与可操作性的运用。在此基础上进行综合分析和理论思考，从而梳理一些有学术价值、应用价值和社会意义的结论。

（3）案例分析与比较研究法。研究拟选择现代水利工程——长江三峡、南水北调、黄河小浪底等工程作为研究案例，从集中力量办大事的视角研究其对我国国家制度和国家治理体系产生的影响，研究对象具有一定的实用性并将产生重要的示范效应。同时，通过对不同时期水利事业发展进行一系列的比较研究，主要有人水关系思想及其效果的比较研究，不同时期人水关系思想比较研究，现代人水和谐理论与其他诸如博弈论、价值论等的比较研究。

第四节 创新之处

新中国水利事业发展之所以能办成这么多大事，从根本上说是因为中国具有集中力量办大事的制度优势。我国实行公有制为主体、多种所有制经济共同发展的基本经济制度，这是不断巩固和发展集中力量办大事的经济基础。我们充分发挥政府和市场“两只手”的作用，不断完善集中力量办大事的路径、方式，形成社会主义市场经济条件下集中力量办大事的新机制。我们继承发展国家治理的优秀历史文化传统，使集中力量办大事成为当代中国国家治理的巨大优势。

在研究视角上，以水治理为研究对象，从水治理事业的角度探讨坚持和发挥我国国家制度和国家治理体系集中力量办大事形成的内在机理、建设范式及其实现路径。拓宽坚持和发挥我国国家制度和国家治理体系集中力量办大事研究视域，也为中国特色社会主义建设提供合理的路径选择。

在研究内容上，围绕“集中力量办大事以马克思主义为指导，根本立场是以人民为中心，根本政治保证是党的领导，体现了民主集中制”内容，阐述新中国成立 70 多年来，我国水治理事业形成举世瞩目的“中国之治”，一个重要原因就是充分发挥集中力量办大事的显著优势。集中力量办大事体现了社会化大生产规律的要求，既是国民经济行稳致远的压舱石，也是国家经济治理的重要职能，具有无可比拟的优越性。

在研究方法上，注重体现整体性和系统性思维，在水治理事业中坚持和发挥我国国家制度和国家治理体系集中力量办大事强调党的领导和政府主导作用。同时，以选取代表性案例进行分析论，揭示水治理事业中坚持和发挥我国国家制度和国家治理体系集中力量办大事的形成规律。

第二章

集中力量办大事是中国特色社会主义制度的显著优势

集中力量办大事是新中国取得辉煌成就的重要法宝，是中国特色社会主义制度具有鲜明特征和显著优势的重要体现。社会主义国家有个最大的优越性，就是干一件事情，一下决心，一做出决议，就立即执行，不受牵扯[1]。庆祝中国共产党成立 90 周年大会指出，中国特色社会主义制度有利于集中力量办大事、有效应对前进道路上的各种风险挑战。全国科技创新大会、两院院士大会、中国科协第九次全国代表大会强调，科技创新、制度创新要协同发挥作用，两个轮子一起转。我们最大的优势是我国社会主义制度能够集中力量办大事，要形成社会主义市场经济条件下集中力量办大事的新机制。党的十九届四中全会通过的《中共中央关于坚持和完善中国特色社会主义制度、推进国家治理体系和治理能力现代化若干重大问题的决定》，首次系统提出了中国特色社会主义制度和国家治理体系具有 13 个方面的显著优势，其中有“坚持全国一盘棋，调动各方面积极性，集中力量办大事的显著优势”。并提出我们最大的优势是我国社会主义制度能够集中力量办大事，这是我们成就事业的重要法宝。集中力量办大事与坚持全国一盘棋，前后连贯，相辅相成。我国作为拥有 960 万 km^2、14 亿人口的大国，既意味着发挥规模优势、集中力量办大事，也意味着各地情况不同、禀赋各异，需要统筹兼顾、协调各方。“不谋全局者，不足以谋一域。”坚持全国一盘棋，就是要把当前与长远、中央与地方、地方与地方、集体与个人，各方面放在系统的框架中统筹协调、共同推进。中国的集中力量办大事，就是对所办大事有统一规划、统一部署、政令畅通。

中国特色社会主义制度坚持党的集中统一领导，实行民主集中制原则，这种举国体制决定了它具有强大的统一意志和动员力量，能够做到“中央一声令下，全国一致响应”，可以调动一切资源、形成最大合力，集中力量办大事。“两弹一星”、南水北调工程、三峡水利工程、港珠澳大桥、北京大兴国际机场

---

[1] 邓小平．邓小平文选［M］．北京：人民出版社，1993。

以及各种重大应急救援事件诸如抗击非典、汶川大地震灾后重建、新冠肺炎疫情防控等，都是我国社会主义制度集中力量办大事的有力证明。集中力量办大事以马克思主义为指导，根本立场是以人民为中心，根本政治保证是党的领导，体现了民主集中制组织原则的生动实践，是中华民族实现从站起来、富起来到强起来历史性飞跃的重大举措，是坚定中国特色社会主义道路自信、理论自信、制度自信、文化自信的基本依据。从历史上看，新中国成立70多年来，我国能够创造经济快速发展奇迹和社会长期稳定奇迹，形成举世瞩目的“中国之治”，一个重要原因就是充分发挥集中力量办大事的显著优势。

第一节　集中力量办大事的历史逻辑和思想基础

新中国成立之初，百废待兴、一穷二白，在中国共产党的领导下，我国发挥集中力量办大事的制度优势，成功建立了独立的比较完整的工业体系和国民经济体系。新中国成立70多年来，我国在经济和科技领域始终坚持举国奋战、同心协力，从两弹一星到神舟飞天，从高铁飞驰到核电出海，从全球减贫贡献率超70%到对世界经济增长贡献率超30%，均体现了中国特色社会主义集中力量办大事的制度优势。在铁路、公路、重要桥梁建设，公用水和电力生产供应，重点森林防护、大江大河治理、灾害防控以及基础科学研究和文化教育事业等领域，需要发挥中国特色社会主义集中力量办大事的制度优势，举全国之力，集中财力、物力和人力克难攻坚，取得辉煌历史成就。无论是2008年汶川特大地震，还是2020年新冠肺炎疫情防控，我国发挥集中力量办大事的显著制度优势，坚持全国一盘棋，动员全社会力量、调动各方面资源，迅速形成了抗击灾难的强大合力，向全世界展现了中国力量、中国精神、中国效率和中国之治。

诚然，集中力量办大事中的“大事”即使不是中央一级的大事，也应该是在某个地方压倒一切、并对全国产生重大影响的大事。此外，还要统筹大事与小事，不集中力量办好大事，就不能办好绝大多数小事；集中力量并不一定能办成大好事，但是不集中力量就一定办不成大好事。真正意义上的大事，是具有政治、治理和民生等共生价值的“大事”[1]。对于新型举国体制之下的集中力量办大事而言，逻辑起点应是事关人民长远根本利益的大事，其方式是民主集中制，其范围是有所为有所不为，其结果是公共价值最大化。从本质上而言，集中力量办大事是一种手段、方法。总之，集中力量办大事需要将民主与集中有效地结合起来，让其先进性、效率性和优越性得到充分发挥，才能真正

[1] 王俊拴，魏佳．关于“集中力量办大事”的政治学思考［J］．社科纵横，2013（1）：17-20。

地办好大事[1]。因此，我国社会主义制度能够集中力量办大事，且具有集中力量办大事的显著优势。

一、历史逻辑

集中力量办大事是党史、新中国史、改革开放史、社会主义发展史演进的必然结果。中国具有集中力量办大事的历史传统。在五千年历史长河中，中国人民团结一心、同舟共济，建立了统一的多民族国家，形成了守望相助的中华民族大家庭，也形成了集中力量办大事的国家治理特色。只有对集中力量办大事进行系统的历史考察，才能真正找到集中力量办大事的历史逻辑，才能真正理解集中力量办大事确立和发展的根基，才能真正看清楚集中力量办大事的时机和早期探索的意蕴，进而为中国特色社会主义建设和中华民族伟大复兴奠定基础。

社会主义国家"集中力量办大事"是世界近现代工业化进程的产物，是生产社会化的一般要求与后起工业化国家所面临的内外部环境日趋严酷两种客观因素共同促成的[2]。新中国成立后集中力量办大事助力中华民族实现从站起来、富起来到强起来的历史性飞跃。新中国成立后，在共产党的领导下，形成了一个统一而强有力的政权和一个能代表中国人民根本利益、整体利益和长远利益的政治核心，使中国具备了国家法律和政策的统一性、权威性，这构成集中力量办大事的政治前提。

新中国成立初期，为了尽快建立独立的工业体系，改变贫穷落后面貌，我们党发挥社会主义制度集中力量办大事的优势，将有限的人力物力财力集中起来推动社会主义工业化，在很短时间里形成了独立的工业体系和国民经济体系。新中国工业化面临的最大困境，就是工业化在起步阶段自身积累能力弱，农业因附加值低，不能为工业化提供所需要的大量资本，更不能像发达资本主义国家那样实行殖民掠夺而获得所需要的多种资源。

新中国成立初期，中国共产党领导人民集中力量恢复国民经济，开始向社会主义过渡。1956 年年底，农业、手工业、资本主义工商业改造完成后，标志着我国进入社会主义社会。毛泽东在《论十大关系》中提出集中力量发展生产力和走中国工业化道路的思想。因此，新中国成立之初，借助集中力量办大事克服了经济社会发展问题上的"撒胡椒面""摊大饼"现象，使得资源效用最大化，我国只用了几十年时间就走完了西方发达资本主义国家几百年才完成的工业化历程，从而奠定了新中国的国际地位。如为了尽快增强国防实力、保

---

[1] 毛昭晖．集中力量办大事：中国式真理［J］．廉政瞭望，2008（7）：21－22。

[2] 彭才栋．集中力量办大事的优越性不容否定［N］．人民日报，2015－05－07（7）。

卫和平，我国作出研制“两弹一星”的重大决策。在党的集中统一领导下，全国一盘棋，26 个部委、20 多个省区市、1000 多家单位的精兵强将和优势力量大力协同、集中攻关，展现了社会主义中国攻克尖端科技难关的伟大创造力量。

新中国成立初期，我国国民经济恢复、新民主主义社会向社会主义过渡的历史经验之一就是集中有限的人力、物力、财力和技术进行社会主义“四个现代化”建设。为了加快实现工业、农业、国防和科学技术现代化，我们党发挥集中力量办大事的制度优势，在极其艰难的环境下研制成功“两弹一星”，保障了国家安全，提高了国际地位。从 1959 年 6 月中央下决心独立自主研制原子弹开始，仅仅用了 5 年多的时间，终于在 1964 年 10 月 16 日实现原子弹爆炸试验成功，使科技、经济基础落后的中国一跃成为世界五个核大国之一。这是震惊世界的伟大壮举，不仅铸就了我国国防安全的战略基石，而且对国家科技发展产生了深远的影响。总的来说，新中国在资本极其稀缺的情况下，只能依靠自身的力量，也只能把有限的资本、技术力量等资源集中到办好工业化这一国家大事上。这正是新中国实行集中力量办大事的逻辑起点，以及与之对应的动员全国人民自力更生、艰苦奋斗的历史逻辑❶。

改革开放后集中力量办大事的接续和发展。改革开放以来，我国坚持发挥社会主义制度能够集中力量办大事的优势，集中必要的力量，高质量、高效率地建设一批重点骨干工程，长江三峡水利枢纽、南水北调、西煤东运新铁路通道、千万吨级钢铁基地等跨世纪特大工程的兴建。这一历史进程，正是改革开放以来中国特色社会主义的历史逻辑。无论是建设现代化工业体系还是攻关重大科技项目，无论是建设国家重大工程还是贯彻防灾救灾、脱贫攻坚、生态保护等重要部署，均需要善于在社会主义市场经济条件下发挥举国体制优势，均需要下好全国一盘棋、集中力量协同攻关。正是因为始终在党的领导下集中力量办大事，国家统一有效组织各项事业、开展各项工作，才能成功应对一系列重大风险挑战，克服无数艰难险阻，始终沿着正确方向稳步前进。改革开放 40 多年来，我国相继完成三峡水利枢纽、青藏铁路、载人航天、高速公路网、高速铁路网、西气东输、南水北调、特高压电网等许多国家重大工程，在新时期展示了集中力量办大事的巨大优越性。

党的十八大以来，中国特色社会主义不断取得历史性成就，也使中国社会发生了历史性变革，集中力量办大事进入了新的发展阶段。中国特色社会主义进入新时代，集中力量办大事的体制机制不断完善和发展，推动党和国家事业取得历史性成就、发生历史性变革，从而解决了许多长期想解决而没有解决的

---

❶ 郑有贵．集中力量办大事：中国跨越发展的法宝［J］．人民论坛，2019（13）：26－27。

难题，办成了许多过去想办而没有办成的大事，推动我国实现了从“赶上时代”到“引领时代”的伟大跨越。我们最大的优势就是我国社会主义制度能够集中力量办大事，这是我们成就事业的重要法宝，过去我们搞“两弹一星”等靠的是这一法宝，今后我们推进创新跨越也要靠这一法宝。2016 年全国科技创新大会、两院院士大会、中国科协第九次全国代表大会强调，科技创新、制度创新要协同发挥作用，两个轮子一起转。我们最大的优势是我国社会主义制度能够集中力量办大事，要形成社会主义市场经济条件下集中力量办大事的新机制。面对新时代新使命新要求，集中力量办大事依然是我们攻坚克难的重要法宝。如在科技创新方面，在掌握关键核心技术上，当前特别需要发挥新型举国体制优势，整合相关力量联合攻关；又如在扶贫攻坚方面，在解决深度贫困地区脱贫这一重大问题上，也需要整合扶贫资源，集中力量打“歼灭战”。在中华民族伟大复兴征程中，面对经济社会发展各方面的风险挑战，推动综合国力和经济社会发展水平迈上新台阶，我们依然需要充分发挥集中力量办大事的优势。庆祝中华人民共和国成立 70 周年大会指出，70 年来，正是因为始终在党的领导下，集中力量办大事，国家统一有效组织各项事业、开展各项工作，才能成功应对一系列重大风险挑战、克服无数艰难险阻，始终沿着正确方向稳步前进。当前，全党全军全国各族人民正在以习近平总书记为核心的党中央坚强领导下抗击新冠肺炎疫情。在党中央集中统一领导下，中央应对疫情工作领导小组及时研究部署工作，国务院联防联控机制加大政策协调和物资调配力度，全国各地坚持一方有难、八方支援，各地区和军队的大量医务工作者火速驰援武汉和湖北其他地区……这些都体现了集中力量办大事的显著优势。

党的十八大以来，我们党始终坚持实事求是的工作作风、艰苦奋斗的实践精神，领导和团结人民统筹推进“五位一体”总体布局，协调推进“四个全面”战略布局，推动中国特色社会主义制度更加完善。在中国共产党领导下，能够坚持全国一盘棋，推动国家均衡有序发展；能够以举国体制，集中力量办大事。这是中国特色社会主义制度最具独特优势的体现，是其他任何国家、任何制度都无法比拟的。从三峡水利工程建设到环境跨区域治理；从汶川抗震救灾到全国对口支援老少边穷地区发展……都是中国特色社会主义制度强大整合能力的生动展示。例如水利事业关乎民生、社会经济发展，水利工程是国家重要基础设施和国家发展战略工程，其显著特征为建设周期长、投资大、参与协作建设部门较多，因而必须是全面的系统的建设和推进，是多领域的联动和集成，需要集中力量办大事。1949 年新中国成立后，全国人民进行了大规模的水利建设，水资源事业得到迅速发展，防洪除涝、农田灌溉、城乡供水、水土保持、水产养殖、水力发电、航运等都取得了很大成就。改革开放 40 多年来，水利基础设施建设全面加快，水利改革全面推进，水利建设成效显著。特别是党的十八大以来，把治水作为实现“两个一百年”奋斗目标和中华民族伟大复兴中国梦的长远大计来抓，坚持“节水优先、空间均衡、系统治理、两手发力”的治水思路和“确有需要、生态安全、可以持续”的重大水利工程建设原则，部署实施 172 项节水供水重大水利工程，推动现代水利设施建设迈上新的台阶，把新中国治水提升到新的高度，推动水利改革发展取得新的历史性成就。

总的来说，党的十八大以来，在以习近平总书记为核心的党中央正确领导下，依靠集中力量办大事的制度优势，我国在国产大飞机、港珠澳大桥、“蓝鲸 1 号”钻井平台、北斗系统、超级计算机、“天眼”探空等一大批重大创新工程上取得突破，标志着我国已经处于世界科技创新的先进水平。集中力量办大事优势在防灾救灾、脱贫攻坚、生态保护等领域也得到重要体现。我国社会主义现代化事业发展的历史充分证明，集中力量办大事是中国特色社会主义制度优势的突出特征，是我们战胜各种重大风险和挑战的重要法宝，是中华民族实现从站起来、富起来到强起来历史性飞跃的强大动力，具有无可比拟的优越性。

二、实践基础

实践是检验真理的唯一标准。集中力量办大事，是中国共产党团结带领中国人民、立足中国实际进行长期不懈奋斗的实践创造，是人类国家治理史上具有标志性意义的中国智慧和中国方案。一方面，集中力量办大事的正确性已被中国改革开放 40 多年的伟大实践所证明；另一方面，集中力量办大事的正确性也日益被世界范围内的国家治理实践所佐证。

我国集中力量办大事的制度优势是在社会主义建设的伟大实践中形成的。在我国，集中力量办大事的思想是中国共产党一贯的主张和优良传统。如抗日战争时期，毛泽东在《论持久战》中提出的中国全体人民团结起来，树立举国一致的抗日阵线的思想；革命战争年代，集中优势兵力打歼灭战的思想；在中华人民共和国建立初期，党领导人民集中力量恢复国民经济，开始向社会主义过渡的思想；1956 年底，农业、手工业和资本主义工商业的社会主义改造完成，标志着我国已进入社会主义社会；毛泽东在《论十大关系》中提出集中力量发展生产力和走中国工业化道路的思想。

因此，新中国成立初期，我国发挥集中力量办大事的制度优势，完成了 156 项重大工程，之后又在三线地区建起一大批大中型工矿企业，并成功研制“两弹一星”，在 20 世纪七八十年代实施了“四三方案”。特别是“两弹一星”，是在政治环境异常严峻、经济条件异常艰苦的条件下，举全国全民之力集中力量办大事的历史丰碑。

改革开放后，我国继续发挥集中力量办大事的优势，高质量、高效率地建设了一批重点骨干工程，如长江三峡水利枢纽、南水北调、西煤东运新铁路通道、千万吨级钢铁基地等跨世纪特大工程。高速铁路网的建设，航天技术的突破，抗洪抢险、抗震救灾中一方有难八方支援等，也是集中力量办大事的生动体现❶。对于加大人才培养方面，中共十四大的报告指出要发挥社会主义集中力量办大事的优势：对于要建立一套能够发挥社会主义集中力量办大事和社会主义市场经济体制这两种优势的创新机制，形成一个拴心留人的环境，培育一个争相创新的氛围，使优秀人才脱颖而出，发挥才干❷。

2008 年震惊中外的四川汶川大地震，更充分验证了集中力量办大事的公共治理模式，在重大危机状态下的巨大价值。青藏铁路修建就是我国集中力量办大事的范例之一。一位来自瑞士的权威铁路工程师在西藏考察地形时，断言在西藏修建铁路“根本不可能”。然而，经过五年多的艰苦奋战，青藏铁路建成通车。2006 年 7 月 1 日青藏铁路通车庆祝会议指出：在建设青藏铁路的过程中，从中央到地方上百个单位、十几万建设大军同舟共济、团结协作，自觉服从大局，全力保证大局，形成了青藏铁路建设的强大合力。这一事实再一次充分说明，只要我们坚持发挥社会主义制度能够集中力量办大事的政治优势，并善于把这一优势与市场经济体制的优势有机结合起来，我们就一定能够推动关系国计民生的重大建设项目更快更好地完成❸。2011 年，庆祝中国共产党成立 90 周年会议指出，中国特色社会主义制度有利于集中力量办大事、有效应对前进道路上的各种风险挑战❹。

党的十八大以来，我国发挥社会主义制度能够集中力量办大事的优势，在大飞机、港珠澳大桥、脱贫攻坚等方面取得重大进展。2016 年全国科技创新大会、两院院士大会、中国科协第九次全国代表大会强调，科技创新、制度创新要协同发挥作用，两个轮子一起转。我们最大的优势是我国社会主义制度能够集中力量办大事，要形成社会主义市场经济条件下集中力量办大事的新机制，强调我们最大的优势是我国社会主义制度能够集中力量办大事。这是我们成就事业的重要法宝❺。党的十九届四中全会首次系统提出了中国特色社会主义制度和国家治理体系的十三个显著优势，其一就是具有坚持全国一盘棋，调

---

❶ 广研心．改革开放彰显集中力量办大事优势［N］．中国改革报，2018-08-23（3）。

❷ 加快改革开放和现代化建设步伐夺取有中国特色社会主义事业的更大胜利［N］．人民日报社，1992-10-12（1）。

❸ 胡锦涛在青藏铁路通车庆祝大会上的讲话［EB/OL］．［2020-06-28］．http://www.chinanews.com/others/news/2006/07-01/751810.shtml。

❹ 本书编写组．胡锦涛总书记在庆祝中国共产党成立 90 周年大会上的讲话学习读本［M］．北京：人民出版社，2011。

❺ 新华社．中共十九届四中全会在京举行［N］．人民日报，2011-11-01（1）。

动各方面积极性，集中力量办大事的显著优势。大兴国际机场能够在不到 5 年的时间里就完成预定的建设任务，顺利投入运营，充分展现了中国工程建筑的雄厚实力，充分体现了中国精神和中国力量，充分体现了中国共产党领导和我国社会主义制度能够集中力量办大事的政治优势❶。新中国通过集中力量办大事，到 20 世纪 70 年代末建立起比较完整的工业体系和国民经济体系，到现今已建立起全世界最完整的现代工业体系。新时代，集中力量办大事依然是我们成就事业的法宝。被称为中国“天眼”的世界最大单口径射电望远镜、世界首颗量子科学实验卫星“墨子号”、我国自主研发的全球卫星定位系统“北斗”等都是中国特色社会主义制度优势的彰显。

新中国发展历程表明，我们用几十年时间走完了发达国家几百年走过的工业化历程，办成了一系列大事，举世瞩目的发展成就背后，是各方资源的统筹协调，是举国之力的攻坚克难。中国发展的历史和实践反复证明，中国特色社会主义制度是当代中国发展进步的根本制度保障，这一制度的内在机理与运行模式决定了它可以形成强大的统一意志和组织力量，能够快速有效地调配各种资源，进而确保全国一盘棋，调动各方面积极性，集中力量办大事。正是集中力量办大事的制度优势，在关系国计民生的重要基础设施建设、重大技术创新、应对自然灾害等方面，实现跨越发展，用几十年的时间走完了发达国家几百年的发展历程❷。

第二节　集中力量办大事是中国特色社会主义制度的标识

制度问题关系党和国家的前途命运。制定和实行什么样的制度，不仅关系到党和国家的生机与活力，也关系到人民当家作主权利的实现，关系到中国特色社会主义事业健康有序推进。中国特色社会主义道路能否越走越宽广，中国特色社会主义理论体系能够得到切实贯彻和落实，需要作出科学合理、行之有效的制度安排和设计。中国特色社会主义制度包括人民代表大会制度这一根本政治制度，中国共产党领导的多党合作和政治协商制度、民族区域自治制度及基层群众自治制度等构成的基本政治制度，中国特色社会主义法律体系，公有制为主体、多种所有制经济共同发展的基本经济制度，按劳分配为主体、多种分配方式并存的分配制度，以及建立在根本政治制度、基本政治制度、基本经济制度基础上的经济体制、政治体制、文化体制、社会体制、生态文明体制等

❶ 新华社．习近平出席北京大兴国际机场投运仪式并宣布机场正式投入运营［EB/OL］.［2020-06-28］. http：//www.xinhuanet.com//photo/2019-09/25/c_11250400443.htm。

❷ 徐曼．何益忠．充分发挥集中力量办大事的制度优势［N］．中国社会科学报，2019-11-07（1）。

各项具体制度。这一制度符合我国国情，顺应时代潮流，有利于保持党和国家活力、调动广大人民群众和社会各方面的积极性、主动性、创造性，有利于解放和发展社会生产力、推动经济社会全面发展，有利于维护和促进社会公平正义、实现全体人民共同富裕，有利于集中力量办大事、有效应对前进道路上的各种风险挑战，有利于维护民族团结、社会稳定、国家统一。

我国国家制度具有集中力量办大事的显著优势，能够实现集中力量办大事的关键在于制度体系构建具有显著优势。中国特色社会主义制度是当代中国发展进步的根本制度保障，是具有鲜明中国特色、明显制度优势、强大自我完善能力的先进制度。这一制度就是在社会主义建设和改革过程中形成的有关经济、政治、文化、社会、生态等各个领域的一整套相互衔接、相互联系的制度体系。邓小平同志曾指出，我们的制度将一天天完善起来，它将吸收我们可以从世界各国吸收的进步因素，成为世界上最好的制度[1]。党的十八大以来，以习近平总书记为核心的党中央推动中国特色社会主义制度更加完善、国家治理体系和治理能力现代化水平明显提高，为政治稳定、经济发展、文化繁荣、民族团结、人民幸福、社会安宁、国家统一提供了有力保障。今天，社会主义中国巍然屹立在世界东方，“中国之治”正在迈向更高境界。实践证明，中国特色社会主义制度是以马克思主义为指导、植根中国大地、具有深厚中华文化根基、深得人民拥护的制度和治理体系，是具有强大生命力和巨大优越性的制度和治理体系，是能够持续推动拥有近 14 亿人口大国进步和发展、确保拥有 5000 多年文明史的中华民族实现“两个一百年”奋斗目标进而实现伟大复兴的制度和治理体系。

中国特色社会主义制度是当代中国发展进步的根本制度保障，坚持把根本政治制度、基本政治制度同基本经济制度及各方面体制机制等具体制度有机结合起来，坚持把国家层面民主制度同基层民主制度有机结合起来，坚持把党的领导、人民当家作主、依法治国有机结合起来，符合我国国情，集中体现了中国特色社会主义的特点和优势，必须长期坚持并在实践中不断改革和完善。中国特色社会主义的本质特征和最大优势是中国共产党的领导，党在把方向、谋大局、定政策、促改革等各个方面始终总揽全局、协调各方，发挥出中国特色社会主义制度全国一盘棋、集中力量办大事的优势。

一、党的领导制度体系

中国共产党的领导是集中力量办大事的基础和根本政治保证。邓小平同志曾指出，党的领导本身就体现出中国特色社会主义制度的优越性，在中国这样

[1] 邓小平．邓小平文选：第 2 卷［M］．北京：人民出版社，1994：33。

的大国要把十几亿人的思想和力量统一起来建设社会主义，如果没有一个由具有高度觉悟性、纪律性和自我牺牲精神的党员组成的能够真正代表和团结人民群众的党，没有这样一个党的统一领导，是不可能设想的，那就只会四分五裂，一事无成[1]。党中央总揽全局、协调各方，高效地调动各方面优势，整合庞大资源，超越局部利益，形成全国一盘棋、上下一条心，集中力量办大事。中国共产党的领导在国家经济治理中坚持党总揽全局、协调各方的领导作用，有利于保证国家始终沿着社会主义方向前进，有利于集思广益、凝聚共识，集中力量办大事；党全心全意为人民服务，立党为公，执政为民，始终把人民的利益作为自己工作的出发点和落脚点，深得人民的拥护，为集中力量办大事奠定了深厚的群众基础，使集中力量办大事成为实施重大国家战略、实现经济快速发展、满足人民日益增长物质和文化需要的重要途径[2]。

坚持和加强党的全面领导，是党和国家的根本所在、命脉所在，是全国各族人民利益所在、幸福所在。只有坚持和加强党的全面领导、推进全面从严治党，我们才能更好实现“两个一百年”奋斗目标、实现中华民族伟大复兴的中国梦。党的领导是中国特色社会主义最本质的特征，是中国特色社会主义的最大优势。正是有了中国共产党坚强有力的领导，保证了中国特色社会主义集中力量办大事的制度优势，在短时期内各种基础设施和城乡面貌发生了天翻地覆的变化、重大科学技术创新项目获得攻关突破，国家安全、社会安定才得以长久保持，综合国力显著增强、国际地位和人民生活水平显著提高。

党的领导主要是政治、思想和组织的领导。中国共产党适应改革开放和社会主义现代化建设的要求，坚持科学执政、民主执政、依法执政；党按照总揽全局、协调各方的原则，在同级各种组织中发挥领导核心作用；党集中精力领导经济建设，组织、协调各方面工作，围绕经济建设开展工作，促进经济社会各方面发展；党实行民主的科学的决策，制定和执行正确的路线、方针、政策，做好组织工作和宣传教育工作，发挥全体党员的先锋模范作用；党保证国家的立法、司法、行政机关，经济、文化组织和人民团体积极主动地、独立负责地、协调一致地工作，保证党的路线、方针、政策的贯彻和落实。党的坚强、有力、高效的领导，保证了全国一盘棋，保证了集中力量办大事的社会主义制度优越性，是中国特色社会主义制度的最大优势。

坚持党的领导，首先是坚持党中央的集中统一领导。中国特色社会主义制度坚持党的集中统一领导，实行民主集中制原则，这种举国体制决定了它具有强大的统一意志和动员力量，能够做到“中央一声令下，全国一致响应”，可

---

[1] 邓小平．邓小平文选：第2卷［M］．北京：人民出版社，1994：341－342。

[2] 何自力．从新中国70年发展看中国模式的制度优势［J］．西部论坛，2019（5）：1－6。

以调动一切资源、形成最大合力，集中力量办大事。“两弹一星”、南水北调工程、三峡水利工程、港珠澳大桥、北京大兴国际机场以及各种重大应急救援事件诸如抗击非典、汶川大地震灾后重建、新冠肺炎疫情防控等，都是我国社会主义制度集中力量办大事优势的有力证明。党中央一再强调增强“四个意识”、坚定“四个自信”、做到“两个维护”，把保证全党服从中央、维护党中央权威和集中统一领导作为党的政治建设的首要任务。党的十八大以来党中央采取的一系列举措基础上，进一步强调坚决维护党中央权威，健全总揽全局、协调各方的党的领导制度体系，把党的领导落实到国家治理各领域各方面各环节。党中央制定或修订《关于新形势下党内政治生活的若干准则》《中国共产党党内监督条例》《中共中央政治局关于加强和维护党中央集中统一领导的若干规定》《中国共产党重大事项请示报告条例》《中国共产党党组工作条例》《中国共产党地方委员会工作条例》等党内法规，为坚持和加强党中央的集中统一领导提供了制度保证。

中国共产党是国家最高政治领导力量，是实现中华民族伟大复兴的根本保证。中国有了中国共产党执政，是中国、中国人民、中华民族的一大幸事。从生灵涂炭、一穷二白，到创造经济快速发展奇迹和社会长期稳定奇迹；从铁钉、火柴都要进口，到自力更生造出“两弹一星”、实现“嫦娥”奔月、“蛟龙”入海……只要我们深入了解中国近代史、中国现代史、中国革命史，就不难发现，如果没有中国共产党领导，我们的国家、我们的民族不可能取得今天这样的成就，也不可能具有今天这样的国际地位。中国特色社会主义进入新时代，把党的领导这一最大优势更加充分发挥好，我们必将在中国特色社会主义发展史上、在中国特色社会主义制度建设上、在中华民族伟大复兴的浩荡征程中书写下新的璀璨篇章。

二、人民当家作主制度体系

中国共产党秉持马克思主义唯物史观，坚信人民是历史的创造者，是决定党和国家前途命运的根本力量。正是在中国共产党的领导下，中国人民自力更生、发奋图强、砥砺前行，依靠自己的辛勤和汗水创造了辉煌的业绩，书写了党和国家发展的壮丽史诗。党的十八大以来，以习近平总书记为核心的党中央始终着眼人民的美好生活向往举旗定向、谋篇布局，始终依靠人民的智慧和力量攻坚克难、强基固本，使一切积极因素竞相迸发其能量，一切有利于造福人民的源泉充分涌流，开创了新时代中国特色社会主义事业的新局面，实现了从落后时代到大踏步赶上时代、引领时代的历史性跨越，迎来了从站起来、富起来到强起来的伟大飞跃，前所未有地接近实现民族复兴的伟大目标。

改革开放以来，我们党始终坚持以人民为中心的发展思想。“以人民为中心”贯穿于中国特色社会主义制度发展全过程；中国特色社会主义制度设计的出发点、落脚点和评价标准处处体现了以人民为中心的思想。我国“坚持人民当家作主”“国家的一切权力属于人民”，是中国特色社会主义制度的出发点；政治上“保障人民权利”“坚持各民族一律平等，铸牢中华民族共同体意识”；经济上“成果惠及人民”“成果人民共享”；文化上“为人民服务”“凝聚人民精神力量”是制度设计的落脚点。把“人民赞不赞成、人民满不满意、人民答不答应”作为检验工作的标准，坚持全心全意为人民服务、对人民负责、受人民监督、让人民满意。改革开放伟大实践证明，解放和发展社会生产力，让老百姓过上好日子，正是改革开放最本原的初心和逻辑起点，也是全面深化改革开放的鲜明价值取向。无论改革开放的领域拓展到哪里，无论外部条件发生什么样的变化，始终不变的是“以人民为中心”。

以人民为中心是集中力量办大事的根本立场。马克思主义坚持人民群众是历史的创造者，集中力量办成大事离不开广大群众的参与和支持。庆祝中国人民政治协商会议成立 65 周年会议强调，在中国社会主义制度下，有事好商量，众人的事情由众人商量，找到全社会意愿和要求的最大公约数，是人民民主的真谛。我国实行中共领导的多党合作与政治协商制度、人民代表大会制度和民族区域自治制度，集中了人民的意志，避免了一些不必要的牵扯，为集中力量办大事提供了有力的制度支撑❶。这是由于人民代表大会制度有利于国家政权机关分工合作，协调一致地进行社会主义建设，而不像西方三权分立的议会制那样互相牵扯、议而不决，耽误了应对各种风险挑战的时机。同时，人民代表大会制度能充分吸取人民群众的智慧，有效应对前进道路上的各种风险挑战。另一方面，在中国共产党的领导下实现多党合作，中国共产党和各民主党派在国家重大问题上进行民主协商，能够集中力量和智慧办大事。集中力量办大事，本质上是依靠人民群众的智慧和力量克服发展瓶颈和实现快速发展的过程。我国正是在人民群众的积极支持和广泛参与下，在经济建设中发挥集中力量办大事的优势，取得了举世瞩目的伟大成就❷。

党的十八大以来，以习近平总书记为核心的党中央坚持以人民为中心的发展思想，推动改革发展成果更多更公平惠及全体人民，显著增强了人民的获得感、幸福感和安全感。全面建成小康社会，“在扶贫的路上，不能落下一个贫困家庭，丢下一个贫困群众”；全面深化改革，“把改革方案的含金量充分展示出来，让人民群众有更多获得感”；全面依法治国，“努力让人民群众在每一个

---

❶ 郝铁川．办大事能力和防错纠错能力都要强：三论加强党的执政能力建设［J］．马克思主义与现实，2005（6）：103－105。

❷ 何自力．从新中国 70 年发展看中国模式的制度优势［J］．西部论坛，2019（5）：1－6。

司法案件中都能感受到公平正义”；全面从严治党，“核心问题是保持党同人民群众的血肉联系”……贯穿于治国理政各个环节，“为人民”是不变的价值追求，“人民性”是永恒的价值底色，目的就是要始终与人民心心相印、与人民同甘共苦、与人民团结奋斗。再如，农村旱厕改造、生活污水治理、生活垃圾治理、美丽乡村建设及打好三大攻坚战与人民群众的利益息息相关。脱贫攻坚战，从2012年年底到2019年年底，我国贫困人口累计减少9348万人，平均每年脱贫人数都超过1000万。2020年，脱贫攻坚战将全面收官[❶]。

当前中国特色社会主义进入新时代，更加要求我们坚持人民主体地位，坚持立党为公、执政为民，坚持一切为了人民、一切依靠人民，把党的群众路线贯彻到治国理政全部活动之中，把人民对美好生活的向往作为奋斗目标，充分发挥广大人民群众积极性、主动性、创造性，不断把为人民造福事业推向前进。

三、社会主义基本经济制度

集中力量办大事之所以能取得伟大的历史成就，其主要原因还在于社会主义基本经济制度作为支撑。社会主义基本经济制度是中国特色社会主义制度的重要组成部分，党的十九届四中全会强调我国国家制度和国家治理体系具有多方面的显著优势，其中之一就是“坚持公有制为主体、多种所有制经济共同发展和按劳分配为主体、多种分配方式并存，社会主义制度和市场经济有机结合起来，不断解放和发展社会生产力的显著优势”[❷]。公有制主体地位不能动摇，国有经济主导作用不能动摇，这是保证我国各族人民共享发展成果的制度性保证，也是巩固党的执政地位、坚持我国社会主义制度的重要保证[❸]。“两个不能动摇”深刻阐明了我国必须坚持公有制主体地位和国有经济主导作用。

党的十九届四中全会重申坚持毫不动摇巩固和发展公有制经济，毫不动摇鼓励、支持、引导非公有制经济发展，这“两个毫不动摇”，既保证经济发展始终沿着中国特色社会主义道路向前迈进，同时又最大程度激发各经济主体的积极性、主动性和创造性，激发经济主体活力，形成推动经济发展的强大合力。2020年新冠肺炎疫情防控的人民战疫也再次证明了坚持“两个毫不动摇”的正确性。

公有制为主体、多种所有制经济共同发展的基本经济制度是集中力量办大

---

❶ 郝永平，黄相怀．集中力量办大事的显著优势成就“中国之治”［N］．人民日报，2020－03－13：9。

❷ 中国共产党第十九届中央委员会第四次全体会议公报［EB/OL］．［2020－07－12］．http：//cpc. people. com. cn/n1/2019－10/31/c64094－31431615. html。

❸ 中共十九届四中全会在京举行［N］．人民日报．2019－11－01：1。

事的经济基础。❶ 社会主义基本经济制度以国有经济为战略手段，通过以财政政策和货币政策为主要手段，就业政策、产业政策、投资政策、消费政策、区域政策等协同发力的宏观调控制度体系，能够实现国民经济稳定运行，推动高速可持续发展，充分发挥集中力量办大事的制度优势。我国实行公有制为主体、多种所有制经济共同发展，始终发挥国有经济的主导作用，为集中力量办大事提供了坚实的物质基础。70 多年来，事关国计民生的重大工程，无论是载人航天、探月工程，还是南水北调、青藏铁路、疫情防控等，大都是以国有大型企业为主要力量完成的。如在 2020 年新冠肺炎疫情阻击战中，中国建筑集团仅用 10 天时间，建成了建筑面积 $34000m^3$，可容纳 1000 张床位的火神山医院。中国石化集团公司针对口罩原材料短期紧缺的情况，迅速生产熔喷布，并全部定向供应制作口罩，防止中间商囤积投机倒把赚差价，有效缓解医疗物资供需矛盾，并且抑制了原材料价格的持续暴涨。社会主义市场经济体制既发挥市场的决定性作用，又更好发挥政府作用，政府高效干预医用物资和民生物资的生产调度，为遏制疫情蔓延提供坚实物资保障。政府主导，确保医疗卫生、社会保障等基本公共服务真正体现公益性，公立医院在救治患者中发挥中流砥柱作用。对新冠肺炎患者的治疗，医保买单，财政兜底。截至 2020 年 4 月 6 日，确诊住院患者人均医疗费用达到 2.15 万元。重症患者人均治疗费用超过 15 万元，少数危重症患者治疗费用达到几十万元，甚至超过百万元，医保均按规定予以报销。面对严峻疫情形势，中国经济表现出巨大韧性，中国的股市、债市运作相对平稳，“米袋子”和“菜篮子”供应充足，水电气暖供应正常，疫情防控和复工复产在全球率先出现向好态势❷。

四、社会主义文化制度

党的十九届四中全会指出，中国特色社会主义制度是以马克思主义为指导、植根中国大地、具有深厚中华文化根基、深得人民拥护的制度，这为文化繁荣提供了有力保障。中国社会主义先进文化的制度是巩固全体人民团结奋斗、集中力量办大事的共同思想基础，并为其提供强大的精神支撑❸。中国特色社会主义基本文化制度是以马克思主义为指导、多元文化并存的文化制度，将中华优秀传统文化、革命文化、社会主义先进文化汇聚成中国人民万众一心集中力量办大事的强大精神力量。

---

❶ 陶文昭．中国何以办成这么多大事：充分发挥社会主义制度优势［J］．理论导报，2019（8）：12－14。

❷ 钟君．从疫情防控看中国制度优势［J］．党建，2020（5）：28－30。

❸ 孙肖远．把中国特色社会治理制度优势转化为治理效能［N］．南京日报，2019－11－27（A9）。

中国特色社会主义文化根植于中华优秀传统文化，是从生生不息、博大精深的中华优秀传统文化的传承中走出来的。对于中华优秀传统文化的重要意义和作用，可以用精神命脉、重要源泉、坚实根基、突出优势来加以阐释和说明，我们的文化自信是建立在5000多年文明传承基础上的。中华优秀传统文化为中国特色社会主义文化的形成和发展提供了丰厚的精神滋养，它所蕴含的政治理念、伦理规范、价值追求、人文传统和社会理想深深地影响着中国特色社会主义文化的精神品格与内在特性，而中华优秀传统文化在当代中国实践中所进行的创造性转化和创新性发展也实质性地构成了中国特色社会主义文化的重要内容。

与此同时，中国特色社会主义文化还传承弘扬了中国共产党在领导中国革命的历史进程中所形成的激昂向上的革命文化，革命文化所蕴含的奋斗精神、创业精神、奉献精神、牺牲精神等是我们在社会主义建设和改革开放伟大实践中集中力量办大事的力量之源和信心之基，也是我们在新时代实现中华民族伟大复兴中国梦的重要精神支撑[1]。我国具有集中力量办大事的悠久历史传统，自古以来就崇尚集体主义的价值观和政治信仰，在五千年历史长河中，中国人民团结一心、同舟共济形成了守望相助的中华民族大家庭，也形成了集中力量办大事的国家治理特色：在政治上形成了中央统一领导的国家体制，在改造自然中形成了“人心齐、泰山移”的统筹机制，在抵御外侮中形成了万众一心、同仇敌忾的动员机制[2]。如在新冠肺炎病例不断攀升的困难面前，武汉市原有的医疗设备与床位远远不够，为了解决这个突出问题，党和政府动员各方力量建设火神山、雷神山医院。同时，国务院迅速建立了19个省份支援武汉以外的16个地市对口支援模式[3]。这种“一省帮一市”和“多省帮一市”的对口支援模式，既是中国特色社会主义制度优越性的集中体现，也开创了世界面对突发事件应急管理的新模式。

在思想文化领域，我们坚持马克思主义在意识形态中的指导地位，用先进文化引领多样化的价值观念，为集中力量办大事提供了有力的精神动力。马克思主义指导思想能为集中力量办大事和应对各种风险挑战提供根本指导思想，以爱国主义为核心的民族精神和以改革创新为核心的时代精神能鼓舞人们斗志，中国特色社会主义共同理想能凝聚力量[4]。

---

❶ 杨昕．论中国特色社会主义道路、理论、制度、文化优势［N］．天津日报，2019-08-21（9）。

❷ 陶文昭．中国何以办成这么多大事：充分发挥社会主义制度优势［J］．理论导报，2019（8）：12-14。

❸ 赵晓军．疫情防控彰显中国制度优势［N］．社科院专刊，2020-06-20。

❹ 邹谨，姜淑兰．“五个有利于”：中国特色社会主义制度的显著优势［J］．中央社会主义学院学报，2012（6）：110-113。

正是在社会主义先进文化指引下，中国人民在人民幸福、民族复兴这一根本利益上是高度一致的，这才使得在重大事项上实现全国一盘棋、上下一条心，心往一处想、劲往一处使成为可能，也才能办成一件件利国利民的大事，并且在自然灾害面前形成了一方有难、八方支援的援助机制。

第三节　集中力量办大事是推进我国水治理体系现代化的保障

治水兴水关乎国计民生，功在当代，利在千秋。无论是水患治理还是水污染治理，都有着特别重要的政治意义。党的十九届四中全会对坚持和完善中国特色社会主义制度、推进国家治理体系和治理能力现代化作出全面部署，其中，水治理体系是国家治理体系的重要组成部分。其中，水治理体系是指实施水治理的全部要素、手段、方式的总和，即体系化的治理结构，包括制度、治理主体、治理的体制机制、治理的方法手段等。推进水治理体系现代化就是要按照精简、高效、可靠的原则，完善水治理体系，不断提升水治理能力，使水安全、水资源、水环境、水生态等涉水领域的各个方面都能满足建设社会主义现代化强国的内在需要❶。

“治国必先治水”，自古以来水治理对中国国家治理就有特殊意义。“治水即治国”，新中国成立以来，我国建成了一座座举世瞩目的水利重大工程，水资源事业得到迅速发展，防洪除涝、农田灌溉、城乡供水、水土保持、水产养殖、水力发电等都取得了很大成就，逐步成长为水利大国、强国。可以说，水治理事业也是集中力量办大事的重要实践领域。从国家治理的视角看，治水、调水需要具备强大的动员力、组织力，都是“大一统”“一盘棋”的格局下“集中力量办大事”的辉煌壮举，彰显“大国统筹”之力量❷。在“治水即治国”的中国，反映了国家治理从传统大一统体制向现代多元一统体制转型的过程，展现了当代中国国家治理体系在解决现代治理问题方面的有效性。中国的治水实践彰显了中国特色社会主义制度的显著优势，也预示了推进中国国家治理体系和治理能力现代化的光明前景❸。

水利事业关乎民生、社会经济发展，水利工程是国家重要基础设施和国家发展战略工程，其显著特征为建设周期长、投资往往极大、参与协作建设部门

---

❶ 韩全林，曹东平，游益华．推进水治理体系与治理能力现代化建设的几点思考［J］．中国水利，2020（6）：26－29。

❷ 郑小九．大禹治水与南水北调［N］．河南日报，2019－12－17（7）。

❸ 国情讲坛实录：王亚华：治水70年：理解中国之治的制度密码［EB/OL］．［2020－07－20］．http：//swt. hainan. gov. cn/sswt/qmtjj/202005/9a5aba 9f32e 24c 4790c 665e 2c2a 22ee8. shtml。

较多，因而必须是全面的系统的建设和推进，是多领域的联动和集成，需要集中力量办大事。新中国成立后，全国人民进行了大规模的水利建设，水资源事业得到迅速发展，防洪除涝、农田灌溉、城乡供水、水土保持、水产养殖、水力发电、航运等都取得了很大成就。改革开放 40 多年来，水利基础设施建设全面加快，水利改革全面推进，水利建设成效显著。特别是党的十八大以来，我国把治水作为实现"两个一百年"奋斗目标和中华民族伟大复兴中国梦的长远大计来抓，坚持"节水优先、空间均衡、系统治理、两手发力"的治水思路和"确有需要、生态安全、可以持续"的重大水利工程建设原则，部署实施 172 项节水供水重大水利工程，推动现代水利设施网络建设迈上新的台阶，把新中国治水提升到新的高度，推动水利改革发展取得新的历史性成就。

当前，我国初步建成了世界上规模最大、功能最全的水利基础设施体系，形成了较为完备的防洪减灾工程体系和非工程措施体系。我国防洪能力已升级到较安全水平，水旱灾害防御能力达到国际中等水平，在发展中国家相对靠前。新中国成立初期，全国只有水库 1200 多座，堤防 4.2 万 km，大江大河基本没有控制性工程。截至 2018 年年底，全国共有各类水库近 10 万座，总库容近 9000 亿 m^3，建成 5 级及以上堤防 31.2 万 km。黄河上建成小浪底水利枢纽等，让下游防洪标准从 60 年一遇提高到千年一遇；长江上有了迄今为止世界上规模最大的三峡工程，使中下游防洪标准由 10 年一遇提高到了百年一遇。此外，建成规模以上水闸 10 万多座、泵站 9.5 万处，以及一大批供水工程及重点水源工程。

就农业水利发展而言，我国农田有效灌溉面积由 1949 年的 2.4 亿亩增加到 2018 年年底的 10.2 亿亩，我国的灌溉面积位居世界第一。我国灌溉面积占全国耕地面积的 50%，生产的粮食占全国的 75%，经济作物占全国的 90%。以约占全球 6%的淡水资源、9%的耕地，保障了占全球 20%以上人口的吃饭问题，让中国人民手中的饭碗端得更牢，对保障世界粮食安全同样作出了重大贡献❶。新中国成立后，在党的坚强领导下，新建了安徽淠史杭、山东位山、河南红旗渠、甘肃靖会提水等一批灌区，已累计建成大中型灌区 7800 多处。同时，开展了田间渠系配套、"五小水利"、农村河塘清淤整治等建设，建成小型农田水利工程 2000 多万处。在重大水利工程方面，南水北调、密云水库、大伙房水库、引滦入津、引黄济青等一大批重点水源和引调水工程已经建成并发挥显著效益。还有一批工程正在加快建设，如 2019 年 5 月开工的珠江三角洲水资源配置工程，既是珠江流域一项重大的区域性水资源配置工程，也是粤港澳大湾区建设的一个标志性工程。农村供水工程方面，我国曾先后实施人畜

❶ 农业水利发展 70 年成绩：有效灌溉面积增长 325% [N]. 中国日报，2019-09-26 (1)。

饮水和饮水解困工程，推进农村饮水安全工程建设，进入巩固提升阶段。水资源调度配置方面，组织开展河北山西向北京调水、引黄济津济淀、引江济太、珠江枯水期水量调度等工作，成功化解了重要地区和城市的供水危机，保证了奥运会、世博会、亚运会等一系列重大活动的供水安全。从城镇供水效益看，我国重要城市群和经济区多水源供水格局加快形成，城镇供水安全得到保障，南水北调东、中线一期工程已成为沿线40多座大中城市的主力水源。长江三峡水利枢纽工程通常简称“三峡大坝”或“三峡工程”，位于长江三峡西陵峡中段三斗坪，是当今世界上最大的水利工程。三峡工程建成后，枯水期通过调蓄，每年可以给下游补水约200亿m^3，带来巨大的生态效益和供水保障效益，在促进长江经济带发展上发挥了重要作用。

三峡工程背后是中国人近一个世纪的治水梦。1919年，孙中山先生最早提出建设三峡工程的设想。1994年12月14日举世瞩目的三峡工程正式开工，1997年11月8日，三峡工程实现大江截流，一期工程胜利完成。2006年5月20日，三峡大坝全线到顶185m高程，世界第一水坝宣告完工。三峡工程从论证到建设到运营的几十年以来，进行过大量的科学研究、工程实践和数据监测，以大量的事实表明，三峡大坝当前各方面性态均优于预期和设计标准。三峡工程是中国人民自力更生建设大国重器的重要标志，是在中国共产党领导下、在中国特色社会主义制度下才能梦想成真的伟大工程，是中国社会主义制度集中力量办大事优越性的典范❶。三峡工程充分折射出中国特色社会主义制度的一系列强大优势，其中之一就是坚持全国一盘棋，调动各方面积极性，集中力量办大事的优势，这是我们在新时代坚定中国特色社会主义道路自信、理论自信、制度自信、文化自信的基本依据、有力证明和充分彰显❷。正是因为三峡工程采用集中力量办大事的举国体制，保证了三峡工程建设的效率和公平性、科学性。举国体制强调加强规划、集中资源，在国家资源有限的情况下，保证了三峡工程顺利实施；举国体制促使三峡工程的效益得到充分发挥并让全社会受益；举国体制保证了三峡工程立项论证更严格、更充分，组织管理更规范、更精细。三峡工程论证以“促进、尊重、团结”为基础，新中国成立后，三峡工程论证内容之多、之全面世所罕见。

新中国成立以来水利事业为人民谋幸福、为民族谋复兴，成就斐然。正如水利部部长鄂竟平所指出的，坚持党对水利工作的领导，坚决贯彻落实中央治水方针和方略，为水利改革发展提供坚强政治保障；坚持发挥社会主义制度优

❶ 王锁明．深刻把握集中力量办大事的时代背景和实践要求［J］．唯实，2020（1）：21－23。

❷ 卢纯．百年三峡 治水楷模 工程典范 大国重器：三峡工程的百年历程、伟大成就、巨大效益和经验启示［J］．人民长江，2019（11）：1－17。

越性，凝聚全社会团结治水、合力兴水的巨大力量；坚持着眼党和国家事业发展全局，科学谋划水利改革发展的主攻方向、总体布局和目标任务；坚持以人民为中心的发展思想，着力解决人民群众最关心、最直接、最现实的水利问题；坚持科学治水，牢牢把握基本国情水情，统筹解决水资源、水生态、水环境、水灾害问题；坚持全面深化水利改革和全面依法治水，增强水利发展内生动力。而这些都可以归纳为我国国家制度和治理体系集中力量办大事的显著优势的着力体现❶。

党的十九届四中全会总结了中国国家制度和国家治理体系具有十三个方面的显著优势，当代中国治水成就尤其彰显了中国五个方面的制度优势：坚持全国一盘棋，集中力量办大事的优势；坚持党的集中统一领导，统筹解决复杂治理难题的优势；坚持人民当家作主，紧紧依靠人民推动国家发展的优势；坚持全面依法治国，通过制度化提高水治理水平的优势；坚持改革创新、与时俱进，推动政策不断发展完善的优势❷。当代中国水治理水平的快速提升，是中国国家制度和国家治理体系显著优势的有效运用和具体体现。

---

❶ 马颖卓，轩玮，车小磊，张瑜洪．治水兴水为人民盛世千秋谱华章：专访水利部部长鄂竟平[J]．中国水利，2019（19）：6－19。

❷ 王亚华．从70年治水成就看中国制度优势[J]．中国水利，2020（1）：13－14。

第三章

新中国水利事业发展与集中力量办大事的动员组织体制与运行管理模式

我国取得举世瞩目的伟大历史成就表明，我们的国家制度和国家治理体系，具有“坚持全国一盘棋，调动各方面积极性，集中力量办大事的显著优势”。无论是建设现代化工业体系还是攻关重大科技项目，无论是建设国家重大工程还是贯彻防灾救灾、脱贫攻坚、生态保护等重要部署，无不需要善于在社会主义市场经济条件下发挥举国体制优势，无不需要下好全国一盘棋、集中力量协同攻关。正是因为始终在中国共产党的坚强领导下，集中力量办大事，国家统一有效组织各项事业、开展各项工作，才能成功应对一系列重大风险挑战、克服无数艰难险阻，始终沿着正确方向稳步前进。比如港珠澳大桥珠海口岸工程荣获 2018—2019 年度中国建设工程鲁班奖。被赞誉为伶仃洋上“作画”、大海深处“穿针”的港珠澳大桥，是我国经济、科技等方面集成式创新的硕果，成为社会主义制度集中力量办大事的一个生动体现[1]。

新中国成立 70 多年来，在党中央正确领导下，我国进行了大规模的水利建设，水资源事业得到迅速发展，防洪除涝、农田灌溉、城乡供水、水土保持、水产养殖、水力发电、航运等都取得了很大成就。如我国农田灌溉事业得到长足发展，在占全国约一半耕地面积的灌溉面积上生产了占全国产量四分之三的粮食，还生产了全国九成以上经济作物，有力保障了我国粮食和重要农产品安全。我国水利事业取得举世瞩目成就正是坚持全国一盘棋，调动各方面积极性，集中力量办大事显著优势[2]的主要表现。

新中国水治理事业发展与集中力量办大事的经验和优势置于世界发展的大体系之中，既认识中国特色社会主义发展的独特性，又认识到我国国家制度和国家治理体系与人类共同发展的关联性。我国的大型水利工程如葛洲坝水利枢纽工程、长江三峡工程、黄河小浪底水利枢纽工程、南水北调工程的建设以及治理黄河流域、淮河流域、太湖流域、海河流域、珠江流域等彰显了我国集中

---

[1] 任平. 集中力量办大事［N］. 人民日报，2019-12-27（4）。

[2] 中共十九届四中全会在京举行［N］. 人民日报，2019-11-01：1。

力量办大事的显著优势。新中国水利事业取得伟大成就与集中力量办大事中国特色社会主义显著优势密不可分，有其独特动员组织体制、运行管理模式和中国经验。

第一节 集中力量办大事是我国水利事业取得伟大成就的重要法宝

集中力量办大事，是我党的一贯主张和优良传统，是中国共产党成立近百年来、新中国成立70多年来、改革开放40多年来行之有效的科学方法，是我国水利事业取得举世瞩目成就的重要法宝。黄河治理开发工作座谈会指出："要充分发挥我国社会主义制度能够集中力量办大事的优越性，调动各方面的积极因素……进行综合治理❶"。

新中国成立初期，监测预报等手段几近空白。新中国相继开展了对淮河、海河、黄河、长江等大江大河大湖的治理和水资源的开发利用。如1970年12月25日，决定兴建长江上第一个巨大水坝——葛洲坝水利枢纽工程❷。葛洲坝工程整个工期耗时18年，分为两期：第一期工程1981年完工，实现了大江截流、蓄水、通航和二江电站第一台机组发电；第二期工程1982年开始，1988年年底整个葛洲坝水利枢纽工程建成。1991年11月27日，第二期工程通过国家验收，葛洲坝工程宣告全部竣工。葛洲坝水利枢纽工程是我国万里长江上建设的第一个大坝，是三峡水利枢纽工程完工前我国最大的一座水电工程。这一伟大工程，在世界上也是屈指可数的巨大水利枢纽工程之一。葛洲坝水利枢纽的设计水平和施工技术，都体现了我国当前水电建设的最新成就，是我国水电建设史上的里程碑，是我国举全国之力、集全民之智的生动体现。

改革开放以来，党中央、国务院把水利摆到了国民经济基础设施建设的首位，大幅度增加投入，水利工程建设步伐明显加快，三峡工程、南水北调工程、小浪底、治淮、治黄等一大批重点水利工程陆续开工兴建。新中国成立70多年来，全国各类水库从1200多座增加到近10万座，总库容从200多亿m^3增加到9000多亿m^3。5级以上江河堤防超过30万km，是新中国成立之初的7倍多。规模以上水闸10万多座、泵站9.5万处，建成一大批供水工程及重点水源工程。编制完成洪水风险图，覆盖防洪保护区面积约42万km^2。

❶ 江泽民. 江泽民文选：第2卷［M］. 北京：人民出版社，2006：355。

❷ 葛洲坝水利枢纽工程上马［EB/OL］.［2020-07-03］. http://www.dzwww.com/2009/hrh/30/1970/200907/t20090710_4901401.htm。

覆盖全国、布局合理、功能完备的水利工程体系在防汛抗洪中发挥着决定性作用。引江济淮、引汉济渭、滇中引水、西江大藤峡、新疆阿尔塔什……一个个谋划多年、号称“世纪工程”的标志性“重器”拔地而起，国家172项节水供水重大水利工程已经开工建设138项，宏伟蓝图正变成现实。比如滇中引水工程是国务院要求加快推进建设的172项重大水利工程之一，同时也是目前全国在建的引调水工程中投资规模最大、建设难度最高的水利工程，2020年上半年计划完成55亿元投资任务。滇中引水工程途经云南丽江、大理、昆明、玉溪等6个州市，全长约664km[1]。其实，滇中引水设想由来已久。20世纪50年代，就提出“引金入滇、五湖通航”的宏伟设想。历经几十年论证规划，2017年8月4日，滇中引水工程正式开工建设[2]。滇中引水工程建成后，可以从水量相对充沛的金沙江干流引水至滇中地区，缓解滇中地区城镇生产生活用水矛盾，促进云南经济社会可持续发展。在一定程度上说，我国大江大河已基本具备防御新中国成立以来实际发生的最大洪水的能力，我国防洪能力已升级到较安全水平。

民以食为天，食以水为先。粮食安全、水安全事关经济发展和社会稳定。新中国成立前，我国农田水利基础设施十分脆弱，水利工程数量少而且破败失修，灌排能力严重不足，粮食生产能力低下，一遇大的旱涝灾害，往往赤地千里，粮食绝收，饿殍遍野。新中国成立后，中国共产党带领全国人民大兴水利，新建了安徽淠史杭、山东位山、河南红旗渠、甘肃靖会提水等一大批灌区。经过70多年的水利建设，当前，占全国耕地面积50%的灌溉面积上生产了占全国总量75%的粮食和90%的经济作物。农田有效灌溉面积由1949年的2.4亿亩增加到2018年的10.2亿亩，增长325%，耕地灌溉率超过50%，我国的灌溉面积位居世界第一。粮食总产量由1949年的0.23万亿斤增加到目前的1.3万亿斤左右，我国以约占全球6%的淡水资源、9%的耕地，保障了占全球近1/5人口的吃饭问题，中国人民手中的饭碗端得更牢！党的十八大以来，党中央、国务院始终把国家粮食安全作为治国理政的大事要事，始终把农村水利建设作为治国安邦的重要方略。70多年来，我国建成了大中型灌区7800多处，累计实施了400多处大型灌区、1200多处重点中型灌区续建配套与节水改造[3]。通过大力推进农业节水灌溉，加快灌溉排水设施的配套改造，推进灌溉用水总量控制和定额管理，中国农田已经形成较为完善的灌排工程体系和灌排设施管理体制机制。

---

[1] 丁怡全，齐中熙. 滇中引水工程建设全面提速［EB/OL］.［2020-07-12］. https://baijiahao.baidu.com/s?id=1665122732472481569&wfr=spider&for=pc。

[2] 贾磊. 求解云岭渴　滇中引水梦［EB/OL］. 云南政协新闻网，2018-12-19。

[3] 农业水利发展70年成绩：有效灌溉面积增长325%［N］. 中国日报，2019-09-26（1）。

新中国成立后，我国水电事业发展翻开了新篇章。1957年，钱塘江上的新安江水电站、黄河上的三门峡水电站相继开工建设。新安江水电站历经18年建成，标志着我国具备了自主设计、施工大型水电站和制造水电设备的能力，成为中国水电发展进程中的一座里程碑。1975年黄河刘家峡水电站建成，意味着我国拥有了百万千瓦级的水电站，是新中国水电史上的又一座丰碑。世界第一大水电工程——三峡水电站，2012年7月全面竣工，成为全世界最大的清洁能源生产基地，由此奠定了我国的水电强国地位，2018年三峡水电站年发电量首次超过1000亿kW·h。世界单机容量最大的白鹤滩电站100万kW水电机组全部为“中国创造”，是中国水电发展史上的巨大飞跃，奠定了中国水电装备技术的世界领先地位。再如小浪底水利枢纽工程位于河南省洛阳市以北40km的黄河干流上，是黄河干流在三门峡以下唯一能够取得较大库容的控制性工程。小浪底水利枢纽工程的开发目标是“以防洪、防凌、减淤为主，兼顾供水、灌溉和发电，蓄清排浑、综合利用、除害兴利”。小浪底水利枢纽在治理开发黄河的总体布局中具有重要的战略地位，建成后，将使黄河下游防洪标准从现状的不足百年一遇提高到千年一遇，基本解除黄河下游洪水及凌汛的威胁，减缓下游河道淤积[1]。

党的十八大以来，中国水电立足国家战略，开启了高质量发展的新时代。溪洛渡、向家坝、锦屏二级、锦屏一级等巨型水电站相继建成投产，白鹤滩、乌东德水电站开工建设，河长制在全国顺利实施。如溪洛渡水电站位于云川交界的金沙江上，是世界上已建成的第三大水电站，总装机1386万kW，年度累计发电量超过600亿kW·h，是西电东送的骨干电源点。溪洛渡水电站工程于2005年12月正式开工，2007年实现截流，2013年7月首台机组并网发电，2014年6月18台机组全部投产。据统计，截至2019年12月31日，溪洛渡水电站总发电量已达3614.85亿kW·h，为华东、华南7省市近4亿人提供了稳定持续的清洁绿色能源，相当于节约标准煤1.11亿t，减排二氧化碳3.04亿t、二氧化硫7.22万t、氮氧化物6.86万t。对于优化国家能源结构，减少废气、废渣排放发挥了积极作用。同时，极大缓解了长江中下游的防洪压力，改善了枯水期下游航运条件，带动了云南永善和四川雷波两县的县域经济发展[2]。

再如河长制是指由当地各级党政主要负责人担任辖区内河流“河长”，负责辖区内河流污染治理与水质保护，实质为落实地方党政首长领导河流管理保护主体责任的一项制度创新。在全国众多的水域，“河长制”不仅仅局限于河

---

❶ 张卫东，常献立，陈明．黄河小浪底水利枢纽工程介绍［J］．中国水利，1994（4）：10-11。

❷ 李玉平，胡培．溪洛渡水电站今年首次机组全部开机并网运行［EB/OL］．澎湃新闻．2020-06-22。

道，更延伸到了水库、湖泊等，因而水库有了“库长”，湖泊有了“湖长”。全面推行“河长制”是当前我国贯彻落实习近平生态文明思想的重要举措。“河长制”的具体落实必须依靠制度建设。河长制是联动中央和地方政府乃至全社会治理体系改革的对接口，有助于地方率先转变政府职能、打破部门壁垒、构建共治体系，树立样本。2016 年 7 月，中央深改领导小组办公室正式下达起草全面推行河长制意见的任务。水利部在深入调研、总结梳理、认真分析、广泛征求意见、反复修改的基础上，按照要求正式将“全面推行河长制意见”上报中央领导小组。2016 年 10 月 11 日，中央全面深化改革领导小组第 28 次会议，审议通过了《关于全面推行河长制的意见》。2016 年 11 月 28 日，中共中央办公厅、国务院办公厅印发《关于全面推行河长制的意见》（简称《意见》）。《意见》提出了包括指导思想、基本原则、组织形式、工作职责在内的总体要求，明确了河湖管理保护的六项工作任务以及四项保障措施，标志着河长制已从当年应对水危机的应急之策，上升为国家意志。《意见》要求到 2018 年年底前全面建立河长制。与此同时，水利部、环境保护部联合印发《贯彻落实〈关于全面推行河长制的意见〉实施方案》提出，做到工作方案到位、组织体系和责任落实到位、相关制度和政策措施到位、监督检查和考核评估到位。《水利部办公厅关于明确全面建立河长制总体要求的函》进一步对“四个到位”要求进行了细化。截至 2018 年 6 月底，全国 31 个省、自治区、直辖市已全面建立河长制，提前半年完成了中央确定的目标任务。省、市、县、乡四级河长 30 多万名，其中省级领导担任河长的有 402 人。其中，有 29 个省把河长体系延伸到了村一级，设立了村级河长 76 万名。河长制在我国的实施和推广是我国集中力量办大事的体现，也是中国特色社会主义制度显著优势的彰显。

坚持全国一盘棋，调动各方面积极性，集中力量办大事就是在我国水利事业改革和发展中把当前与长远、中央与地方、地方与地方、集体与个人等各方面放在系统的框架中统筹协调、共同推进，调动各方面积极性，发挥各自优势拧成一股绳、形成合力。

第二节 新中国水利事业发展与集中力量办大事动员组织体制

中国的集中力量办大事，可以说是做到了“三个一”：“一张图”，就是对所办大事有统一规划；“一盘棋”，就是各地区、各部门从全局着眼，围绕所办大事形成合力；“一竿子”，就是保证从中央到地方政令畅通，在贯彻执行上一竿子插到底。如此运行方式，大事自然办得成[1]。

新中国水治理事业走过的辉煌历程证明，强大的集中力量办大事的动员组织体制，是我国水治理事业取得瞩目成就的根本优势。如黄河小浪底枢纽工程引进先进技术和管理方式与小浪底工程建设实际相结合，创造了与国际接轨并具有中国特色的建设管理模式，形成了完善、高效、权威的工程建设技术保障体系。圆满完成近20万移民搬迁安置任务，成为我国大型水利水电工程集中高强度移民安置工作的典范。创造性地提出了水利水电工程施工期环境监理的理论、方法、管理模式和运作机制，有效地控制了工程投资，较概算节余38亿元，取得了质量优良、工期提前、投资节约的巨大成绩[2]。新中国水治理事业辉煌成就表明，我们的国家制度和国家治理体系，具有坚持全国一盘棋，调动各方面积极性，集中力量办大事的显著优势。坚持全国一盘棋，调动各方面积极性，集中力量办大事是我国治水事业取得瞩目成就的根本制度优势。

一、动员群众

集中力量办大事最关键的就是把我国现有的资源最大程度地调动起来、整合起来，为国家的发展所用，为民族的复兴所有，为满足人民群众美好生活向往所用。中国社会主义制度的优势，尤其表现为其决策机制的优越性。决策机制的基础是群众路线，即从群众中来，到群众中去，从实践中来，到实践中去，决策要不断地接受群众和实践的检验。如1970年12月30日，葛洲坝工程坝基开工后，前来“参战”的有3个民兵师、1个基建工程兵师共计10万大军。当时“参战”人员喊着号子“小扁担，三尺三，千担万担不歇肩，为了建成大围堰，一担挑走两座山”，仅仅用了4个月时间就完成一期工程上下游围堰建设[3]。

水利工程移民是世界性难题，具有被动性、时限性、区域性、补偿性等特征。在中国重大水利工程移民当中，三峡工程农村移民37万人，搬迁用了17年；小浪底工程移民14.6万人，用11年时间完成搬迁。然而国务院南水北调工程建设委员会确定了丹江口库区移民约33万人（其中河南省移民16.2万人，湖北省移民18.1万人）“四年任务、两年基本完成”的决策，由原计划的2013年提前到2011年完成，使得移民工作具有非常大的难度。南水北调中线水源地——丹江口水库总面积1050km^2，其中淅川县506km^2，占48.2%。南

---

[1] 陈晋. 集中力量办大事何以成为显著优势 [N]. 人民日报，2020-03-13 (9)。

[2] 殷保合. 黄河小浪底工程关键技术研究与实践 [J]. 水利水电技术，2013 (1)：12-15，26。

[3] 吴华. 张体学与葛洲坝 [J]. 档案记忆，2019 (4)：14-16。

水北调中线工程渠首在淅川县九重镇陶岔村，丹江口水库的水将由此流向京津大地。其中，淅川县移民涉及11个乡镇185个村，需外迁安置到河南25个县126个乡镇。

其实，我们不难发现早在20世纪50年代丹江口水库初期工程兴建之时，淅川就曾有3万多名干部、群众参与建设，49人为兴建大坝献出生命，98人受伤致残。50多年来，淅川人民群众在“国家需要”时，坚决服从国家利益，坚决服务于移民工作大局，舍小家为大家，是社会主义核心价值观的引领者和践行者，是当代最可爱、最可亲、最可敬的“移民”人。如淅川县仓房镇沿江村村民何兆胜，搬迁了半个世纪。23岁那年（1958年），由于丹江口水库开始修建，他远赴青海，几年后，因当地生存环境恶劣，一家人历尽艰辛回到淅川；1964年11月，丹江口一期工程复工，他在30岁那年（1966年）带着父母、妻子和三个孩子共7口人再次离开故乡，迁入湖北荆门十里铺公社黎明大队14生产队，住进了土坯垒墙、茅草为顶的“统建房”。几年后，因为生活窘迫，何兆胜再次返乡。2010年6月，在他75岁高龄之时，因南水北调第三次离开家乡，和镇上的几千名移民一起搬迁到500km外黄河以北太行山下的辉县常村镇沿江村。何兆胜老人一生辗转三省四地，堪称新中国“移民标本”、丹江口库区移民的“活字典”。老人在家乡仅仅享受了一年多的小洋楼生活，就带着从故乡挖来的韭菜根搬迁到辉县，临走的时候只说了句“这儿就是座金山银山，国家需要，就得搬。”

同样，黄河小浪底工程不仅规模宏大，技术复杂，而且需搬迁移民20万人，且以农村移民为主，占移民总数的90%以上[1]。水库正常蓄水后，将淹没涉及河南省的济源市、孟津县、新安县、渑池县、陕县和山西省的垣曲县、夏县、平陆县共8个县（市）的30个乡镇173个行政村，有11个乡镇政府所在地、250多个工矿企业、109处文物古迹需迁建或处理。共淹没影响土地面积40.8万亩，其中耕地18.65万亩，淹没房屋和窑洞472万m^2，公路679km，高压输电线538km，通信线548km。为做好移民迁安工作，从1986年开始，水利部小浪底水利枢纽建设管理局在大量深入的调查研究、分析论证基础上，分别编制了农村移民安置规划、乡镇迁建规划、专项恢复规划、库区综合开发利用规划等。在国家计委、水利部等中央各有关部委和河南省、山西省各级政府的全力支持下，在小浪底万名建设者共同努力下，小浪底水利枢纽前期工程已顺利完成，征地移民及安置工作进展顺利。在施工高峰时，全工地参战队伍达22支，有1万余名职工和民工，主要施工设备达1200余台套，形成了高度

[1] 石俊营. 黄河小浪底水利枢纽工程移民安置区土地资源利用的可持续发展研究［J］. 水利经济，1998 (4)：60-61，78。

机械化施工、万人会战小浪底的宏大施工场面❶。

二、民生水利

中国共产党始终把为人民服务作为党的宗旨，水利与民生息息相关，必须把保障和改善民生作为发展水利的根本目标。发展民生水利，就是要更加强调以人为本，顺应人民群众过上更好生活的新期待，以政府主导、群众参与、社会支持为途径，构建城乡统筹、区域协调、人水和谐的水利基础设施体系，使人人共享水利发展与改革成果。如长江蕴藏着丰富的水能资源，养育着长江流域亿万人民，同时长江洪水也给广大人民带来了深重的灾难。除害兴利，开发长江水力资源，是长江流域亿万人民千百年梦寐以求的美好愿望❷。葛洲坝工程建设源于 1954 年，长江中下游发生特大洪灾。尽管通过荆江分洪和广大军民的顽强奋战，确保了武汉三镇和江汉平原的安全，但是这次洪水造成京广线中断行车 100 天，农田淹没 4700 万亩，死亡 3 万余人。鉴于长江洪灾后患无穷，党中央专门召集会议听取长江流域规划办公室的汇报，第一次讨论关于修建三峡水利枢纽的问题❸。1987 年 5 月，水电部领导小组在北京召开了第四次扩大会议，通过了《三峡工程论证阶段初选水位方案报告》，主要内容是：一级开发，一次建成，分期蓄水，连续移民。坝址选在三斗坪，坝顶高度 185m，最终正常水位 175m，初期蓄水位 156m；实现初期蓄水后，移民工作连续进行，经过 5～10 年蓄水位达到 175m，移民安置区安排在 180m 水位的回水线以上。

黄河小浪底工程投运以来，始终秉承民生工程理念，坚持可持续发展治水思路，坚持水资源统一调度、公益性效益优先、电调服从水调的原则，不断加强工程运行管理，发挥了巨大的社会效益、生态效益和经济效益❹。黄河小浪底南岸引水工程是黄河小浪底水利枢纽工程的组成部分，是解决孟津县、偃师县、洛阳市城市及工业用水、农业灌溉的大型引水工程。设计引水流量 $28.6m^3/s$，年引水总量 4.24 亿 m^3，控制灌溉面积 54 万亩，同时解决 5 万人吃水困难问题❺。小浪底水利枢纽投运以来，共下泄水量 2708 亿 m^3，通过水库调节补水 859 亿 m^3，平均每年增加调节供水量 66 亿 m^3，已先后为 6 次引黄济津、10 次引黄济青、4 次引黄济淀提供了稳定水源。通过小浪底水库的调节补水，实现了黄河的跨流域调水，不仅提高了下游约 5400 万亩引黄灌区的

---

❶ 张卫东，常献立，陈明. 黄河小浪底水利枢纽工程介绍［J］. 中国水利，1994（4）：10－11。

❷ 颜萍. 长江三峡水利枢纽工程［J］. 城建档案，2017（1）：102－104。

❸ 吴华. 张体学与葛洲坝［J］. 档案记忆，2019（4）：14－16。

❹ 殷保合. 黄河小浪底工程关键技术研究与实践［J］. 水利水电技术，2013（1）：12－15，26。

❺ 张进平，王延荣，王忠阳. 黄河小浪底南岸引水工程隧洞全线贯通［J］. 河南水利，2000（4）：2。

灌溉保证率，缓解了下游沿黄地区生产和生活用水紧张局面，而且提高了北京、天津等大中型城市和河北等区域的用水保障率❶。

近年来，党中央、国务院共安排512.19亿元，完成了全国6240座大中型及重点小型病险水库除险加固任务，让亿万群众免受洪水的威胁。这项举措不仅在中国水利史上前所未有，在世界水利史上也绝无仅有。如地处黄土高原的山西省是中国水资源紧缺的省份之一，而山西又有丰富的煤炭和电力资源，这些产业都需要大量用水。引黄入晋工程在山西省偏关县万家寨与内蒙古自治区准格尔旗之间的黄河峡谷上筑一座大坝，从大坝中取水，通过300多km的隧洞、埋涵、渡槽、倒虹吸等引水建筑物，把水引到太原、朔州、大同，以缓解山西省水资源严重缺乏与经济建设的矛盾。因此，万家寨引黄工程是为了解决能源大省山西省水资源严重缺乏问题而兴建的大型跨流域引水工程，被誉为“山西的生命工程”。

同时，民生水利发展是一个长期的动态过程，要不断把握人民群众的新要求，开辟兴水惠民新领域。如红旗渠工程是为了人民的“初心工程”。红旗渠的修建和林县的地理环境、气候条件密切相关。林县是四面环山的小盆地，位于太行山向东部平原延伸的断裂带，地下水埋藏深，开采十分困难。这里气候干燥，常年干旱少雨，是一个“荒岭秃山头，水缺贵如油”的地方。虽然，水量充沛的浊漳河穿境而过，由于地势原因却无法引水灌溉农田。所以，当地又有“守着漳河种旱地”的说法。据史料记载，从明朝正统元年（1436年）到新中国成立的1949年，500多年间，林县发生自然灾害100多次，大旱绝收30多次。有时连年大旱，河干井枯，庄稼颗粒无收，出现“人相食”的惨状。为了活下去，林县人成群结队翻越太行山，到山西逃荒谋生路。可以说，“一部林县志，满卷旱荒史”。“水缺贵如油，十年九不收；豪门逼租债，穷人日夜愁”就是当时林县百姓生活的真实写照。共产党是人民的政党，共产党人的初心是为人民谋幸福。共产党在林县执政后，面临的首要问题就是全县人民的吃饭问题。《汉书·食货志》记载：“洪范八政，食为首政。”意是说，《洪范》中记载的治国理政的八个重要方面中，解决好人们的吃饭问题是第一要务。粮食从哪里来？毫无疑问，来自农业生产。农业离不开水。要让全县人民群众过上好日子，就必须解决缺水的问题。20世纪50年代中期，全国开始大兴以增产增收为目的的农田灌溉水利建设。《中国农村的社会主义高潮》一书中《书记动手　全党办社》一文所写的按语中提出：“每县都应当在自己的全面规划中，做出一个适当的水利规划。”在这样的时代背景下，林县县委发出“重新安排林县河山”的号召，提出“引漳入林”动议，盘阳会议把“引漳入林”工程正

❶ 殷保合. 黄河小浪底工程关键技术研究与实践［J］. 水利水电技术，2013（1）：12-15，26。

式命名为“红旗渠”❶。

三、勇于探索

治水事业是一项系统工程，涉及管理、技术、环境、科学、工程等领域，遵循“干中学、学中干”的原则，需要不断改革创新，是实现水治理事业战略目标的成功经验。新中国水治理从水利是农业的命脉，到科学治水、依法治水再到水安全、人水和谐，初步形成了世界上规模最宏大的水治理体系，为经济社会发展、人民安居乐业提供了重要保障。农业是国民经济的基础，水利是农业的命脉。新中国成立后，国家相继开展了对淮河、海河、黄河、长江等大江大河大湖的治理，掀开了新中国水利建设事业的新篇章。

在水治理事业的过程中，历经从“控制洪水向洪水管理转变”到“给水以出路，人才有出路”，从工程水利、资源水利的“水利社会”到可持续发展水利的“人水和谐的利水社会”，统筹做好高效利用水资源、系统修复水生态、综合治理水环境、科学防治水灾害等工作，合力打好节水治水管水兴水攻坚战。如新中国成立之初，在“蓄泄兼筹”“统筹兼顾”“除害与兴利相结合”“治标与治本相结合”的治水方略指引下，治淮工程、长江荆江分洪工程、官厅水库、三门峡水利枢纽等一批重要水利设施相继兴建。

三峡工程在我国水利建设史上是空前的，在世界上也是屈指可数的。三峡工程是对我国科学技术能力和水平的一次大检查、大促进。许多科技领域，如水文地质、机械设备、工程建设、发电输电、航运、防洪、灌溉等，都不断创新。比如选择大机组就是一个新的课题。因此，在三峡工程建设中，每一步、每一项都要依靠和发挥科学技术的力量。首先是水文地质科学，库区几百里，水深几百米以上，地质结构、地貌形态千差万别，只有把这些问题弄清楚，才能得出科学的结论，制定出预防可能发生的跑水、漏水、滑坡、断裂等有效措施❷。

葛洲坝水利枢纽工程位于湖北省宜昌市区西部的长江干流上，坝址距长江三峡之一的西陵峡出口南津关 2.3km，是长江干流上修建的第一座大型水利枢纽工程，被誉为“万里长江第一坝”。葛洲坝水利枢纽工程是三峡水利枢纽工程的重要组成部分❸。葛洲坝水利枢纽工程始于 1970 年年底，全部竣工于 1991 年 11 月，整个工期历时 18 年。葛洲坝水利枢纽工程施工条件差、范围大，采取了“边勘测、边设计、边施工”的方式进行，由于设计方案悬而未

---

❶ 陈东辉. 红旗渠精神：初心和使命的集中体现［N］. 河南日报，2019-07-05（10）。

❷ 王儒述. 三峡工程与环境［J］. 水利科技与经济，1995（3）：107-117。

❸ 筱蕾. 党和国家领导人关心葛洲坝水利枢纽工程建设［J］. 党史博览，2014（6）：2，57。

定、专业技术人员匮乏、一些重大问题没有得到妥善解决等原因，工程被迫于1972年年底暂停施工，直到1974年年底，在修改设计工作和专业技术团队组建完成后，才重新开工。葛洲坝水利枢纽工程建成后，拦江大坝长达2.5km，混凝土用量比载入吉尼斯世界之最的美国大古力水坝还要多200多万m^3；水力发电厂装机容量为271.5万kW，是当时我国最大的发电厂，在世界径流式水电厂中名列第三，年发电量达157亿kW·h，相当于每年节约原煤1020万t，仅发电一项，在1989年年底就收回全部工程投资❶。葛洲坝水利枢纽工程的建成不仅发挥了巨大的经济和社会效益，同时提高了我国水电建设方面的科学技术水平，培养了一支高水平的进行水电建设的设计、施工和科研队伍，为我国的水电建设积累了宝贵的经验。中国葛洲坝集团公司独家兴建了葛洲坝工程，累计完成土石方工程10804万m^3，混凝土浇筑1145.8万m^3，金属结构制作安装22.3万t，钢筋制作安装7.6万t，水电机组安装271.5万kW，在当时创造了100多项中国水电施工纪录。

葛洲坝水利枢纽在解决细泥沙淤积过程中，在技术方面，研制了一系列的观测仪器，如电子流速仪、光电测沙仪、泥沙淤厚仪、模型深水流向仪、试验船模等等，初步解决了细颗粒模型沙（粒径在0.01mm左右）的问题，以及推移质与悬移质在模型中同时并存的问题等等。在理论方面，首先是对河道挟沙水流比尺模型的相似律有了进一步的认识，特别是在模型的变态问题上，由于讨论较多，因而认识更深，并找到了一个判别变态模型的变态程度的指标——水力半径变态指数R_X/R_1，此处R_1为正态模型中的水力半径，R_X为垂向比尺与正态模型相同、变率为x的变态模型中的水力半径；其次是对于原型与模型水流的阻力分区以及不同的加糙形式对于河道挟沙水流模型中的水流结构的影响等方面有了更深的理解❷。

葛洲坝水利枢纽中间部位是27孔泄水闸，正迎长江主洪。泄水闸建筑在二江上，既是枢纽的主要泄洪建筑物，又是泥沙输移的主要通道，是目前世界上泄洪能力最大的钢铁大闸。它和大江6孔冲沙闸、三江6孔冲沙闸，以及电站与排水底孔一起运行，每秒则可宣泄11万m^3的洪水，历史上最大的洪水，均可安全通过，开创了长江听人指挥的新纪元。泄水闸闸室装有我国最新式的自动操作装置。枢纽共有3个船闸，其中大江一号、三江二号船闸，闸室长280m、宽34m、深35m，被列入世界大型船闸之列。船闸上下首各有两扇人字闸门及启动机电设备，每扇人字门的门叶有12层楼那样高，重600t，为目

---

❶ 吴华．张体学与葛洲坝［J］．档案记忆，2019（4）：14-16。

❷ 张瑞瑾．葛洲坝水利枢纽工程的泥沙问题及其解决途径［J］．中国水利，1981（4）：36-38，24。

前世界上最大的人字门，号称“天下第一门”❶。

黄河小浪底水利枢纽控制黄河流域面积的92.3%和近100%的输沙量，多年平均输沙量13.5亿t，水库总库容126.5亿$m^3$❷。针对黄河的泥沙淤积问题，小浪底工程采取了较大的拦沙库容和拦沙与调水调沙相结合的初期减淤运用方式，并为预防泄水建筑物进水口泥沙淤堵和减少对发电系统的影响采取了工程措施。如小浪底水库利用拦沙库容较大的优势，以拦沙调水、异重流排沙为主，具备了调节下游径流的能力，使出库流量与含沙量适应河道的输沙能力，最大限度地把泥沙输送入海，减少在下游河道的淤积。2002年小浪底调水调沙试验表明：自小浪底坝下至河口800多km河道内，共冲刷泥沙0.362亿t，加上小浪底水库出库泥沙，调水调沙期间入海泥沙共计0.664亿t，减淤效果明显❸。小浪底水利枢纽施工中，除推广应用建筑业十项新技术外，还相继开展了400多项科研与实践，解决了多项技术难题，有力地保证了建设工程质量。如GIN灌浆新技术的运用。GIN法即灌浆强度值法，是用灌浆段最终的灌浆压力P（MPa）和单位长度浆液注入量V（L/M）的乘积表示。在灌浆过程中，GIN值为常数。使用灌浆自动记录位，按确定的GIN值对灌浆实行控制，可以自动对宽大裂隙限制其灌注量，而对细微裂隙提高灌注压力，这样既避免了导致地面抬动和水力劈裂的高压力和大灌注量的组合，又避免了对灌注细微裂隙不合适的低压力和小灌注量的组合。GIN法简化了灌浆工艺，提高了灌浆精度，降低浆材自耗，提高灌浆质量❹。

改革开放以来，随着经济社会的快速发展，诸多地区缺水、缺安全之水日益成为经济社会发展的瓶颈。到了20世纪末，不少江河断流，湖库淤积；一些地区地下水超采，湿地退化；一些水乡围湖造地，侵占河道；一些地方水污染频发等，党中央、国务院树立“大”的水资源观，从工程水利向资源水利转变，谋求水资源的可持续利用，树牢“绿水青山就是金山银山”发展理念，着眼于发挥流域的湿地效应、生态效应、经济效应、社会效应，统筹做好流域治理和沿岸环境整治工作，确保水清、河畅、岸绿、景美，建设幸福河湖。

---

❶ 闵江月．宏伟的葛洲坝水利枢纽［J］．湖北文史资料，1997（3）：234-236。

❷ 李立刚．黄河小浪底工程预防泥沙淤积的工程措施和减淤运用实践［J］．红水河，2005（4）：71-74。

❸ 李立刚．黄河小浪底工程预防泥沙淤积的工程措施和减淤运用实践［J］．红水河，2005（4）：71-74。

❹ 水利部小浪底水利枢纽建设管理局．严格管理技术创新铸就千年治黄丰碑：黄河小浪底水利枢纽工程质量纪实［J］．工程质量，2010（8）：21-32。

第三节　新中国水利事业发展与集中力量办大事运行管理模式

集中力量，才能保证重点；集中资源，才能实现突破。我国水治理事业发展历程证明，无论是国家重大工程还是防灾救灾、水生态文明建设等重要部署，都需要发挥举国体制优势，均需要下好全国一盘棋、集中力量协同攻关。正是因为始终在党的领导下，集中力量办大事，国家统一有效组织各项事业、开展各项工作，才能成功应对一系列重大风险挑战、克服无数艰难险阻，始终沿着中国特色社会主义正确方向稳步前进。

一、工程管理

在水治理事业发展中，工程项目管理属于最重要的内容，也是集中力量办大事的重要体现。一般来说，水利工程管理由工程管理、工程观测、工程应用、工程维修、工程养护以及工程防洪等内容组成。如 1992 年 4 月 3 日，全国人大七届五次会议通过《关于兴建长江三峡工程的决议》。1993 年 1 月，成立国务院三峡工程建设委员会，委员会下设办公室、移民开发局和中国长江三峡工程开发总公司。同年，工程进入施工准备阶段。1994 年 12 月 14 日，三峡水利枢纽工程正式开工。1993 年 9 月 27 日，国务院批准成立中国长江三峡工程开发总公司，作为三峡工程项目业主，全面负责三峡水利枢纽工程的建设和建成后的运行管理，负责建设资金（含移民工程所需资金）的筹措和偿还，国家电力公司（现国家电网公司）负责三峡输变电工程的建设。三峡工程开工伊始，即采用项目法人负责制、招标承包制、工程建设监理制和合同管理制四大管理机制。三峡工程由水利部长江水利委员会设计，参加施工的主要单位有葛洲坝集团三峡指挥部、湖北宜昌三峡工程建设三七八联营总公司、青云水利水电联营公司、中国人民武装警察水电三峡工程指挥部、宜昌三峡三联总公司；主要监理单位有长江水利委员会、西北勘测设计研究院、中南勘测设计研究院三峡建设监理中心、华东勘测设计研究院三峡工程建设监理中心、东北勘测设计研究院、长江三峡技术经济发展有限公司❶。

作为长江三峡工程重要组成部分的葛洲坝水利枢纽工程严格遵照《水电站安全管理暂行办法》《水电厂防汛管理办法》及主管网局关于水电厂防汛和大坝安全管理的有关制度，认真执行设计单位的运行管理有关规程，结合葛洲坝枢纽的工程实际，不断建立和健全枢纽防汛度汛、安全检查、安全监测及维

❶ 颜萍．长江三峡水利枢纽工程［J］．城建档案，2017（1）：102－104。

护、检修等方面的有关制度和规定，使安全管理趋于规范化、制度化，标志着工程运行管理进入的新阶段。如防汛管理制度根据水电部、华中网局有关防汛及大坝安全管理制度，结合葛洲坝的实际制定了相应的制度。建立健全了防汛和水工管理的“五规八制”。五规即水务管理规程、水工观测规程、水工维护检修规程、水工机械运行检修规程、水工安全作业规程。八制即防汛岗位责任制、年度工程度汛措施、洪水调度方案修编制、请示汇报制度、汛期现场检查制、应急措施计划与防洪预演制、水雨情测报制、总结表彰制度。成立了以葛洲坝电厂厂长为组长的厂防汛领导小组，并制定了“葛洲坝水库遭遇 8600m^3/s 设计洪水的防御措施”和“葛洲坝工程超标准洪水应急抢险措施”❶。

再如黄河小浪底水利枢纽工程水库最高运用水位 275m，水库面积达 272.3km^2，上距三门峡水利枢纽 130km，下距河南省郑州花园口 128km。它不仅是中国治黄史上的丰碑，也是世界水利工程史上最具有挑战性的杰作。1991 年 9 月，小浪底水利枢纽工程前期工程开工。小浪底水利枢纽主体工程建设采用国际招标，以意大利英波吉罗公司为责任方的黄河承包商中大坝标，以德国旭普林公司为责任方的中德意联营体中进水口泄洪洞和溢洪道群标，以法国杜美兹公司为责任方的小浪底联营体中发电系统标。1994 年 7 月 16 日合同签字仪式在北京举行。1994 年 9 月主体工程开工，1997 年 10 月 28 日实现大河截流，1999 年年底第一台机组发电，2001 年 12 月 31 日全部竣工，总工期 11 年，坝址控制流域面积 69.42 万 km^2，占黄河流域面积的 92.3%。水库总库容 126.5 亿 m^3，调水调沙库容 10.5 亿 m^3，死库容 75.5 亿 m^3，有效库容 51.0 亿 m^3。2009 年 4 月，全部工程通过竣工验收。小浪底水利枢纽工程具备了防洪、防凌、发电、排沙等多项功能的大型综合性水利工程。工程建成后，可使黄河下游防洪标准由目前的 60 年一遇提高到 1000 年一遇，基本解除黄河下游凌汛威胁；水库采用蓄清排浑运作方式，利用 75.5 亿 m^3 的调沙库容拦沙，相当于 20 年黄河下游河库不淤积，减少两到三次大堤加高费用；水库可每年增加 20 亿 m^3 的供水量，大大提高下游 4000 万亩灌区的用水保证率，改善下游灌溉供水条件。

二、计划用水

水是生命之源、生产之要、生态之基。新中国成立以来特别是改革开放以来，水资源开发、利用、配置、节约、保护和管理工作取得显著成绩，为经济社会发展、人民安居乐业作出了突出贡献。但必须清醒地看到，人多水少、水资源时空分布不均是我国的基本国情和水情，水资源短缺、水污染严重、水生

---

❶ 张公民，万中鹏. 葛洲坝水利枢纽的安全管理 [J]. 大坝与安全，1996 (1)：42-48，55。

态恶化等问题十分突出，已成为制约经济社会可持续发展的主要瓶颈。水利工程具有蓄水功能，其可以用来储备水源和调度水源。在使用水资源之前，必须根据水源情况、水利工程实际情况，合理制定用水计划，做好输水或者调水工作。如黄河水的配额，现在仍是依据1987年国务院下发的《关于黄河可供水量分配方案的报告》（简称“八七方案”）进行分配，按照黄河正常年产水量为580亿m^3进行分配，其中210亿m^3汛期水量为冲沙用水，不可利用。此方案是根据1980年实际用水量作为基础，综合考量沿黄各省区的灌溉规模、工业和城市用水增长、未来发展等多种因素制定的。具体到某一年的黄河水配额，则根据黄河年产水量，由水利部按照丰增枯减下达年度计划。1998年12月14日国家发展计划委员会（原国家计委）和水利部联合颁发《黄河水量调度管理办法》❶。从20世纪70年代开始，由于黄河上游地区生态破坏和无节制用水，黄河下游断流的频次、历时、河道长度逐年增加。从1972年到1998年的27年中，有21个年份黄河下游出现断流。因此，从1999年3月份开始，指挥部坚持每季、每月、每旬制定用水控制指标，监测断面，适时调度，并多次召开协调会议，强调纪律，明确责任。沿黄各地积极配合，加强用水计划性，改变大水漫灌的灌溉方式，推行节水措施，保证下游用水❷。从1999年至今，黄河就再没有断流过。

引入黄河水解决地区水资源分布不均，是黄河中下游沿线城市如山西、河北和山东普遍的做法。如引黄入晋工程是山西省大型跨流域引水工程从黄河万家寨水库取水，经总干线、南干线和北干线分别向太原、大同、平朔3个城市和能源基地供水，年供水量12亿m^3，以解决能源基地建设用水和部分城市居民生活用水。引黄入卫工程是为了解决河北省东南部地区严重缺水而兴建的大型跨流域调水工程。从山东省聊城市的黄河位山闸引取黄河水，利用聊城市位山灌区的三干渠在冬季停灌时输水，在山东省临清市附近用倒虹穿越卫运河进入河北省，经清凉江输水入衡水湖与沧州市的大浪淀水库，给河北省的沧州、衡水和邢台市一部分城镇生活、工业和农业供水。引黄济青工程是山东省引黄河水的大型跨流域调水工程，最大引水流量为$45m^3/s$，每天可以向青岛市供水30万t，可以大大改善这一沿海开放城市的水源问题。此外，这条人工输水河道，可以为沿线经过的高氟区、缺水区提供淡水资源3.5亿m^3，灌溉农田400多万亩，解决71万人的吃水问题，并且回灌补充水源3亿m^3，有效遏制了海水南侵，极大地改善了当地的水资源环境。

---

❶ 于民星，李欣迪．每年70多亿立方黄河水咋分配，山东计划用水量德州最高威海最少［N］．齐鲁晚报，2019-06-27。

❷ 丁伟．统一调度计划用水黄河断流初步缓解［N］．人民日报，1999-12-06（5）。

三、组织管理

集中力量办大事在新中国水治理事业中体现和落实在“举国体制”上。我国自古以来就崇尚集体主义的社会价值观和政治信仰，加上我国社会主义制度的强大政治动员能力，为新中国奠定了实行举国体制的文化与制度基础。重大水利工程建设发展离不开国家成立专门的管理机构，以全国一盘期推进水利事业发展。

为推进南水北调工程建设，国务院成立南水北调工程建设委员会，国务院南水北调工程建设委员会办公室（正部级）是其办事机构，下设6个职能机构，承担南水北调工程建设期的工程建设行政管理职能，主要职责研究提出南水北调工程建设的有关政策和管理办法，起草有关法规草案；负责国务院南水北调工程建设委员会全体会议以及办公会议的准备工作，督促、检查会议决定事项的落实；就南水北调工程建设中的重大问题与有关省、自治区、直辖市人民政府和中央有关部门进行协调；协调落实南水北调工程建设的有关重大措施；负责监督控制南水北调工程投资总量，监督工程建设项目投资执行情况；负责协调、落实和监督南水北调工程建设资金的筹措、管理和使用；参与研究南水北调工程供水水价方案。2018年3月，根据第十三届全国人民代表大会第一次会议批准的国务院机构改革方案，将国务院南水北调工程建设委员会并入中华人民共和国水利部，不再保留国务院南水北调工程建设委员会。

黄河小浪底水利枢纽是一个以防洪、防凌、减淤为主，兼顾供水、灌溉和发电等综合利用的大型水利水电工程。根据规划，黄河小浪底整个库区移民新址占地21637.4亩。其中库区两三期移民居民点占地16501.2亩，按地类划分，水浇地3965.49亩、旱地11204.16亩、园地1317.1亩、其他用地1.44亩[1]。黄河小浪底水利枢纽主体工程于1994年9月开工，2002年12月完工。根据水利工程建设项目验收管理规定及有关规程，小浪底工程竣工验收分为竣工技术预验收和竣工验收会议两个阶段。竣工技术预验收是对工程建设情况进行技术验收，为竣工验收提供技术支撑。竣工验收基本程序为：项目法人向水利部提交竣工验收申请报告；水利部向国家发展和改革委员会转报竣工验收申请报告，并随文报送竣工验收工作方案；国家发展和改革委员会、水利部联合印发竣工验收通知，进行竣工技术预验收，召开竣工验收会议；国家发展和改革委员会、水利部联合印发竣工验收鉴定书。竣工验收工作由竣工验收主持单位、竣工验收办公室、竣工技术预验收专家组、竣工验收委员会协同完成。其

[1] 石俊营．黄河小浪底水利枢纽工程移民安置区土地资源利用的可持续发展研究［J］．水利经济，1998（4）：60－61，78。

中，根据国家重点建设项目管理办法，国家重点建设项目由国务院计划主管部门或者其委托的机构，组织有关单位进行竣工验收。经国家发展和改革委员会和水利部共同研究决定，小浪底工程竣工验收由国家发展和改革委员会和水利部共同主持。主持单位组织成立小浪底工程竣工验收委员会，主持召开竣工验收会议。主任委员由国家发展和改革委员会领导担任，水利部及河南、山西两省有关领导担任副主任委员。竣工验收委员会由竣工验收主持单位，国家有关部委，河南、山西两省人民政府及有关部门，国家开发银行，中国建设银行等单位代表和有关专家组成❶。

第四节 新中国水利事业发展与集中力量办大事主要经验与显著优势

历史充分证明，集中力量办大事是中国特色社会主义制度优势的突出特征，是新中国水利事业发展的重要原因，是中华民族实现从站起来、富起来到强起来历史性飞跃的强大动力。历史也充分证明，集中力量办大事是中国特色社会主义制度优势的突出特征，是新中国水利事业发展的重要原因，是中华民族实现从站起来、富起来到强起来历史性飞跃的强大动力。新中国水利事业发展与集中力量办大事主要经验与显著优势主要表现在以下几个方面。

一、党的领导是集中力量办大事的根本政治保证

中国共产党的领导是中国特色社会主义最本质的特征，是中国特色社会主义制度的最大优势。在国家水治理事业中坚持党总揽全局、协调各方的领导作用，有利于保证国家始终沿着社会主义方向前进，有利于集思广益、凝聚共识，集中力量办大事。中国共产党全心全意为人民服务，立党为公，执政为民，始终把人民的利益作为自己工作的出发点和落脚点，深得人民的拥护，为集中力量办大事奠定了深厚的群众基础，使集中力量办大事成为实施重大国家战略、实现经济快速发展、满足人民日益增长物质和文化需要的重要途径。

长江三峡工程论证和建设初期，时任湖北省委书记的李先念就把兴建水利工程作为发展农业生产的首要问题来抓。1950 年 7 月，李先念明确提出，今后本省农业问题是水利问题。1952 年，中央政府决定兴建荆江分洪工程，成立了荆江分洪工程委员会和荆江分洪工程指挥部，李先念任委员会主任和指挥部总政委。建国初期，在国家财力、物力、技术力量都相当困难的情况下，只

❶ 刘红宝，李立刚，游建京. 黄河小浪底水利枢纽工程竣工验收的组织与实施 [J]. 水利发展研究，2009 (12): 55-56，63。

用了75天时间就奇迹般地完成了这一大型工程[1]。

葛洲坝水利枢纽工程是三峡水利枢纽工程的重要组成部分，对是否兴建这一工程的研究始于20世纪50年代后期。1970年12月16日，国务院业务组会议研究和讨论了葛洲坝水利枢纽工程的有关问题。12月26日，毛泽东在周恩来报送的兴建葛洲坝工程的报告上作了批示，赞成兴建此坝。12月30日，葛洲坝工程正式开工。1980年7月12日，邓小平来到葛洲坝，寄厚望于建设者：建好葛洲坝，进军大三峡。葛洲坝工程分为两期：第一期工程于1981年完工；第二期工程从1982年开始，1988年底整个工程建成。1991年11月27日，第二期工程通过国家验收，葛洲坝工程宣告全部竣工。在葛洲坝工程建设过程中，李先念、杨尚昆、邓颖超、程子华（曾任全国政协第五、第六届副主席）等党和国家领导人也给予了高度关注，并来此视察，提出建议和要求[2]。

黄河小浪底工程成立水利部小浪底水利枢纽建设管理局（黄河水利水电开发总公司），行使项目业主职能，实行项目法人责任制。截至1993年年底累计完成投资11.7亿元，其中建安投资63985万元，施工区（包括南北岸对外公路、留庄转运站）征地移民费16828万元，水库淹没处理补偿费11472万元。累计完成实物工程量为：土方开挖937万m^3，石方明挖647万m^3，石方洞挖32万m^3，土石方回填392万m^3，混凝土浇筑14万m^3，土石方挖填量累计达2008万m^3，曾创造了月开挖强度150万m^3的纪录[3]。

南水北调工程是我国水治理事业集中力量办大事的生动实践。从1952年的构想到2002年工程开工，经历了50年科学论证和50多个方案比选，开展了一系列跨学科、跨部门、跨地区的联合研究，110多名院士献计献策，成千上万名水利科技人员接续奋斗。经过12年艰苦奋战，南水北调东、中线一期工程于2014年12月12日全面建成通水，创造了一项项工程建设奇迹、技术创新奇迹和制度创新奇迹。其中，南水北调丹江口库区一期工程涉及34.5万人，“四年任务两年完成”成为世界工程移民史上是一个奇迹。截至2019年12月，南水北调工程累计调水量已近300亿m^3，相当于从南方向北方搬运了2140个西湖的水量。直接受益人口超过1.2亿人，已由原规划的受水区城市补充水源，转变为多个重要城市生活用水的主力水源，成为这些城市供水的生命线。南水已占北京城区日供水量的73.3%，为京津冀协同发展、雄安新区建设等国家重大战略实施提供了可靠的水资源支撑。

再如20世纪80年代初，缺水问题严重影响了天津市的工业生产、群众生

❶ 宗华．李先念与长江三峡工程［J］．党史博览，2005（9）：30－33。

❷ 筱蕾．党和国家领导人关心葛洲坝水利枢纽工程建设［J］．党史博览，2014（6）：2，57。

❸ 张卫东，常献立，陈明．黄河小浪底水利枢纽工程介绍［J］．中国水利，1994（4）：10－11。

活与城市安全。在中共中央、国务院、中央军委领导下，在水利部等中央部委指导下，在人民解放军和河北省、北京市等兄弟省市支持下，天津市开展了规模宏大的引滦入津工程建设。作为新中国历史上首个跨区域综合性大型供水工程，也是规模最大、系统最完整的城市供水工程，引滦入津工程的规划与实施意义重大。

我国水治理事业发展表明，新中国大型水利工程论证、开工、建设是我国改革开放和社会主义现代化建设取得的重大成就，是我国社会主义制度集中力量办大事的生动实践，是中国共产党历代领导人擘画、重视，目标明确、接力奋斗，充分体现了党中央集中统一领导的体制优势，实施中最大限度地凝聚思想、形成共识，有效解决投资保障、征地移民、治污环保、技术攻关等重大关键制约，妥善处理各方利益关切，各地区、各部门同心协力，高效联动，全国一盘棋、上下一条心，是社会主义制度调动各方面资源、统一各方面行动、高效有力办大事的突出标志和集中展示。长江三峡、南水北调、流域治理、水生态文明建设等集中彰显了中国特色社会主义制度和国家治理体系的鲜明特点和显著优势，集中彰显了中国共产党领导下的中国智慧、中国速度和中国力量。

二、集中力量办大事是国家水治理的重要职能

善治国者必先治水。兴修水利，防治水害历来是中华民族治国安邦的大计。党中央、国务院高度重视防水治理事业，把水利摆到了国民经济基础设施建设的首要位置，把水安全作为国家重大安全问题，增强国家防洪安全、供水安全、能源安全、粮食安全和生态安全标准和能力。如在水生态治理方面，水土流失治理力度在不断加大。全国水土流失综合治理面积，从改革开放之初的7亿亩，上升到2019年的19.7亿亩。改革开放40年来，水土流失综合治理面积年均增长率达到2.6%❶。国家水安全和水治理属于政治上层建筑范畴，是通过国家水事治理体系对水利事业可持续发展进行引领、指导和协调，实现国民经济健康协调稳定运行的过程。国家水治理事业建立在社会主义水利事业发展的基础上，具有集中力量办大事的制度优势。

比如黄河曾经是一条忧患之河。新中国成立以前，黄河干流上没有一座水库，黄河“三年两决口、百年一改道”，频繁决溢，灾患不止。1952年，“要把黄河的事情办好”的伟大号召揭开了新中国人民治理黄河的序幕。毛泽东还于1953年2月、1954年冬、1955年6月、1958年8月四次视察黄河，了解掌握治理黄河的情况。1955年7月，第一届全国人民代表大会第二次会议作

❶ 国情讲坛实录：王亚华：治水70年：理解中国之治的制度密码［EB/OL］.［2020-07-20］. http://swt.hainan.gov.cn/sswt/qmtjj/202005/9a5aba9f32e24c4790c665e2c2a22ee8.shtml。

出了《关于根治黄河水害和开发黄河水利的综合利用规划》的决议。这是中国历史上第一部全面、系统的黄河治理开发宏伟蓝图，也是中华人民共和国审议通过的第一部江河流域规划。根据规划，一场规模空前的黄河建设高潮在大河上下蓬勃兴起。在党和国家领导人的高度重视下，黄河下游先后进行 3 次大修堤，相继修建了三门峡、小浪底、陆浑、故县水库等干支流工程；开辟了东平湖、北金堤分滞洪区，初步形成“上拦下排，两岸分滞”的下游防洪工程体系❶。

党的十八大后，习近平总书记多次到黄河视察。2019 年 9 月 18 日习近平总书记实地察看黄河的生态保护和堤防建设，并在郑州主持召开座谈会，擘画黄河流域生态保护和高质量发展重大国家战略，在黄河治理保护历史上具有里程碑重大意义。人民治黄 70 多年，建成了三门峡、小浪底等干流水利枢纽，基本建成了“上拦下排、两岸分滞”的防洪工程体系，战胜了 10 次超过 $10000m^3/s$ 的大洪水，创造了 73 年伏秋大汛不决口的奇迹。黄河下游频繁决口改道的历史，一去不复返。黄河流域生态保护与高质量发展，让黄河成为造福人民的幸福河，不断提高人民群众的幸福感、获得感，推动社会全面进步和人的全面发展。

黄河小浪底工程复杂的地形地质、特殊的水沙条件、严格的运用要求，被中外水利专家称为世界坝工史上最具挑战性的水利工程之一。针对小浪底工程关键技术，通过大量的科学实验，提出了“合理拦排、综合兴利”的规划理念。采用隧洞泄洪为主、进水口集中布置的枢纽总布置方案解决了进口泥沙淤堵问题；采用多级孔板消能技术成功改建泄洪洞，为大型导流洞重复利用提供了一条崭新的技术思路；大胆采用新技术、新设备、新工艺，实现了多项技术突破，系统性地创新了工程建设管理模式，取得了质量优良、工期提前、投资节约的巨大成绩，为我国现代水利水电工程建设管理树立了成功典范❷。

防治水污染，保护水生态环境，打好碧水保卫战，是污染防治攻坚战的重要组成部分。全国生态环境保护大会上强调，自觉把经济社会发展同生态文明建设统筹起来，充分发挥党的领导和我国社会主义制度能够集中力量办大事的政治优势，充分利用改革开放 40 年来积累的坚实物质基础，加大力度推进生态文明建设、解决生态环境问题，坚决打好污染防治攻坚战，推动我国生态文明建设迈上新台阶❸。从近年治理历程看，2015 年，国务院印发《水污染防治行动计划》，将“整治城市黑臭水体”作为重要内容；2016 年，国务院印发

❶ 王定毅，孙玉华. “要把黄河的事情办好”[N]. 学习时报. 2019 - 11 - 08。

❷ 殷保合. 黄河小浪底工程关键技术研究与实践 [J]. 水利水电技术，2013 (1)：12 - 15，26。

❸ 赵超，董峻. 习近平出席全国生态环境保护大会并发表重要讲话 [EB/OL]. [2020 - 07 - 20]. http：//www.gov.cn/xinwen/2018 - 05/19/content _ 5292116.htm。

《“十三五”生态环境保护规划》，要求“大力整治城市黑臭水体”；2018年，住建部、生态环境部联合发布《城市黑臭水体治理攻坚战实施方案》，要求到2018年年底，直辖市、省会城市、计划单列市建成区黑臭水体消除比例要高于90%，基本实现长治久清；到2019年年底，其他地级城市建成区黑臭水体消除比例显著提高；至2020年年底，各省（自治区）、地级及以上城市建成区黑臭水体消除比例高于90%。鼓励京津冀、长三角、珠三角区域城市建成区尽早全面消除黑臭水体。在治理政策方面，水环境治理的财政支持力度进一步加大。2018年起，中央财政支持开展黑臭水体治理示范，分三批次支持60个重点城市开展黑臭水体治理，确保到2020年年底全面达到国务院关于黑臭水体治理的目标要求，并带动其他地级及以上城市建成区实现黑臭水体消除比例达到90%以上的目标。同时，各级财政把包括黑臭水体治理在内的生态环境保护作为公共财政支出重点，水环境治理资金使用比例不断提高。如浙江省各级政府削减的“三公”经费，全部用于治水；2018年以来，广东省汕头市本级财政已拨付两潮练江流域综合整治资金27.6亿元。

三、集中力量办大事是水治理事业的压舱石

社会主义基本制度具有集中力量办大事的制度优势，能够以国家发展规划为战略导向，以国家战略为手段，推动水利事业创新发展、协调发展、绿色发展、开放发展、共享发展。如长江三峡水利枢纽工程，又称三峡工程是世界上规模最大的水电站，也是中国有史以来建设最大型的工程项目。而由它所引发的移民搬迁、环境等诸多问题，使它从开始筹建的那一刻起，便始终与巨大的争议相伴。三峡水电站1992年获得中国全国人民代表大会批准建设，1993年，国务院设立了三峡工程建设委员会，为工程的最高决策机构，由国务院总理兼任委员会主任。此后，工程项目法人中国长江三峡工程开发总公司成立，实行国家计划单列，由国务院三峡工程建设委员会直接管理。1994年12月14日，各方在三峡坝址举行了开工典礼，宣告三峡工程正式开工。2003年6月1日下午，三峡水电站开始蓄水发电，2009年全部完工。三峡水电站大坝高程185m，蓄水高程175m，水库长2335m，总投资954.6亿元人民币，安装32台单机容量为70万kW的水电机组。2012年7月4日已成为全世界最大的水力发电站和清洁能源生产基地。长江三峡工程主要有三大效益，即防洪、发电和航运。三峡工程的经济效益主要体现在发电。它是中国西电东送工程中线的巨型电源点，非常靠近华东、华南等电力负荷中心，所发的电力将主要售予华中电网的湖北省、河南省、湖南省、江西省、重庆市，华东电网的上海市、江苏省、浙江省、安徽省，以及广东省的南方电网。

太湖流域水环境治理长期是个大难题，在中国的七大流域中，太湖水质最

差，主要因为湖泊水系的纳污能力和自净能力差，加之人口密集、经济发达，排污量巨大且治污滞后。从 20 世纪 60 年代开始，太湖水质不断恶化，到 2000 年前后，太湖水质基本为劣Ⅴ类，直到 2007 年太湖蓝藻危机事件暴发，引起全社会的广泛关注，中央下决心“铁腕治太湖”，开启了大规模的太湖流域水环境整治行动。2007 年，国务院组织制定并实施《太湖流域水环境综合治理总体方案》，提出了 2012 年水环境治理目标。方案实施 5 年，太湖水环境质量总体得到改善，水环境综合治理取得了初步成效。2013 年，为了解决治理过程中出现的新情况和新问题，国务院又组织修编了《太湖流域水环境综合治理总体方案》，进一步提出 2015 年和 2020 年水环境治理目标。根据修订后的方案，经过进一步努力，太湖水质总体已由劣Ⅴ类改善为Ⅳ类，富营养化从中度改善为轻度，连续十几年安全度夏，流域内主要城市饮用水水源地供水安全基本得到保障。太湖水环境治理充分体现了党政主导，国务院组织制定治理方案，由国家发展改革委员会牵头建立省部际联席会议制度，国家有关部门和两省一市共同建立治理太湖水环境的协调机制，同时督促监督流域两省一市建立严密的水污染防治制度，推动了大量治太工程和项目的落实[1]。

黄河小浪底枢纽工程生态效益突出和水电优势显著。据统计，1980—1990 年黄河累计断流 191 天。进入 20 世纪 90 年代，由于黄河连续的枯水年，断流现象愈演愈烈，1997 年最为严重，黄河下游断流 26 次，累计 226 天，断流河段长达 702km。小浪底工程投运以来，实现了黄河连续 12 年不断流，并在黄河中下游形成了大片湿地，改善了小浪底库区和下游地区的生态环境。小浪底电站实行“电调服从水调”的原则，在河南省电网中承担着重要的调峰调频功能。截至 2012 年年底累计发电 617 亿 kW·h，相应节约标准煤 2263 万 t 减少碳排放量 7351 万 t，发挥了清洁能源、可再生能源的优势，同时有效提高了电网的安全性能和供电质量，缓解了河南电网供电紧张局面，促进了地方经济发展[2]。

---

❶ 国情讲坛实录：王亚华：治水 70 年：理解中国之治的制度密码 [EB/OL]．[2020-07-20] http：//swt. hainan. gov. cn/sswt/qmtjj/202005/9a5aba9f32e24c4790c665e2c2a22ee8. shtml。

❷ 殷保合．黄河小浪底工程关键技术研究与实践 [J]．水利水电技术，2013 (1)：12-15，26。

第四章

新时期河长制与集中力量办大事的领导责任体制与协同运作模式

针对新时期河长制的领导责任体制和协同联动机制问题、河长制集中力量办大事的领导责任体制与协同联动机制的主要经验与显著优势等问题，探讨河长制的时代特征与内涵，研究新时期河长制的领导责任体制和协同联动机制，总结分析了新时代新时期水治理河长制与集中力量办大事河长制的领导责任体制与协同联动运作模式的主要经验与显著优势，使其更能凸显“全国一盘棋思想、集中力量办大事”的显著优势。

第一节　河长制的时代特征与内涵

全面推行河长制是以习近平同志为核心的党中央从人与自然和谐共生、加快推进生态文明建设的战略高度作出的重大决策部署，是破解我国新老水问题、保障国家水安全的重大制度创新。因此，准确把握河长制的时代特征与内涵是深刻理解和客观认识集中力量办大事形成机理的理论基础。

党的十九大报告中指出：“中国特色社会主义进入新时代，我国社会主要矛盾已经转化为人民日益增长的美好生活需要和不平衡不充分的发展之间的矛盾。”中国特色社会主义进入了新时代，既缘于我们已经具有坚实的物质基础，又基于对我国社会主要矛盾转化的科学判断。十九大报告对我国社会主要矛盾的判断，构成了进入新时代的一个基本依据和基本动力。当前，中国特色社会主义进入新时代，水利改革发展也进入了新时代。治水的主要矛盾也发生了深刻变化，“从改变自然、征服自然为主转向调整人的行为、纠正人的错误行为为主”，我国治水的工作重点也要随之改变，就是要转变为“水利工程补短板、水利行业强监管”。正如水利部部长鄂竟平在 2019 年 1 月 15 日召开的全国水利工作会议上指出，当前我国治水的主要矛盾已经发生深刻变化：从人民群众对除水害兴水利的需求与水利工程能力不足的矛盾，转变为人民群众对水资源水生态水环境的需求与水利行业监管能力不足的矛盾。其中，前一矛盾尚未根本解决并将长期存在，而后一矛盾已上升为主要矛盾和矛盾的主要方面。

进入新时代，我国综合国力显著增强，人民生活水平不断提高，社会主要矛盾发生了历史性变化，要求我们在继续推动发展的基础上，着力解决好发展不平衡不充分问题，大力提升发展质量和效益。就水利而言，过去，人们对水的需求主要集中在防洪、饮水、灌溉、发电；现阶段人们对优质水资源、健康水生态、宜居水环境的需求更加迫切。相较于人民群众对水利新的更高需求，水利事业发展还存在四个不平衡和四个不充分的问题。四个不平衡：一是经济社会发展与水资源供给能力不平衡，水资源供需矛盾突出；二是生活生产生态用水需求与水资源水环境承载能力不平衡，水资源需求的结构性矛盾突出；三是水资源开发利用与其他生态要素保护不平衡，开发与保护矛盾突出；四是水利基础设施区域、城乡布局不平衡，东中西部和城乡水利矛盾突出。四个不充分：一是水资源节约利用不充分；二是水资源配置不充分；三是水量调度不充分；四是水市场发育不充分。这些不平衡不充分的问题，既有自然条件、资源禀赋、发展阶段制约等方面的原因，需要继续完善水利工程体系，提高防洪、供水、生态等综合保障能力；更重要的是长期以来人们认识水平、观念偏差和行为错误等方面的原因，水利监管失之于宽松软，用水浪费、过度开发、超标排放、侵占河湖等错误行为未被及时叫停，有的地方甚至愈演愈烈。扭转这一被动局面，需要全面加强水利行业监管，加强治水体制创新，使水资源水生态水环境真正成为刚性约束。社会主要矛盾变成了人们日益增长的对美好生活的需要，对水利而言，也是很明确的，最主要的是广大民众希望喝上足量的放心的水，希望河湖优美，水生态好水环境好发展到今天，人民群众对水利的需求不光是水量，还要水质，不光是供水，还要水生态、水环境。水资源、水生态、水环境，尤其是水生态、水环境单靠工程是解决不了的。水利工程兴修到一定程度之后，治水应该适应经济社会发展的需要，一定要强化监督管理。特别是经过多年建设，大江大河的防洪工程体系基本建成，我国防汛抗旱能力显著提升，防汛抗旱形势发生了根本性变化，一定程度上解决了洪涝灾害和干旱的威胁。伴随着经济高速增长和城镇化快速发展，水资源短缺、水生态损害、水环境污染等新问题越来越突出，成为经济社会持续健康发展的严重制约因素。未来资源消耗和污染排放总量仍可能有一定增长，由此带来的新水问题挑战将更加严峻。在这种背景下，河长制孕育而生。

河长制由中国各级党政主要负责人担任“河长”，负责组织领导相应河湖的管理和保护工作。各省（自治区、直辖市）全面建立省、市、县、乡四级河长体系，设立总河长，由党委或政府主要负责同志担任；各省（自治区、直辖市）行政区域内主要河湖设立河长，由省级负责同志担任；各河湖所在市、县、乡均分级分段设立河长，由同级负责同志担任。县级及以上河长设置相应的河长制办公室，具体组成由各地根据实际确定。各级河长负责组织领导相应河湖的管理和保护工作，包括水资源保护、水域岸线管理、水污染防治、水环境治理等，牵头组织对侵占河道、围垦湖泊、超标排污、非法采砂、破坏航道、电毒炸鱼等突出问题依法进行清理整治，协调解决重大问题；对跨行政区域的河湖明晰管理责任，协调上下游、左右岸实行联防联控；对相关部门和下一级河长履职情况进行督导，对目标任务完成情况进行考核，强化激励问责。河长制办公室承担河长制组织实施具体工作，落实河长确定的事项。各有关部门和单位按照职责分工，协同推进各项工作。“河长制”工作的主要任务包括六个方面：一是加强水资源保护，全面落实最严格水资源管理制度，严守“三条红线”；二是加强河湖水域岸线管理保护，严格水域、岸线等水生态空间管控，严禁侵占河道、围垦湖泊；三是加强水污染防治，统筹水上、岸上污染治理，排查入河湖污染源，优化入河排污口布局；四是加强水环境治理，保障饮用水水源安全，加大黑臭水体治理力度，实现河湖环境整洁优美、水清岸绿；五是加强水生态修复，依法划定河湖管理范围，强化山水林田湖系统治理；六是加强执法监管，严厉打击涉河湖违法行为。

2016 年 12 月，中共中央办公厅、国务院办公厅印发了《关于全面推行河长制的意见》，并发出通知，要求各地区各部门结合实际认真贯彻落实。2018 年 7 月 17 日，水利部举行全面建立河长制新闻发布会宣布，截至 6 月底，全国 31 个省（自治区、直辖市）已全面建立河长制。

一、河长制新时代特征分析

河长制是我国地方政府在严峻的水安全情势下进行的环境治理制度创新。2007 年，太湖蓝藻暴发并引起供水危机后，江苏省无锡市印发《无锡市河（湖、库、荡、氿）断面水质控制目标及考核办法（试行）》，将辖区河湖断面水质纳入对党政主要负责人的政绩考核内容，此项举措被视为我国河长制制度的起源。2016 年 12 月，中共中央办公厅、国务院办公厅印发了《关于全面推行河长制的意见》（以下简称《意见》），并要求全国各地区结合实际尽快落实推进。2017 年 6 月，全国人大常委会通过了《中华人民共和国水污染防治法》修改决定，首次将河长制写入国家法律，以上文件标志着起源于地方政府应急对策的河长制正式上升为国家意志。《意见》公布以后，全国 31 个省市陆续公布了实施方案或实施意见，积极推进落实河长制。鉴于上述国内现实，对河长制的时代特征研究就显得十分重要，聚焦当前河长制的发展现实，深入探索河长制的时代特征极为重要。

以人民为中心是河长制新时代第一大特征。我国社会主义的根本制度决定了河长制的首要特征是以人民为中心。以人民为中心是集中力量办大事的根本立场。马克思主义坚持人民群众是历史的创造者，集中力量办大事要取得成功，离不开广大群众的参与和支持。党的十九大报告中指出，“人民是历史的创造者，是决定党和国家前途命运的根本力量。中国共产党人的初心和使命，就是为中国人民谋幸福，为中华民族谋复兴”。深刻揭示了党同人民的关系，我们在任何情况下、与人民同呼吸共命运的立场不能变，全心全意为人民服务的宗旨不能忘，要始终坚持以人民为中心的发展理念。

党的十八大以来，以习近平同志为核心的党中央高度重视水利工作。总书记多次就治水发表重要讲话，明确提出“节水优先、空间均衡、系统治理、两手发力”的治水思路，对长江经济带共抓大保护、不搞大开发，黄河流域共同抓好大保护、协同推进大治理等作出重要部署，发出了改善人民群众生活、建设造福人民的幸福河的伟大号召，为推进新时代治水提供了科学指南和根本遵循。新时期我国治水的主要矛盾已经从人民群众对除水害兴水利的需求与水利工程能力不足之间的矛盾，转化为人民群众对水资源水生态水环境的需求与水利行业监管能力不足之间的矛盾。治水主要矛盾的客体从“人民群众对除水害兴水利的需求”转化为“人民群众对水资源水生态水环境的需求”，不仅是人民群众需求的升级换代，而且是对水产品、水公共服务在需要结构、层次类别、功能价值上提出了更高要求。水利工作要解决的问题，不管是水灾害问题，还是水资源、水生态、水环境问题，都与人民群众利益息息相关，都是为了让人民群众过上更加美好的生活；水利行业要强监管、节水护水、加强河湖水域岸线管理，全面推行河长制，只有获得广大人民群众的积极参与和支持，才能落到位、做得好。无论过去、现在、将来，无论作决策、抓工作、促落实，我们都要充分发挥社会主义制度的优势，推动全社会团结治水、合力兴水，在工作中体现宗旨意识、人民立场，坚持一切为了群众、一切依靠群众，把党的正确主张变为群众的自觉行动，不断从群众实践中总结经验、汲取智慧，全面推进理念思路、体制机制和内容手段创新。河长制就是要解决新时期治水新矛盾，让老百姓获得更多更高质量的利益，从而激发人民群众对河长制工作的理解与支持，进而投身其中，形成人民河湖人民爱，幸福河湖幸福人民新风尚。可见，以人民为中心是河长制新时代第一大特征。

以绿色发展为理念是河长制新时代第二大特征。保护江河湖泊，事关人民群众福祉，事关中华民族长远发展。全面推行河长制，目的是贯彻新发展理念，以保护水资源、防治水污染、改善水环境、修复水生态为主要任务，构建责任明确、协调有序、监管严格、保护有力的河湖管理保护机制，为维护河湖健康生命、实现河湖功能永续利用提供制度保障。要树立“绿水青山就是金山银山”的强烈意识，努力走向社会主义生态文明新时代。推动长江经济带发展座谈会议提出，要走生态优先、绿色发展之路，把修复长江生态环境摆在压倒性位置，共抓大保护、不搞大开发。《中共中央国务院关于加快推进生态文明建设的意见》把江河湖泊保护摆在重要位置，提出明确要求。江河湖泊具有重要的资源功能、生态功能和经济功能，是生态系统和国土空间的重要组成部分。落实绿色发展理念，必须把河湖管理保护纳入生态文明建设的重要内容，作为加快转变发展方式的重要抓手，全面推行河长制，促进经济社会可持续发展。全面推行河长制是落实绿色发展理念、推进生态文明建设的内在要求，是解决我国复杂水问题、维护河湖健康生命的有效举措，是完善水治理体系、保障国家水安全的制度创新。全面推行河长制必须坚持生态优先、绿色发展。牢固树立尊重自然、顺应自然、保护自然的理念，处理好河湖管理保护与开发利用的关系，强化规划约束，促进河湖休养生息、维护河湖生态功能。可见，以绿色发展为理念是河长制新时代第二大特征。

以党领导集中力量保护河湖是河长制新时代第三大特征。河长制同时编织了一张党政领导集中力量，多个相关职能部门协同联动的横向运行网络。我国的水问题复杂，涉及水利、生态环境、国土、农业、工业、林业、公安等相关部门，这些部门之前已经建立了与水相关的管理制度，但是相互之间缺乏沟通协调，各自为政，导致有些政策意见不一致甚至相违背，遇到复杂的水问题时出现无法可依、互相推诿的现象。河长制的出台避免了以上尴尬局面。按照规定，各级地方组织建立了河长制办公室或者河长制工作处，涉及的职能部门均是其成员单位，充分发挥各自的优势，共同协商议事，统一思想，综合治理，根治了过去“九龙治水”的诟病。《关于全面推行河长制的意见》开宗明义地指出“由各级党政主要负责人担任‘河长’，依法依规落实地方主体责任，协调整合各方力量，有力促进河湖保护相关工作，要求省、市、县设置河长办公室。坚持党政领导、部门联动。建立健全以党政领导负责制为核心的责任体系，明确各级河长职责，强化工作措施，协调各方力量，形成一级抓一级、层层抓落实的工作格局。”各级河长湖长负责组织领导相应河湖的水资源保护、水域岸线管理、水污染防治、水环境治理等工作；牵头组织对突出问题依法进行清理整治；协调解决河湖管理保护中的重大问题，协调上下游、左右岸，对跨行政区域的河湖明晰管理责任，组织实施联防联控；对河湖管理保护工作相关部门和下一级河长湖长履职情况进行督导；对目标任务完成情况进行考核，强化激励问责。各级河长湖长在履行职责时可结合实际有所侧重。河长制湖长制的核心是责任制，是以党政领导特别是主要领导负责制为主的河湖管理保护责任体系。河长制湖长制是加强河湖管理保护的工作平台，是切实落实河长湖长属地管理责任和相关部门责任，形成党政负责、水利牵头、部门协同、一级抓一级、层层抓落实的工作格局。总河长是本行政区域内河湖管理保护的第一责任人。湖泊最高层级湖长是所负责湖泊的第一责任人。各级河长湖长是责任河湖管理保护的直接责任人，要切实履职尽责。各级河长制办公室要加强组织协调，督促河长制湖长制组成部门在河长湖长的统一指挥下，按照职责分工，各司其职，各负其责，齐抓共管，形成河湖管理保护合力。各级河湖主管机关要主动落实河湖管理主体责任，认真履行法律法规赋予的职责。流域管理机构要充分发挥协调、指导、监督、监测作用，与流域内各省（自治区、直辖市）建立沟通协商机制，搭建跨区域协作平台，研究协调河长制湖长制工作中的重大问题，开展区域联防联控、联合执法等，为各省（自治区、直辖市）总河长提供参考建议；按照水利部授权或有关要求，对有关地方河长制湖长制任务落实情况进行暗访督查并跟踪督促问题的整改落实；按照职责开展流域控制断面特别是省界断面的水量、水质监测评价，并将监测结果及时通报有关地方。可见，以党领导集中力量保护河湖是河长制新时代第三大特征。

二、河长制的内涵分析

新中国成立至1988年《水法》颁布，治水的中心任务是治理江河、防治水旱灾害、发展农田水利、水电建设，工作重点是水利工程建设。世纪之交，特别是1998年后，治水思路发生深刻变化，水利工作更加注重水生态保护与修复、水资源节约保护、水环境污染防治等。1988年前，水利部与电力部两部门几度分分合合。1988年《水法》颁布，国家对水资源实行统一管理与分级、分部门管理相结合的制度，水利部作为国务院水行政主管部门，负责全国水资源的统一管理，有关部门按照职责分工负责相关涉水事务管理。2002年《水法》修订，国家对水资源实行流域管理和区域管理相结合的管理体制，水利部负责全国水资源的统一管理和监督工作，国务院有关部门按照职责分工，负责水资源的开发、利用、节约、保护有关工作。

经过多年实践，我国已基本形成了以法律为基础、以国务院批复的部门“三定规定”为依据的水行政主管部门为主、多部门合作的水治理体制，其具体包括中央层面水治理体制、流域层面治理体制和地方政府水治理体制三方面。

(1) 中央层面水治理体制。《水法》规定，国家对水资源实行流域管理与行政区域管理相结合的管理体制。国务院水行政主管部门负责全国水资源的统一管理和监督工作。国务院有关部门按照职责分工，负责水资源开发、利用、节约和保护的有关工作。《防洪法》规定，国务院水行政主管部门在国务院的领导下，负责全国防洪的组织、协同、监督、指导等日常工作，其他有关部门按照各自的职责，负责有关的防洪工作。《水土保持法》规定，国务院水行政主管部门主管全国的水土保持工作，林业、农业、国土资源等有关部门按照职责，做好有关的水土流失预防和治理工作。《水污染防治法》规定，县级以上人民政府环境保护主管部门对水污染防治实施统一监督管理，水行政、国土资源以及重要江河、湖泊的流域水资源保护机构，在各自的职责范围内，对有关水污染防治实施监督管理。

（2）流域层面治理体制。依据《水法》等规定，水利部在长江、黄河、淮河、海河、珠江、松辽、太湖流域分别设立流域管理机构，在所管辖的范围内，负责保障水资源开发利用、水资源监督和保护、防治水旱灾害、指导水文工作、协同水土流失防治、水政监察和水行政执法、农村水利及农村水能资源开发等职责。各省水行政主管部门负责本辖区的水资源统一管理。依据《长江河道采砂管理条例》《黄河水量调度条例》《淮河流域水污染防治暂行条例》《太湖流域管理条例》等法规和所在流域特点，相关流域管理机构代表水利部根据中央事权承担相应职责。此外，在跨地区、跨行业的流域联席会议（如：太湖流域水环境综合治理省部际联席会议）、领导小组（如：淮河流域水资源保护领导小组）、委员会（如：黄河上中游水量调度委员会）等流域协商机制中，发挥协商机制办事机构的作用，促进流域管理工作。

（3）地方政府水治理体制。地方总体上以地方水行政主管部门为主，相关部门配合，部分地方有创新。地方水行政主管部门与中央水行政主管部门的职能基本对口，分省、地（市）、县三级，实行分级管理。推行水务体制的地区，把城市供水、排水、污水处理等职能纳入水行政主管部门统一管理。山西、福建建立水资源管理委员会，作为高层次的议事协同机构，对全省水资源实行统一管理。新疆成立了由自治区副主席担任主任，省级有关部门主要负责人为成员的塔里木河流域水利委员会，对全流域行使水资源统一管理、流域综合治理和监督职能。江苏、湖北等地区探索建立河长制、湖长制，由各级党政主要负责人担任“河长”与“湖长”，负责辖区内河流水系水环境治理工作。此外，我国在防汛抗旱、水资源管理、农村饮水安全保障和水库安全管理方面实行行政首长负责制。

河长制，即由中国各级党政主要负责人担任“河长”，负责组织领导相应河湖的管理和保护工作。“河长制”工作的主要任务包括六个方面：一是加强水资源保护，全面落实最严格水资源管理制度，严守“三条红线”；二是加强河湖水域岸线管理保护，严格水域、岸线等水生态空间管控，严禁侵占河道、围垦湖泊；三是加强水污染防治，统筹水上、岸上污染治理，排查入河湖污染源，优化入河排污口布局；四是加强水环境治理，保障饮用水水源安全，加大黑臭水体治理力度，实现河湖环境整洁优美、水清岸绿；五是加强水生态修复，依法划定河湖管理范围，强化山水林田湖系统治理；六是加强执法监管，严厉打击涉河湖违法行为。

河长制有着非常丰富的内涵，学者们从不同角度有着不同的解读。傅思明等[1]提出，河长制的本质是行政问责制，突出特点在于把河流、湖泊、水库等流域综合环境控制的责任落实到党政主要领导负责人身上，通过责任约束来保证水域水质按功能达标。江苏省政府2012年印发的《全省加强河道管理“河长制”工作意见的通知》指出，河长制是由政府主导、水利部门牵头、相关部门分工负责的河道良性管护机制。

通过分析中办、国办2016印发的《关于全面推行河长制的意见》和新时代河长制特征，新时代河长制内涵可以表述为“由各级党政主要负责人来担任河长，坚持绿色发展理念进行生态文明建设，依法依规领导和组织河湖保护、建设造福人民的幸福河湖，协调解决水资源保护、水污染防治、水生态修复、水域岸线管理、水环境治理及执法监督等重大问题，通过构建领导有力、责任明确、协调有序、监管严格、保护有效的河湖管理保护机制，为维护河湖健康生命、实现河湖功能可持续利用提供制度保障”。

第二节　新时期河长制的领导责任体制

当下我国经济快速发展，社会生活日新月异，不可避免带来了一系列的生态环境问题，其中，我国河湖管理保护成为不可忽视的问题。河道干涸、湖泊萎缩、水环境状况恶化、河湖功能退化等，给保障水安全带来了严峻挑战。2018年年底前，全国江河湖泊已全面建立河长制、湖长制，河长湖长体系全面形成，实现了河长制湖长制“有名”。推动河长制湖长制从“有名”向“有实”转变，促进河湖治理体系和治理能力现代化，持续改善河湖面貌和水生态环境，不断增强人民群众的获得感、幸福感和安全感，是当前及今后一段时期重要而艰巨的任务，需要各地河长和各部门凝心聚力、攻坚克难，持续发力、久久为功。河长制湖长制实现从“有名”向“有实”转变，真正落地见效，河长湖长履职担当是关键。各级河长湖长是河湖管理保护工作的领导者、决策者、组织者、推动者，要积极践行习近平生态文明思想，坚决贯彻党中央、国务院全面推行河长制湖长制决策部署，增强政治自觉和行动自觉，主动作为、担当尽责，当好河湖管理保护的“领队”，做到守河有责、守河担责、守河尽责。河长制领导责任体制是指在全面推行河长制过程中，加强党的全面领导的组织体系、制度体系、工作任务，切实把党的领导落实到河长制工作的各方面各环节。

我国河湖环境面临严重的危机，传统的水治理行政管理体制因权责不清、

[1] 傅思明，李文鹏.“河长制”需要公众监督［J］. 研究保护，2009（9）：3－4。

分工不明等困境，河湖治理收效甚微。河长制产生之后，很大程度上解决了这些问题。

领导体制（leadership system）指独立的或相对独立的组织系统进行决策、指挥、监督等领导活动的具体制度或体系，它用严格的制度保证领导活动的完整性、一致性、稳定性和连贯性。它是领导者与被领导者之间建立关系、发生作用的桥梁与纽带，对于一个集体的发展具有重要意义。

领导体制的核心内容是用制度化的形式规定组织系统内的领导权限、领导机构、领导关系及领导活动方式，任何组织系统内的领导活动都不是个人随意进行、杂乱无章的活动，而是一种遵循明确的管理层次、等级序列、指挥链条、沟通渠道等进行的规范化、制度化或非人格化的活动。同时，任何组织系统内的领导活动都不是一种千变万化、朝令夕改的活动，它有一套固定的规则、规定或组织章程，各种领导关系、权限和职责具有一定的稳定性和长期性。组织系统内领导活动的这些特点是由组织系统的领导体制所决定的，没有一定的领导体制，组织系统内的领导活动就不能正常进行。

领导责任是指领导者对某项工作或某一事件所担负的责任。一般而言，领导者的主要职责是决策、用人和检查、落实，因而领导责任就具有间接性的特点。但是，领导责任不是一句空话，不能成为搪塞责任、逃避处罚的挡箭牌，而必须认真、严肃地予以落实。中国共产党是全心全意为人民服务的党，所有党员干部的一言一行都要符合人民的利益，向人民负责，这是我们的一贯宗旨。作为一个地方、一个部门的负责人，领导干部对自己负责的工作，不论大小，不分巨细，都应当用真心，使真劲，切实负起责任，抓紧抓实，抓出成效。

一、河长职责

根据《关于全面推行河长制的意见》的规定，各级河长负责组织领导相应河湖的管理和保护工作，包括水资源保护、水域岸线管理、水污染防治、水环境治理等，牵头组织对侵占河道、围垦湖泊、超标排污、非法采砂、破坏航道、电毒炸鱼等突出问题依法进行清理整治，协调解决重大问题；对跨行政区域的河湖明晰管理责任，协调上下游、左右岸实行联防联控；对相关部门和下一级河长履职情况进行督导，对目标任务完成情况进行考核，强化激励问责。河长制办公室承担河长制组织实施具体工作，落实河长确定的事项。各有关部门和单位按照职责分工，协同推进各项工作。具体可分为各级河长湖长责任与属地责任和部门责任。

第一，各级河长湖长责任。省级河长湖长：各省（自治区、直辖市）总河长对本行政区域内的河湖管理和保护负总责，统筹部署、协调、督促、考核本行政区域内河湖管理保护工作。省级河长湖长主要负责组织开展河湖突出问题专项整治，协调解决责任河湖管理和保护的重大问题，审定并组织实施责任河湖“一河（湖）一策”方案，协调明确跨行政区域河湖的管理和保护责任，推动建立区域间、部门间协调联动机制，对省级相关部门和下一级河长湖长履职情况及年度任务完成情况进行督导考核。市、县级河长湖长：市（州）、县（区）总河长对本行政区域内的河湖管理和保护负总责。市、县级河长湖长主要负责落实上级河长湖长部署的工作；对责任河湖进行日常巡查，及时组织问题整改；审定并组织实施责任河湖“一河（湖）一策”方案，组织开展责任河湖专项治理工作和专项整治行动；协调和督促相关主管部门制定、实施责任河湖管理保护和治理规划，协调解决规划落实中的重大问题；督促制定本级河长制湖长制组成部门责任清单，推动建立区域间部门间协调联动机制；督促下一级河长湖长及本级相关部门处理和解决责任河湖出现的问题、依法查处相关违法行为，对其履职情况和年度任务完成情况进行督导考核。乡级河长湖长主要负责落实上级河长湖长交办的工作，落实责任河湖治理和保护的具体任务；对责任河湖进行日常巡查，对巡查发现的问题组织整改；对需要由上一级河长湖长或相关部门解决的问题及时向上一级河长湖长报告。

第二，属地责任和部门责任。河长制湖长制的核心是责任制，是以党政领导特别是主要领导负责制为主的河湖管理保护责任体系。河长制湖长制是加强河湖管理保护的工作平台，不打破现行管理体制、不改变党政领导和部门职责分工。各地要切实落实河长湖长属地管理责任和相关部门责任，形成党政负责、水利牵头、部门协同、一级抓一级、层层抓落实的工作格局。总河长是本行政区域内河湖管理保护的第一责任人。湖泊最高层级湖长是所负责湖泊的第一责任人。各级河长湖长是责任河湖管理保护的直接责任人，要切实履职尽责。河长湖长工作岗位发生变化的，要做好工作衔接。同级河长制办公室要在继任河长湖长到岗后，及时更新河长公示牌相关信息，省级河长湖长变化情况报水利部备案，其他河长湖长变化情况报上一级河长制办公室备案，并在全国河长制湖长制信息管理系统中对相应河长湖长进行调整。各级河长制办公室要加强组织协调，督促河长制湖长制组成部门在河长湖长的统一指挥下，按照职责分工，各司其职，各负其责，齐抓共管，形成河湖管理保护合力。各级河湖主管机关要主动落实河湖管理主体责任，认真履行法律法规赋予的职责。各级河长制办公室或河长湖长联系部门负责落实河长湖长确定的事项，做好河长湖长的参谋助手。河长制办公室要充分发挥组织、协调、分办、督办作用，牵头组织编制并督促实施“一河（湖）一策”方案，组织制定相关管理制度，组织开展宣传培训；对同级河长湖长交办事项及公众举报投诉事项进行分办、督办，对同级河长湖长在河湖巡查中发现的问题，督促相关部门或下一级河长湖长及时查处；具体承担对河长制湖长制落实情况的监督和考核。

各地因地制宜设立的村级河长湖长，主要负责在村民中开展河湖保护宣传，组织订立河湖保护的村规民约，对相应河湖进行日常巡查，对发现的涉河湖违法违规行为进行劝阻、制止，能解决的及时解决，不能解决的及时向相关上一级河长湖长或部门报告，配合相关部门现场执法和涉河湖纠纷调查处理（协查）等。

二、河长制领导责任体制

《关于全面推行河长制的意见》中有明确的规定：全国全面建立省、市、县、乡镇四级河长体系。各省（自治区、直辖市）设立总河长，由党委或政府主要负责同志担任；各省（自治区、直辖市）行政区域内主要河湖设立河长，由省级负责同志担任；各河湖所在市、县、乡镇均分级分段设立河长，由同级负责同志担任。县级及以上河长设置相应的河长制办公室，具体组成由各地根据实际确定。

《中华人民共和国环境保护法》（2015 年修订）明确，地方各级人民政府应当对本行政区域的环境质量负责。地方人民政府是环境责任主体，党政领导要对行政区域内环境负责，代表政府统筹管理保护生态环境要素，水是核心任务之一，因此，党政领导对水环境的责任是法定职责。河长就是各级政府的党政领导，是政府在水问题上的全权代表，是统筹与水有关的工作、履行与水有关的责权利的最高党政代表。目的就是让政府在水的责任问题上归位、在权利问题上实现系统统筹。所以党政一把手无论是在行政区域内做总河长，还是作为一条河道的河长，都是体制机制赋予的权利。

明确了党政一把手领导就是总河长这一原则，那么，谁担任这个职位，谁就是法定河长，这是在体制确立党政职务的基础上，用机制赋予的河长职责。作为河长制的关键所在也是核心组成，河长的到位与履职情况直接决定了这个制度的落实程度，以及河道治理与管理的工作成效。在一个行政区域内，只有总河长落实到位，重点贯彻落实河长制工作，每条河道的河长就会有压力和动力，河长制就可以层层落实下去。

河长是政府在河道治理与管理上的责任代表，代行政府权力，是协同各部门职能与责任的中枢。河长不是行政职务，但是需要由党政职务的领导来履职，是叠加于行政职务的“准职务”。各级地方党政领导担任河长，可以协同统筹，使得各部门的“九龙”化为政府的“一龙”；按照一盘棋思想，集中力量办大事，各地可以根据各时段的轻重缓急，分步骤进行系统治理，解决河流水环境治理与水生态管理问题，最终实现河流生态系统的修复。

人民政府对社会公共服务负全责，河长制是嵌套在现有行政体制之中对河湖保护责任体系缺位的一种补漏措施，是一种责任制。落实河长制的第一驱动要素是责任，是全面承担中国目前面临的水环境问题的政府责任。河长制是对现有责任制度的查缺补漏，对水的责任最后兜底。从政府、部门、产业、民众等不同的角度来看河长制，它都是为全社会不同层面提供河道管治的共同抓手，将不同层面的责任进行集中管理。

以创新、协同、绿色、开放、共享五大发展理念为指引，在生态文明建设背景下，从点上做机制创新的前沿探索，其中之一就是河长制的创新实践。河长制与落实绿色发展理念的切合度很高，与乡村振兴内在联系紧密。因此，河长制不仅是水治理机制上的创新与升级，更是在治水、护水、管水、用水上的系统升华，是为解决历史发展遗留的系统问题、解决经济与环境的绿色发展问题所做的一个有效探索，是机制创新体系试验田上的一个先头兵。

各级河长湖长是河湖管理保护工作的领导者、决策者、组织者、推动者，要积极践行习近平生态文明思想，坚决贯彻党中央、国务院全面推行河长制湖长制决策部署，增强政治自觉和行动自觉，主动作为、担当尽责，当好河湖管理保护的“领队”，做到守河有责、守河担责、守河尽责。河长制领导责任体制是在全面推行河长制过程中，加强党的全面领导的组织体系（五级河长体系网络）、制度体系（六大制度）、工作任务（六大任务责任），切实把党的领导落实到河长制工作的各方面各环节，坚决维护党中央定于一尊、一锤定音的权威，确保党始终总揽全局、协调各方，真正做到全国一盘棋，集中各方力量各种力量，确保生态文明思想、“两山理论”和“生命共同体理论”扎实落实到河长制工作中，办好大事保护好河湖，党中央重大决策部署和相关的国家战略得到全面贯彻落实。

第三节　新时期水治理河长制集中力量办大事的协同联动机制

水生态文明建设是一项复杂的系统工程，河湖管护不仅涉及上下游、干支流、左右岸、不同流域，还涉及不同区域与不同行业，致使河长制工作涉及的主体多、部门多、层级多。各省自 2016 年全面推行河长制以来，成立河长办公室，具体负责推行河长制日常工作，明确了各项任务的牵头单位、成员单位及其职责，建立了相关配套工作制度，初步形成了一定的协同联动运行机制。保护河湖，现代化的水治理不是单由某一个主体而完成的，水环境治理的复杂性要求我们构建多元化的治理主体。从协同治理的角度来说，河湖管护不是任何单一的政府部门或地方政府能够单独解决的问题，需要由政府、社会组织、企业、公众等联合起来共同完成。协同联动机制是在水治理过程中，为解决水环境、水污染、水治理、水生态等问题而建立的一项工作机制，是指在各级党委和政府的河长领导下，协同各级政府、政府各职能部门以及政府与其他主体之间的关系，减少水环境治理过程中存在的分歧与冲突，实现资源共享、联合行动、共管共治。

中国特色社会主义制度是当代中国发展进步的根本制度保障，这一制度的内在机理与运行模式决定了它可以形成强大的统一意志和组织力量，能够快速有效地调配各种资源，进而确保全国一盘棋，调动各方面积极性，集中力量办大事。何自力认为中国共产党的领导在国家经济治理中坚持党总揽全局、协调各方的领导作用，有利于保证国家始终沿着社会主义方向前进，有利于集思广益、凝聚共识，集中力量办大事；党全心全意为人民服务，立党为公，执政为民，始终把人民的利益作为自己工作的出发点和落脚点，深得人民的拥护，为集中力量办大事奠定了深厚的群众基础，使集中力量办大事成为实施重大国家战略、实现经济快速发展、满足人民日益增长物质和文化需要的重要途径。河长制工作中的协同联动机制是中国共产党（各级党政领导作为河长）集中力量（各区域、不同级别行政区政府、各职能部门和广大人民群众）办好大事（保护好河湖，河川之危、水源之危是生存环境之危、民族存续之危，强调保护江河湖泊，事关人民群众福祉，事关中华民族长远发展）重要运行机制之一，是实现河长从“有名”到“有实”的重要保障。

协同理论（synergetics）又称为“协同学”或“协和学”，是由德国斯图加特大学教授、著名物理学家哈肯（Hermann Haken）在1976年提出的，主要研究远离平衡态的开放系统在与外界有物质或能量交换的情况下，如何通过内部协同作用，自发地出现时间、空间和功能上的有序结构。协同理论认为，千差万别的系统，尽管其属性存在不同，但在整个环境中，各个系统之间存在着相互影响而又相互合作的关系，比如不同单位之间的相互配合与协作，部门与部门之间关系的协同，以及系统中各因素的相互干扰和制约等。此外，协同理论还认为核心系统能否发挥协同效应是由系统内部各子系统之间的协同作用而决定的，协同得好，系统的整体性功能就好。如果一个管理系统内部的人、组织、环境等各子系统内部以及他们之间相互协同配合，共同围绕目标齐心协力地运作，那么就能产生 $1+1>2$ 的协同效应。“联动”原意是指若干个相关联的事物，一个运动或变化时，其他的也跟着运动或变化，即联合行动。

河长制正是缘于协同联动的问题。水治理不是单由某一个主体而完成的，水环境治理的复杂性要求我们构建多元化的治理主体。从协同治理的角度来说，河湖管护不是任何单一的政府部门或地方政府能够单独解决的问题，需要由政府、社会组织、企业、公众等联合起来共同完成。协同联动机制是在水治理过程中，为解决水环境、水污染、水治理、水生态等问题而建立的一项工作机制，是指在各级党委和政府的领导下，协同各级政府、政府各职能部门以及政府与其他主体之间的关系，减少水环境治理过程中存在的分歧与冲突，实现资源共享、联合行动、共管共治。

跨行政区域河湖的协调衔接，河流下游要主动对接上游，左岸主动对接右岸，湖泊占有水域面积大的主动对接水域面积小的，在满足流域综合规划要求的前提下，协调明确河湖管护任务、工作进度、标准等。结合河湖实际，建立相邻行政区域间的联合协同会商机制，提倡每位河长湖长“多走1公里”，设立联合河长湖长，统筹河湖管理保护目标，通过开展联合巡河、联合保洁、联合治理、联合执法、联合水质监测等，协同落实跨界河湖管理保护措施。

河长制协同联动模式，根据河长制协同联动机制实施的主体不同，可分为纵向上各级政府的协同联动、横向上政府各职能部门之间的协同联动以及政府与其他主体之间的协同联动三个方面：

（1）纵向上各级政府的协同联动。河长制纵向上的协同联动是指省、市、县、乡、村各级党政机关自上而下与自下而上相结合的联动运行机制。建立以党政领导负责制为核心的责任体系，自上而下，高位推动，逐级落实，明确各级河长职责；建立以问题为导向的督办制度，自下而上，以源头治理为核心，逐级上报，逐项解决。加强河长制办公室上下级之间的协同与配合，不断强化纵向协同联动，形成思想统一、上下联通、目标一致的内部联动。

（2）横向上政府各职能部门之间的协同联动。河长制横向上的联动指水务部门牵头的河长制办公室与其他成员单位如生态环境部、自然资源部、住房和城乡建设部、农业农村部、林业部、公安部、国家发展改革委等职能部门之间的协同联动。其目的是节约资源，充分发挥“河长”的协同功能。避免出现各职能部门职责交叉重叠、多头管理，部门与部门之间的信息不对称、各司其职、互不配合等问题。建立协同联动机制，加强各部门之间的工作联系，强化横向间的信息共享、交流、协同联动，实现河长从“有名”到“有实”。

（3）政府与其他主体之间的协同联动。水生态建设的主体既包括党政机构，也包括社会组织、企业和个人，要形成全员参与的意识。不仅要在各级政府之间、政府各职能部门之间建立协同联动机制。还要形成政府与社会组织、政府与企业、政府与民众之间的协同联动，各主体之间关系密切，既相互联系又相互制约。只有在相互沟通、相互理解尊重的基础上，不断进行协商与合作，充分实现联动，才能实现水生态环境的全面改善。

河长制协同联动模式在工作的落实表现为上下级、各部门的协同沟通，在河道的管理和治理方面，具体工作的执行是水利、环保、住建等归口部门的任务，工作分配很清晰。但河道的治理需要系统施治，责任无法一分即清，这就需要河长制的协同统筹。河长制协同联动模式的协同机制表现在上下游之间，就是要打破跨区域、跨流域的行政壁垒，让不同层级的河长工作沟通更顺畅、统筹全覆盖。河长制的协同机制表现在跨部门之间，就是要打破原有各个部门工作的分割、对立局面，发挥系统治理、两手发力的作用。

第四节　河长制集中力量办大事的领导责任体制与协同联动机制主要经验与显著优势

全面推行河长制湖长制，是以习近平同志为核心的党中央从加快推进生态文明建设、实现中华民族永续发展的战略高度作出的重大决策部署，是促进河湖治理体系和治理能力现代化的重大制度创新，是维护河湖健康生命、保障国家水安全的重要制度保障，也是党中央、国务院赋予各级河长湖长的光荣使命，是我国集中力量办好大事的又一创新典型。

河长制是基于现有的行政体制，在体制上的微创新、机制上的大创新。在人民代表大会制度的政治体制之下，在党政领导负责制的制度之下，河长制的内核既是党政领导下的责任到位，也是不同层级的行政机构以及不同行政部门之间的责任实现协同。在生态文明建设与全面推行河长制过程中坚持和发扬集中力量办大事的制度优势，必须牢牢坚持党对河湖保护工作的全面领导。同时，要充分发挥“河长”的协调功能，避免出现各职能部门职责交叉重叠、多头管理，部门与部门之间的信息不对称、各司其职、互不配合等问题。河长制集中力量办大事的领导责任体制与协同联动机制具有典型的经验与显著优势。

一、新时期水治理集中力量办大事河长制的领导责任体制的主要经验

河长制是应对当前河湖环境严峻态势的迫切需求，是解决传统河湖管理水治理体制困境的创新与最佳选择。

一是领导负责，高位推动。各级河长均由相应地方组织的党政负责同志担任，突出河长制的重要地位，督促提醒各级党政负责同志要坚决贯彻落实党中央关于生态文明建设的重要指示，坚持绿水青山就是金山银山的理念，把更多的精力转移到管水治水工作中，时刻绷紧保护好人类赖以生存的水生态环境这根弦。建立“党委领导、政府主抓、部门联动、社会参与”的工作体系，市长亲任创建工作领导小组、水资源管理委员会主任，市县党政主官挂帅出征，落实最严格水资源管理制度，实现了对社会水循环取、用、排三大环节的全过程管理，有效统筹了河道生态用水与河道外经济用水、水资源总量约束与绿色用水方式、水环境承载能力与经济社会排污之间的关系。浙江省木兰溪、江苏省跨省清溪河与福建长汀县等河长制推行经验启示我们，坚持党委领导、政府主

导，强化使命担当，破解思想行动统一难题，践行全国一盘棋思想。

二是以民为本，领导力量。广大干群对“以人民为中心”的发展思想感受最深刻，受益也最直接。正是在习近平总书记为民情怀的感召和引领下，在全国河长制推行过程中，各级领导干部牢固树立“全心全意为人民服务”宗旨意识，秉持“人民对美好生活的向往就是我们的奋斗目标”思想观念，坚持以保障和改善民生为重点，从解决群众最关切的热点难点问题入手，加大民生事业投入，即使遇到再大的困难和阻力，都不放弃对河湖的连续治理和对生态环境改善保护的坚守，持续为人民群众办好事、做实事、解难事。这种为民情怀的接力传承，不仅为实现绿色发展目标提供了源源不断的推动力量，赢得了广大群众的热烈拥护，为水治理集中了各方力量，更成为各级党员干部担当奉献、敢作会为的强大精神内核和领导力量源泉。

三是考核问责，压实责任。河长制搭建了一条从省级到乡级共“四级”的纵向责任链条，大部分地区甚至把责任延伸到了乡村一级。各级地方的党政领导同志成为落实河长制的关键节点，每个节点都划分了明确的管辖范围以及主体责任。通过建立综合考评及奖惩机制，实行严格的考核问责制度，倒逼干部作风转变，层层压紧压实责任。在全面推行河长制过程中，浙江省以考核激励干部担当作为。坚持正向激励与反向约束相结合，建立了“一线考核”“巡回蹲点考核”等机制，推行“典型工作法”，开展了“十佳护河使者”“十佳担当作为好干部”等先进典型评选活动，对表现优秀、敢于担当的干部，给予提拔重用，激励广大干部见贤思齐、奋发作为。同时，对工作不力、作风漂浮的干部，给予调整处理。

四是群众主体，集中力量。河长制工作做得出色的地方都是坚持群众主体，实施让利驱动，破解治理主体单一难题，集中各方力量和各种力量。人民是历史的创造者，群众是真正的英雄。2015 年国务院《关于加快推进生态文明建设的意见》明确提出要调动民间组织、志愿者等的积极性，积极推动公众参与到生态文明建设当中。福建省长汀县大力弘扬革命老区精神，广泛发动人民群众，发挥主人翁和主力军作用，催生内生动力，破解水土流失治理主体单一问题，逐步实现从单一政府投入向国家、集体、社会、个人多元主体参与治理的转变。长汀县坚持以政策为导向，通过不断创新政策、完善政策和落实政策，引导人民群众发挥主体作用，充分调动广大人民群众治理水土流失的主动性、积极性和创造性，变“要我治理”为“我要治理”，走出了一条水土流失治理的群众路线，实现“浊水荒山—绿水青山—金山银山”的转变。要坚持突出人民群众的主体地位，让人民群众在生态环境保护建设中唱主角、做主力，集聚人民群众历史伟力，推动实现“百姓富”和“生态美”的有机统一。

二、河长制领导责任体制的优势

河长制是基于现有的行政体制，在体制上的微创新、机制上的大创新。可以说，河长制20%是体制微调，80%是机制创新。在人民代表大会制度的政治体制之下，在党政领导负责制的制度之下，河长制的内核就清晰地表现为两个机制：一个是责任制，即党政领导下的责任到位，不遗漏；另一个是协同机制，即让不同层级的行政机构以及不同的行政部门的责任实现协同。

浙江省不仅是我国河长制创新制度化第一省，也是我国河长制推行最有特色、最为成功、效果最明显的省份，典型案例层出不穷，极具代表性。

2017年，《浙江省河长制规定》的出台标志着我国第一部有关河长制的地方性立法成为现实，其对浙江省实践确立的五级河长体系和各职能部门的责任作了明确规定，有效解决了浙江省河长制“有责无权”的问题。

省级河长主要负责协调和督促解决责任水域治理和保护的重大问题，按照流域统一管理和区域分级管理相结合的管理体制，协调明确跨设区的市水域的管理责任，推动建立区域间协调联动机制，推动本省行政区域内主要江河实行流域化管理。

市、县级河长主要负责协调和督促相关主管部门制定责任水域治理和保护方案，协调和督促解决方案落实中的重大问题，督促本级人民政府制定本级治水工作部门责任清单，推动建立部门间协调联动机制，督促相关主管部门处理和解决责任水域出现的问题、依法查处相关违法行为。

乡级河长主要负责协调和督促责任水域治理和保护具体任务的落实，对责任水域进行日常巡查，及时协调和督促处理巡查发现的问题，劝阻违法行为，对协调、督促处理无效的问题，或者劝阻违法行为无效的，按照规定履行报告职责。

村级河长主要负责在村（居）民中开展水域保护的宣传教育，对责任水域进行日常巡查，督促落实责任水域日常保洁、护堤等措施，劝阻相关违法行为，对督促处理无效的问题，或者劝阻违法行为无效的，按照规定履行报告职责。

乡、村级和市、县级河长应当按照国家和省规定的巡查周期和巡查事项对责任水域进行巡查，并如实记载巡查情况。鼓励组织或者聘请公民、法人或者其他组织开展水域巡查的协查工作。

乡、村级河长的巡查一般应当为责任水域的全面巡查，可以根据巡查情况，对相关主管部门日常监督检查的重点事项提出相应建议。

市、县级河长应当根据巡查情况，检查责任水域管理机制、工作制度的建立和实施情况，可以根据巡查情况，对本级人民政府相关主管部门是否依法履行日常监督检查职责予以分析、认定，并对相关主管部门日常监督检查的重点事项提出相应要求；分析、认定时应当征求乡、村级河长的意见。

村级河长在巡查中发现问题或者相关违法行为，督促处理或者劝阻无效的，应当向该水域的乡级河长报告；无乡级河长的，向乡镇人民政府、街道办事处报告。乡级河长对巡查中发现和村级河长报告的问题或者相关违法行为，应当协调、督促处理；协调、督促处理无效的，应当向市、县相关主管部门，该水域的市、县级河长或者市、县河长制工作机构报告。

市、县级河长和市、县河长制工作机构在巡查中发现水域存在问题或者违法行为，或者接到相应报告的，应当督促本级相关主管部门限期予以处理或者查处；属于省级相关主管部门职责范围的，应当提请省级河长或者省河长制工作机构督促相关主管部门限期予以处理或者查处。

党的领导是河长制工作集中力量办大事的根本政治保障。中国共产党的领导是中国特色社会主义最本质的特征，是中国特色社会主义制度的最大优势。在国家水治理中坚持党总揽全局、协同各方的领导作用，有利于保证国家始终沿着社会主义方向前进，有利于集思广益、凝聚共识，集中力量办大事。我们党全心全意为人民服务，立党为公，执政为民，始终把人民的利益作为自己工作的出发点和落脚点，深得人民的拥护，为集中力量办大事奠定了深厚的群众基础，使集中力量办大事成为实施重大国家战略、实现绿水高质量发展、满足人民日益增长物质和文化需要、实现充分发展与平衡发展的重要途径。在新的历史起点上，面对世界百年未有之大变局和我国正处于实现中华民族伟大复兴关键时期，我们要坚持和完善中国特色社会主义制度，全面推动国家治理体系和治理能力现代化建设，为集中力量办大事奠定更为坚实的制度和治理体系基础。党的领导是社会主义集中力量办大事制度优势的根本来源，是集中力量办大事的根本政治保证，是河长制不断完善与发展的体制保障。在生态文明建设与全面推行河长制过程中坚持和发扬集中力量办大事的制度优势，必须牢牢坚持党对河湖保护工作的全面领导。

河长制领导责任体制优势如下：第一，河长制管理体制的应用使得河长对于河道状况、水质情况的把握更加精准，通过对河道现存问题及其原因进行深入的分析，制定针对性的改进方案，能够让河道治理工作得以规范有序的开展，水环境也能得到根本的改善。第二，河长在河道治理工作中发挥着关键性的作用，他们会实时督促相关单位和部门落实职责，有效防范了部分单位推卸责任或者多头管理等不良问题的发生，河道治理工作效果也得到了进一步的强化。第三，河道治理是一项长期性的工作，对河道的监督和管理不可懈怠，相关单位和社会公众都是监督体系的重要一环，通过应用河长制能够让各方对自身职责更加明确，还能保证技术和资金的持续注入，河道治理工作将获得来自各个方面的大力支持。第四，河长制的实行使得河道真正得到了综合性的治理，水污染问题得到了有力遏制，水生态系统恢复了平衡，给人们创建了舒适健康的居住环境，人们也会由衷地产生幸福感。

三、河长制集中力量办大事的协同联动运作模式主要经验

水利部在 2018 年 7 月 17 日举行了全面建立河长制新闻发布会。会上宣布，截至 2018 年 6 月底，全国 31 个省（自治区、直辖市）已全面建立河长制，提前半年完成中央确定的目标任务。中共中央办公厅、国务院办公厅印发《关于全面推行河长制的意见》一年多以来，河长制组织体系、制度体系、责任体系初步形成，已经实现河长“有名”。

在配套制度建设方面，为促进河长制工作落实，各级河长履行职责，全国 31 个省（自治区、直辖市）出台全面推行河长制的工作方案或实施意见，建立了河长会议制度、联席会议制度、信息报送制度、信息共享制度、工作督察制度、考核问责与激励等多项制度。其中，为加强部门间的联系沟通和协调配合，有效推动河长制各项工作，各地结合当地实际情况，积极探索创新工作制度，如山东省出台《省级河长制部门联动工作制度》《省级河长联系单位工作规则》；江西省出台《河长制工作督办制度》等。此外，部分省市结合实际工作制定水环境质量生态补偿暂行办法、河长巡河、工作督办，会同执法部门出台多项联合执法等配套制度，不断完善河长制制度体系，形成党政负责、水利牵头、部门联动、社会参与的工作格局。

在全员协同联动方面，各省在推行河长制工作方案中明确了河长制办公室及其成员单位的主要职责，大部分省份成员单位基本由财政厅、生态环境厅、公安厅、自然资源部、水利厅、住房与城乡建设厅、农业农村厅、国家发展改革委、交通运输厅等 10 家单位组成，部分省份将组织部、宣传部、政法委、司法厅等其他党政机构也纳入到成员单位，将成员单位扩充至 20 多家，共同推进水生态文明建设。此外，各省积极搭建协同联动平台，建立河长公示牌，公布河长名单、监督电话，鼓励社会组织、企业、民众积极参与河湖管护，基本形成了河湖管护全员参与的态势。

浙江绍兴市强化水环境监管执法共建生态品质之城。绍兴是一座拥有 2500 年历史的古城，总水域面积 642km^2，占国土面积的 7.76%，中心城区水域面积占 14.7%，全省第一，是典型的江南水乡。丰富的水域资源也形成了这座城市产业结构偏水度高的局面，高污染、高排放产业占据相当分量，水环境治理任务十分繁重。

2016 年以来，绍兴市认真贯彻五大发展理念，落实省委、省政府“决不把脏乱差、污泥浊水、违章建筑带入全面小康”的决策部署和全省“五水共

治”总要求，进一步拉高标杆、补齐短板，深入实施“重构绍兴产业、重建绍兴水城”战略部署，齐心协力抓治水，做到精准发力、河岸同治、业态联调、区域并进，坚决打赢水环境监管执法巩固战、攻坚战、持久战，为“共建生态绍兴、共享品质生活”、推进“两美”浙江建设作出新的贡献。

河长制集中力量办大事的协同联动运作主要经验有：

第一，理顺“一个体系”，强化执法力量。为全力打造全省“水环境执法最严城市”，绍兴市委、市政府成立了由市委副书记担任组长，分管副市长担任副组长，市水利局、中级法院、检察院和市委宣传部、公安局、生态环境局、建设（建管）局、交通运输局、农业局、城管执法局等部门负责人为成员的加强水环境监管执法工作领导小组，领导小组下设办公室，办公室主任由市水利局局长担任，统筹协调全市水环境监管执法工作。整合水政、渔政执法机构，成立了市水政渔业执法局，统一负责辖区内水利、渔业行政监管执法工作；各区、县（市）参照市里模式，也全部组建到位。

第二，完善“两项保障”，强化执法基础。一是完善法律保障。在全省率先出台《绍兴市水资源保护条例》。该条例对影响和破坏水域环境的内容作了专门规定，对相关法律责任和处罚主体进行了细化明确，为进一步加强水环境保护提供了强有力的法律保障。二是完善装备保障。建设总投资超过300万元的水环境执法保障基地，目前执法艇码头已完成建设，即将投付使用；200万级新型渔政执法船已到位并投入使用。该基地建成后，绍兴市水政、渔政执法装备水平将迈上一个崭新的台阶，为进一步加大执法力度提供坚实的基础保障。

第三，建立“三大机制”，强化执法协同联动。一是建立联席会议机制。水环境监管执法联席会议成员单位由市水利局、公安局、生态环境局、建设（建管）局、交通运输局、农业局、城管执法局等部门组成。下设办公室，办公室主任由市水政渔业执法局局长担任，统筹水环境监管执法行动，解决执法过程中的重大问题，会商督办重大水环境违法案件。二是建立司法协同联动机制。市中、检两院分别成立全省首个环境资源审判庭，出台水环境犯罪案件专项检察9条意见。市水利局与公安局、中级法院、检察院联合制定印发《绍兴市办理非法捕捞水产品犯罪案件工作意见》，强化执法协作，做到信息资源共享、执法衔接紧密、打击合力强化。三是建立公安协同联动机制。在市、县两级设立公安机关驻水利部门联络室，建立健全联合执法、案件移送、案件会商、信息共享等6大工作机制。市、县两级公安机关把涉渔犯罪案件办理情况纳入对各基层派出所的年度工作考核内容，各基层派出所切实加强河道“警长”管理，加密巡河频次，办理涉渔犯罪案件的主动性、积极性大幅提升。

第四，开展“四大行动”，强化执法威慑。一是开展水环境监管执法专项行动。2016 年 3 月 17 日，市委、市政府举行执法百日大行动启动仪式，市县联动、电视直播，集中打击违法渔业捕捞、违规渔业养殖、涉水涉岸违障等 9 大类违法违规行为，并依法实行“五个一律”（即一律实施强拆、一律依法从重实施经济处罚、一律移送司法机关、一律移交纪检监察机关、一律在媒体公开）。全市共拆除涉水违障 15.7 万 m^2，清迁整治沿河畜禽养殖场 18 万 m^2，清理网箱、围栏、地笼等违规养殖捕捞设施 3.87 万处，在全市形成了强大的水环境执法震慑效应。二是开展禁渔期非法捕捞执法专项行动。以全市开展水环境监管执法百日大行动为契机，坚持“全过程、全方位、全天候”最严格执法，重拳打击“电、毒、炸”等违法捕捞渔业资源行为。2016 年以来，全市共查处渔业行政处罚案件 800 余起，与公安机关联合查处涉渔刑事案件 500 余起、涉案人数 1000 余人，涉渔刑事案件数量和涉案人数连续三年居全省前列；同时大力探索与推广渔政社会化管理工作，打造“专群结合”的渔政管理新模式。三是开展保护海洋幼鱼资源执法专项行动。全力打好“伏季休渔”保卫战和“保护幼鱼”攻坚战及“禁用渔具剿灭战”三战行动，严控渔业捕捞船舶，严堵幼鱼销售渠道，加强伏季休渔监管，保护海洋幼鱼资源。去年以来，水利、市场监管部门开展联合执法检查 17 次，检查水产经营户 270 余家，编印、发放宣传资料 5000 余份；开展钱塘江“亮剑”执法 9 次，查处非法捕捞案件 15 起，罚款 4 万余元。四是开展地笼等违规捕捞设施整治专项行动。按照“市县联动，属地负责，突出重点、注重长效”的原则，由属地镇街牵头、渔政执法部门配合，对平原河网地笼等违规捕捞设施进行全面排查，列出问题清单，明确整治时限，逐一销号管理。全市共清理地笼等违规捕捞设施 12000 余只，有力改善了平原河网渔业的生存环境。

第五，构建“多层网络”，强化执法监督。一是强化督查考核。把水域清养（指“河蚌、网箱、围栏”养殖）、水产养殖尾水整治、增殖放流等工作列入全市“五水共治”年度考核重要内容，列入《绍兴市党政领导干部生态环境损害责任追究补偿实施办法》重要内容。以“水环境监管执法领导小组”的名义，对各地涉渔、涉水违法行为进行定期不定期督查、通报、曝光，责令当地限期整改。二是强化媒体监督。建立媒体协同机制，邀请市、县主要新闻媒体全程参与执法专项行动，利用绍兴日报“曝光台”，绍兴电视台“今日焦点”栏目，切实加大违法案件的曝光力度，为水环境执法提供正能量。建立舆情应对机制，通过 APP 等新媒体发布执法信息，组织开展新闻发言人培训活动，充分提高执法人员的舆情应对能力。三是强化公众参与。邀请“两代表一委员”参与监督水环境执法工作。引导义务护渔组织，开展水环境、渔业知识宣传教育活动，积极劝导渔业违法违规行为。鼓励广大市民通过举报电话、政务热线、110 应急联动、网上交流平台反映问题，着力做到问题的早发现、早处理。

河长制工作是水生态文明建设重要组成部分，是一项复杂的系统工程。河湖管护不仅涉及上下游、干支流、左右岸、不同流域，还涉及不同区域与不同行业，致使河长制工作涉及的主体多、部门多、层级多。自2016年各省全面推行河长制以来，成立河长办公室，具体负责推行河长制日常工作，明确了各项任务的牵头单位、成员单位及其职责，建立了相关配套工作制度，初步形成了河长制协同联动运行机制。全国河长制集中力量办大事的协同联动运作主要经验有：

第一，集中统一的协同机制。全国各省按照中央《全面推行河长制的意见》设置了相应的河长制办公室。初步建立了相关配套制度，比如河长会议制度、信息报送与共享制度、工作督导制度等。各级河长制办公室集中办公，强化统筹协同，基本形成了综合水治理格局。

第二，多部门联合治理的责任机制。全国各省党委、政府作为本辖区流域整治的责任主体，制定了综合水治理规划和年度工作计划，明确了任务内容、任务进度、责任人与责任单位。针对各河湖的重点问题，细化了任务，制定了“一河一策”方案，并积极落实各级河长和相应成员单位责任。

第三，互联互通的监测督导机制。多个省份充分利用互联网建立统一水环境监测平台，统一规划、优化整合、合理布局，在河湖主要功能区、流域交界处及入河排污口设置监测点。部分省份已构建省、市、县三级监测数据及相关部门监测数据互联互通共享机制，不断健全数据库。对于监测发现的情况，由河长制办公室通过平台报送相关责任单位，并督导责任单位限期整治。对于相对比较复杂的问题，可会同相关职能部门对平台记录数据进行研判、科学分析，及时发现问题根源，对症下药，落实整改。

第四，协同联动的执法机制。各省针对涉水违法犯罪行为，与公安、检察院等执法部门联合开展综合执法和专项行动。目前，各省市积极开展“清四乱”与“非法采砂”等专项活动，取得了一定的效果，大大降低了涉水违法犯罪行为的发生。部分省市还建立了“河长＋警长”“河长＋检察长”的联合工作制度，与相关部门科学统筹、协同部署，对涉水重要事件联合开展专项执法行动，严厉打击涉水违法犯罪行为。

第五，考核问责与激励机制。各省市基本建立了河长制工作考核制度，将河长制落实情况纳入实行最严格的水资源管理制度、水污染防治行动计划等实施情况的考核范围。制定了各级河长履职情况考核办法，上一级河长对下一级河长进行工作考评，考核结果作为领导干部综合考核评价的重要依据。对工作成绩突出、成效显著的予以一定的奖励；对工作不力、考核不合格的，进行约谈或通报批评；对于不履行或不正确履行职责、失职渎职，导致发生重大涉水事故的，依法依纪追究河长责任。

四、河长制集中力量办大事的协同联动运作模式显著优势

黄河流域在我国经济社会发展和生态安全方面具有十分重要的地位。黄河发源于青藏高原，流经 9 个省（自治区），全长 5464km，是我国仅次于长江的第二大河。黄河流域 2018 年年底总人口 4.2 亿，占全国 30.3%；地区生产总值 23.9 万亿元，占全国 26.5%。黄河流域构成我国重要的生态屏障，是我国重要的经济地带。黄河被称为母亲河，保护黄河是事关中华民族伟大复兴和永续发展的千秋大计。

黄河自然断流指黄河最下游一个水文站利津水文站测得的径流量不足 $1m^3/s$。断流始于 1972 年，在 1972—1996 年的 25 年间，有 19 年出现河干断流，平均 4 年 3 次断流。1987 年后几乎连年出现断流，其断流时间不断提前，断流范围不断扩大，断流频次、历时不断增加。1995 年，地处河口段的利津水文站，断流历时长达 122 天，断流河长上延至河南开封市以下的陈桥村附近，长度达 683km，占黄河下游（花园口以下）河道长度的 80%以上。1996 年，地处济南市郊的泺口水文站于 2 月 14 日就开始断流；利津水文站该年先后断流 7 次，历时达 136 天。1997 年，断流达 226 天，为历时最长的断流。黄河下游的频繁断流已直接影响到依靠黄河供水的城乡生活和工农业生产用水，特别是胜利油田用水，使水环境容量减小，加重了黄河水污染和水环境的恶化。特别是造成下游河床淤高，不仅“小水大灾”，更时刻存在着决口改道的危患，严重威胁着下游人民生命财产的安全；加重河口地区土地盐碱化，河口湿地生态系统退化，生物多样性减少，使美丽富饶的黄河三角洲日渐贫瘠。更为严重的是断流加剧所引起的水荒和下游决口的威胁交加，将动摇社会稳定，其后患无穷。黄河下游 1972—1996 年因断流和供水不足造成工农业经济损失累计约 268 亿元，年均损失逾 11 亿元。20 世纪 90 年代，由于断流日趋严重，年均损失已达 36 亿元。农田受旱面积累计 470 万 hm^2，减产粮食 986 亿 kg。胜利油田因减少注水，减产原油数十万吨。由于断流而影响了山东经济发展，1997 年那次历史上持续时间最长的断流，给山东省造成上百亿元的直接经济损失。黄河断流使三角洲面临严重水资源危机，将直接影响可持续发展战略的实施。黄河断流，也打乱了人们的正常生活和工作秩序，临黄城市经常由于供水不足，采取限时限量供水。

2000 年之后，借助黄河龙羊峡、刘家峡和小浪底等骨干工程，依据八七分水方案，初具河长制思想管理措施黄河全流域水资源统一调度配置在黄河上进行试验。自此，黄河没有再发生过断流。

太湖是中国第三大淡水湖泊，流域面积近 3.7 万 km^2，湖体水域面积逾

2300km²，贯穿江苏、浙江、上海。江苏太湖流域面积为2.5km²，是太湖流域水环境治理的主阵地。苏南地区的苏州、无锡、常州是太湖流域的核心区。太湖湖体水质，平均每10年左右下降一个级别，20世纪60年代为Ⅰ～Ⅱ类，20世纪80年代初为Ⅱ～Ⅲ类，20世纪90年代中期平均已达Ⅳ类，1/3湖区为Ⅴ类，2005年太湖水质为劣Ⅴ类。太湖水环境演化以20世纪80年代为转折点。20世纪80年代以前，总氮变化较为显著，此后，总氮增长趋势趋缓，而COD及总磷却呈稳定的增长态势。经济高速发展的同时，入河（湖）污染物排放量快速增加。河流水质：1983年流域内污染河道长度占40%，1996年升至86%；2005年太湖流域12个省界断面中，Ⅴ类和劣Ⅴ类占2/3；在28个环湖河流监测断面中，Ⅴ类和劣Ⅴ类超过2/5。蓝藻水华自20世纪70年代在无锡出现，20世纪80年代每年暴发2～3次，20世纪90年代中后期每年暴发4～5次；2000年，湖心区出现严重蓝藻水华。1990年7月，无锡梅梁湖湖区大面积蓝藻暴发，梅园水厂日减产5万t，市区116家工厂被迫停产、减产。1994年，梅梁湖地区首次出现“湖泛”，饮用水源地水体变味发臭，梅园水厂减量供水直至停产。

1996年4月，国务院在无锡召开太湖流域环保执法检查现场会，国家部委和苏浙沪三省市领导共商治理太湖污染的方法。1996年6月，江苏省人大通过《江苏省太湖水污染防治条例》，并于同年10月1日起实施。1998年1月，国务院批复《太湖水污染防治“九五”及2010年规划》。1998年年底的“聚焦太湖零点达标”行动，要求在1998年年底，太湖地区1035家重点污染企业，必须全部实现达标排放。1999年元旦钟声敲响之前，当地官员宣布，治理已“基本实现阶段性目标”。2001年8月，国务院批复《关于太湖水污染防治“十五”计划（2001—2005年）》，2007年5月，无锡太湖发生严重的水危机事件，6月启动《太湖流域水环境综合治理总体方案》（简称《总体方案》），2008年5月国务院正式批复并付诸实施。

太湖的问题表现在水里，根子却在岸上。太湖横跨江浙两省，入湖河流众多，附近产业集聚、人口密集，水污染防治形势严峻。有鉴于此，无锡自2007年出台河长制管理办法，到2010年，全市5635条河（湖、库、荡、氿）都有了河长；在管理太湖水域3/4、拥有172km湖堤的苏州，2014年起全面推行河长制，明确河湖管理的责任、开展入湖河道水岸同治攻坚行动；江浙两地还建立太湖湖长协商协作机制，成立国内首个跨省湖泊湖长高层次议事协同平台。随着河长制的建立、完善，破解难题有了抓手，制度效能不断释放。制度创新推动治理升级，让一湖清水“镇守”美丽江南。

20世纪90年代黄河频繁的断流、2007年江苏无锡太湖蓝藻事件倒逼政府实施河长制解决我国新老水问题。实施河长制后，黄河保障了河流不断流，河堤不决口、河床不抬高、水质不超标；促使太湖无锡段水质得到了明显的改善。此后，河长制在其他多个地区实施，2017年在全国各地全面推行。黄河水资源统一调度管理和太湖水治理的河长制是全国一盘棋思想、集中力量办大事的显著体现，是河长制典型的协同联动运作模式。

从河长制协同联动的角度来说，河湖管护不是任何单一的政府部门或地方政府能够单独解决的问题，需要由政府、社会组织、企业、公众等联合起来共同完成，需要上下游、左右岸等不同行政区域协同联动来解决问题。协同联动需要在各级党委和政府的领导下，协同各级政府、政府各职能部门以及政府与其他主体之间的关系，减少水环境治理过程中存在的分歧与冲突，实现资源共享、联合行动、共管共治。

黄河水资源统一管理与太湖水治理的河长制在办大事解决新老水问题过程中可以得出，河长制集中力量办大事的协同联动运作模式显著优势如下：

首要显著优势是中国特色社会主义制度优势。土地资源和水资源属于国家所有的制度基础，没有中国特色社会主义公有制制度基础，黄河流域水资源无法统一调度和配置，无法保障黄河不断流、河床不抬高、堤防不决口、水质不超标；无法保障黄河流域以及华北平原稳定与发展；无法根除太湖流域河流污染在水中、根源在岸上的“病根”。

第二个显著优势是坚持党的集中统一领导，坚持党的科学理论，保持政治稳定，确保国家始终沿着社会主义方向前进。它确保了全国一盘棋思想一以贯之地得以落实。这是黄河水资源统一调度管理和太湖跨省全面治理的河长制协同运作的制度基础。

第三个显著优势是坚持人民当家作主，牢记为人民服务的宗旨，发展人民民主，密切联系群众，紧紧依靠人民推动国家发展。人民当家作主的政党是领导力量，便于集中、善于集中和能够集中力量办大事。这是黄河水资源统一调度管理和太湖跨省全面治理河长制协同运作的领导与力量基础。

第四个显著优势是坚持全面依法治国，建设社会主义法治国家，切实保障社会公平正义和人民权利。依法治国是党领导人民作出的重大战略决策。党更加重视发挥依法治国在治国理政中的重要作用，更加重视通过全面依法治国为党和国家事业发展提供根本性、全局性、长期性的制度保障，黄河各项法律法规的修改与完善是黄河水资源统一调度管理和太湖跨省全面治理河长制的制度保障和不可动摇的法治基础。

第五个显著优势是坚持各民族一律平等，铸牢中华民族共同体意识，实现共同团结奋斗、共同繁荣发展；坚持共同的理想信念、价值理念、道德观念，弘扬中华优秀传统文化、革命文化、社会主义先进文化，促进全体人民在思想上精神上紧紧团结在一起的显著优势。团结一起可以团结的力量，集中各种力量与智慧，保护好黄河流域生态与促进高质量发展，维持太湖良好水环境与水生态，不断推进太湖流域生态文明建设。这是黄河水资源统一调度管理和太湖跨省全面治理河长制协同运作的思想信念力量源泉基础。

第六个显著优势是坚持以人民为中心的发展思想，不断保障和改善民生、增进人民福祉，走共同富裕道路。这种坚持以人民为中心的发展思想，以坚实的民生保障制度，不断改善民生、增进人民福祉，满足人民群众对美好生活的向往和需求，这是黄河水资源统一调度管理和太湖跨省全面治理河长制协同运作的目标力量基础。

第七个显著优势是坚持改革创新、与时俱进，善于自我完善、自我发展，使社会充满生机活力。这种永葆青春，时时充满奋斗力量的政党是黄河水资源统一调度管理和太湖跨省全面治理河长制协同运作的力量之本。

第八个显著优势是生态文明思想的重要实践。黄河水资源统一调度管理河长制协同运作是落实生态文明思想。生态文明建设是关系中华民族永续发展的千年大计。必须践行绿水青山就是金山银山的理念，坚持节约资源和保护环境的基本国策，坚持节约优先、保护优先、自然恢复为主的方针，坚定走生产发展、生活富裕、生态良好的文明发展道路，建设美丽中国。要实行最严格的生态环境保护制度，全面建立资源高效利用制度，健全生态保护和修复制度，严明生态环境保护责任制度。

第五章 我国水治理体系和治理能力现代化的发展战略

党的十九届四中全会通过的《中共中央关于坚持和完善中国特色社会主义制度、推进国家治理体系和治理能力现代化若干重大问题的决定》提出了“中国之治”，即中国共产党领导人民创造了举世瞩目的经济快速发展和社会长期稳定的奇迹，中华民族实现了从站起来、富起来到强起来的伟大飞跃。“中国之治”的伟大成就体现在经济发展和社会治理的多个方面。在水治理方面，当代中国在水利工程建设、水资源管理和水环境、水生态治理等多方面取得了辉煌成就。新中国成立70多年来，中国堤防总长度增加6.4倍，农田有效灌溉面积增长325%，水电装机容量增加了978倍，水利工程供水能力增长近5倍。中国不仅兴建了世界最大规模的水利工程体系，而且在水治理能力方面不断进步，实现了水资源的有效利用，用水效率快速提升，有效支撑了中国经济社会的快速发展。改革开放40年间，全国用水总量仅增长27%，支撑了经济总量增加36倍。其中，工业用水总量增长了1.4倍，产出增加了55.3倍；农业用水总量下降12%，而粮食产量同期增加了1.2倍[1]。从国际比较来看，中国的用水效率已经明显高于经济发展水平相近的中等收入国家，而且与发达国家差距正在不断缩小，是世界大国之中用水效率提升最快的国家。党的十九届四中全会对坚持和完善中国特色社会主义制度、推进国家治理体系和治理能力现代化作出全面部署。水治理体系和治理能力现代化是国家治理体系和治理能力现代化的重要组成部分，深刻把握我国发展要求和时代特征，把水制度建设摆到更加突出的位置，推动水治理体系更加成熟更加定型，推进水治理能力现代化建设，是水利行业面临的紧迫任务。

第一节 水治理的内涵

治理理论的代表人物罗茨归纳了治理的六种形态，作为最小国家的治理、

[1] 数据根据《中国统计年鉴》与《中国国民经济与社会发展统计公报》整理得出。

作为公司治理的治理、作为新公共管理的治理、作为社会控制系统的治理和作为自组织网络的治理[1]；在稍晚的文献中，罗茨提出了一个略微不同的七种定义，即公司治理、新公共管理、善治、国际间的相互依赖、社会控制论的治理、作为新政治经济学的治理、网络治理，尤其新政治经济学的治理重新检验了政府经济管理以及边界日益模糊的公民社会、国家、市场经济之间的关系，是一个协同各种经济行为主体行动的政治经济过程[2]；与罗茨比较类似，赫斯特提出了治理的五个“版本”，即善治、国际制度领域的治理、公司治理、新公共管理式的治理、以及最后一种通过协调网络关系的合作主义[3]。

尽管不同的治理概念显然有内涵、使用范围的差异，但治理的定义并非是前后矛盾的，如果将这些概念整合起来，就会形成一个或一套相对比较严密的概念。治理意味着国家与社会，还有市场以新方式互动，以应付日益增长的社会及其政策议题或问题的复杂性、多样性和动态性。如此，我们便可以给出一种总结，相对于统治，治理是一种趋势，这一趋势必定意味着国家政府-社会关系的调整，调整的目的在于应对原先政治社会格局中的不可治理性。在调整中，政府之外的力量被更多地强调。治理与纯粹的市场、等级式科层制具有显著的差距，强调了国家、社会、企业之间的新组合，新组合以多种关系构成一个试图克服不可治理性的网络，政府由此使用多种新的政策工具，因而能力得到加强。

总结起来，治理包含以下特征：

第一，治理指一套出自政府但又不限于政府的社会机构和行为者。一方面，地方、区域、国家、跨国家层次上的政府机构之间有多样性的联系；另一方面，政府之外的组织越来越多地参与决策、提供公共服务。

第二，治理断定涉及集体行动的各机构之间存在相互权力依赖，这表现为，参加集体行动的组织，依赖其他的组织，为达到目的，必须交换资源，并就共同目标进行谈判。

第三，治理是关于自治、自主的行动者网络的理论。在治理的环境中，最终那些合作的行为将塑造自主治理的网络。行为者和机构获得了将他们的资源、技能和目标糅合在一起的能力，形成一个长时期的联盟。

第四，治理认识到办事的能力不在于政府下命令的权力或者政府权威的使

---

[1] Rhodes R A W. The new governance: governing without government [J]. Political Studies, 1996, 44 (4): 652-667。

[2] Mark Bevir, Rhodes R A W. Studying british government: reconstructing the research agenda [J]. The British Journal of Politics and International Relations, 1999, 1 (2): 215-239。

[3] Hirst P. Democracy and governance, in debating governance: authority, steering, and democracy [M]. Oxford: Oxford University Press, 2000。

用，政府可以使用新工具和技术来掌舵和指导，以增强自己的能力。这些能力可能体现为建构和消解联盟与协调的能力、合作和把握方向的能力、整合和管制的能力。

上述论点涵盖了治理的一系列主张。首先，去中心化。向地方分权、向社会分权、甚至将权力让渡于跨国家的组织成为一种趋势；其次，多中心，政府之外的治理主体须参与到公共事务的治理中，政府与其他组织的共治、社会的自治成为一种常态；再者，反对夸大纯粹的市场的作用。更具体地说，治理理论反对新自由主义对市场调节作用的过分崇信，尽管治理实践经常需借助于市场机制；最后，多种层次的治理与多种工具使用的并存，治理可以在跨国家、国家、地方等多种层次上进行，充分运用规章制度、合约签订、利益联合、信任建立等工具。

沿着治理的概念、特征与理论基础，水治理体系和治理能力现代化的发展战略研究就有了支撑与导向。首先，水治理的对象是水和一切与水有关的活动。古代治水以维持基本生产生活和应对单一外部冲击为主，高度依赖水利工程。诸如京杭大运河、四川都江堰、广西灵渠、新疆坎儿井，都是古代水利工程的杰出代表。相对于中国古代传统治水主要是水利工程建设和管理，现代治水内容日益多元丰富，至少包含以下四个方面：应对水资源短缺，解决水污染问题，防范水灾害，遏制水生态恶化。现代治水需要支撑现代经济增长和现代社会运行，出现了越来越多的具有分布式特征的问题，并且治理过程与公众的日常生活密切相关。也因此要求从传统的单一工程建设和管理转向了更加复杂综合的治理，即从传统治水到现代治水的转型。水治理的目标是确保国家水安全，推动江河流域高质量发展，建设优美水环境，保障经济社会持续健康发展。

水治理体系是指实施水治理的全部要素、手段、方式的总和，即体系化的治理结构，包括制度、治理主体、治理的体制机制、治理的方法手段等。水制度是水治理体系的基础和重要内容，包括法律法规、政策、规划和标准规范等。水治理主体是指参与和实施水治理的各种主体力量，包括政府、市场主体、社会团体、公众等。治理的体制机制是指为实现水治理目标、提升水治理效能而建立的工作组织与工作模式，如河长制湖长制、流域化管理、多元化投入、联合执法等。

水治理能力是指水治理体系对水和水事活动进行治理的能力和水平，包括防洪减灾、供水节水、河湖保护、农村水利、工程运行管理等各个领域。推进水治理体系和治理能力现代化就是要按照精简、高效、可靠的原则，完善水治理体系，不断提升水治理能力，使水安全、水资源、水环境、水生态等涉水领域的各个方面都能满足建设社会主义现代化强国的内在需要。

第二节 历史溯源：中国水治理同国家治理的内在连接

中国是四大文明古国之一，而四大古文明与水之间都有密切的联系。从最早发源于尼罗河流域的古埃及文明，到发源于两河流域的古巴比伦文明，再到发源于恒河流域的古印度文明，以及发源于黄河流域的古代中国文明，四大文明均地处大河流域，土地肥沃，适合农耕和居住，都属于“大河文明”。但是水对于中国文明而言，还有更为重要的含义。中国是世界四大古文明中唯一延续至今的文明，也是一种非常独特的文明，特别是形成于两千多年之前的大一统体制，一以贯之延续到当代。弗朗西斯·福山在《政治秩序与政治衰败》一书中，把“强国家、法治和民主问责”视为维系现代政治秩序的三要素，并认为中国政治最重要的特征就是“强国家”❶。如何理解中国的这条特征？治水可以提供非常重要的解释线索。

以卡尔·马克思和卡尔·魏特夫为代表的“治水派”认为，大型灌溉工程对于东方集权主义的起源具有重要意义。马克思是“治水派”学说的首创者，他较早注意到灌溉工程对于亚细亚生产方式的重要性，在《不列颠在印度的统治》一文中指出，在东方，由于文明程度太低，幅员太大，不能产生自愿的联合，因而需要中央集权的政府干预。所以亚洲的一切政府都不能不执行一种经济职能，即举办公共工程的职能。这种用人工办法提高土地肥沃程度的设施靠中央政府办理，中央政府如果忽略灌溉或排水，这种设施立刻就荒废❷。魏特夫在1957年出版的《东方专制主义》一书中指出，在东方农业文明中，农田灌溉依赖大规模之水利工程，这种文明的社会结构为“水利社会”，以专制和集权的官僚行政系统为特征❸。黄仁宇是“治水派”学说的重要继承发展者。相对于马克思和魏特夫强调的灌溉工程，黄仁宇更重视抵御洪水的重要性，他特别强调了黄河洪水的严重性，认为黄河的局部治理是无济于事的，只有一个统合所有资源、同等对待各方的中央集权政府，才能解除人们面临的常态威胁❹。持有“治水派”相近观点的著名学者，还有历史学家汤因比、汉学家李

❶ ［美］弗朗西斯·福山．政治秩序与政治衰败：从工业革命到民主全球化［M］．毛俊杰，译．桂林：广西师范大学出版社，2015。

❷ 马克思．不列颠在印度的统治［M］//马克思恩格斯选集：第1卷．北京：人民出版社，1995：762。

❸ Wittfogel K A. Oriental despotism：a comparative study of total power［M］. New Haven：Yale University Press，1957。

❹ 黄仁宇．赫逊河畔谈中国历史［M］．北京：生活·读书·新知三联书店，2002。

约瑟、社会学家马克斯·韦伯等❶。“治水派”的学说流传很广、影响较大，同时也受到很多批评。特别是魏特夫的“东方专制主义”学说，受到的批判尤众，被认为过分夸大了水利灌溉工程的重要性。例如，埃里克·史维泽多于2006年的研究指出，世界范围内的历史经验表明，水的稀缺与集权政治之间并没有必然联系❷。弗朗西斯·福山指出，灌溉是区域性和小型事务，战争才是导致国家起源的主因❸。

综合半个世纪以来围绕“治水派”学说的众多讨论，中国古代大一统体制的起源之谜，可以归结为三个要素，即国防的需要、赈灾的需要和治水的需要。它们是在生产力发展水平低下的文明早期，由于独特的自然地理条件产生的社会需要。

第一是国防的需要。近代著名地理历史学者胡焕庸揭示了中国这片国土有一个非常重要的特征，即自黑龙江的瑷珲到云南的腾冲画一条线，这条线以东所占的国土面积只有36%，但因得天独厚的自然资源优势，水资源丰富，集聚了中国96%的人口，而以西64%的国土，水资源匮乏，只有4%的人口。时至今日，“胡焕庸线”仍然基本成立，究其原因，这条自然地理分布线，因水资源分布的不平衡，东南方适合农耕，西北部适合游牧，造成两种迥异的生产方式。在农业文明时代，西北的游牧民族无法自给自足，必须向东南方的农耕民族获取粮食等生活必需品，其方式要么是和平时代的贸易，要么是战争方式的抢掠。对于中原地区而言，只有一个强大的中央集权帝国，才有可能抗御西北游牧民族的入侵。

第二是赈灾的需要。著名历史学者邓拓对灾荒史研究发现，中国有史记载的四千年间，几乎是无年不灾、无年不荒。据统计，平均每年有将近两次大的自然灾害发生。中国自然灾害发生的频率和强度均居世界首位。在所有的自然灾害中，最为频繁和严重的有四种：水灾、旱灾、地震灾和海洋灾。这四种大约占全部自然灾害的90%，其中水旱灾害最为突出，占到一半还要多。中国水旱灾害从公元前206年到1949年的2155年间都有详细的记录，总计发生较大的洪水灾害1092次，较大的旱灾1056次，平均每年发生一次大的水旱灾害。水旱灾害的频繁发生，是由于中国东南部的国土受到季风气候的影响，每年的雨水基本上集中于3～4个月之中，导致水资源时空分布不均衡，且时空

❶ 王亚华. 治水与治国：治水学派的新经济史学演绎［J］. 清华大学学报（人文科学版），2007（4）：117-129。

❷ Swyngedouw E. Power，water and money：exploring the nexus［R］. United Nations Development Programme，2006。

❸ ［美］弗朗西斯·福山. 政治秩序的起源［M］. 毛俊杰，译. 桂林：广西师范大学出版社，2012。

变异性强，这种水文特性为世界罕有。自然灾害频繁使农业生产容易发生灾荒，如果不能及时救济就会演变为饥荒。因此，早在先秦时代，诸侯林立的背景下，诸侯国之间的盟约就有“勿阻籴”的约定，如果一国发生灾荒，邻国有救济的义务。但是从历史记录来看，这种盟约并不可靠，诸侯国之间阻籴的事件常有发生。例如，根据《左传》记载，公元前647年晋国发生饥荒，秦国予以接济，次年秦国发生饥荒，晋国不感恩图报，反而阻籴，因此两国发生战争。经过春秋战国的几百年战争，古代中国走向了大一统，建立了中央集权的帝国，实现了“东方不亮西方亮”“一方有难八方支援”的治理格局，能够有效解决赈灾的问题。

第三是治水的需要。由于中国水旱灾害频繁，早在两千多年前古人就认识到治水的重要性，春秋时代齐国的国相管仲曾经有一句名言，“治国必先除五害，五害之中以水为大”，这就是“治国必先治水”的由来。中国历史上，“善为政者，必先治水”，留下了很多地方长官大兴水利的美谈。中国古代治水大体上主要围绕四个方面展开：防洪、灌溉、漕运和海塘。魏特夫强调的水利灌溉工程，是古代治水的重要方面。冀朝鼎曾经在《中国历史上的基本经济区与水利事业的发展》一书中，深刻揭示了水利灌溉工程对于古代王朝存续和更迭的意义❶。当然，诚如黄仁宇的观点，防洪相对于灌溉更为重要，他在《中国大历史》一书中指出，仅仅为了防治黄河的洪水，中国的中央集权就不可避免❷。黄河不仅是世界上含沙量最高的河流，也是最复杂难治的河流。历史上黄河大迁徙共有7次，在4230年间堤防溃决约1580次。黄河洪水波及的范围北至天津，南到南京，泛滥面积达25万km^2，对中华民族的存续造成极大威胁。因此，治水的需要，特别是治理黄河洪水，对于中国古代大一统体制的形成具有重要解释力。

综上所述，中国古代之所以形成大一统体制，是因为中国独特的自然地理条件，早在几千年前就有大规模跨区域的集体行动需要，需要这块国土的各个地区联合起来解决国防的问题、赈灾的问题、治水的问题。大一统体制在本质上，是中国古代这片土地上的先人们出于存续的需要，对独特自然地理条件必须作出的制度响应。如果细看三个要素，由于水旱灾害占赈灾的一半多内容，并且战争的起因也有治水的成分存在，大规模跨区域的集体行动需要，其实有一多半可以归为治水的需要。从这个角度来看，中国古代大一统体制的起源，在很大程度上是由于治水的需要。大一统体制的形成，反过来也决定了中国包

---

❶ 冀朝鼎. 中国历史上的基本经济区与水利事业的发展［M］. 朱诗鳌，译. 北京：中国社会科学出版社，1981。

❷ 黄仁宇. 中国大历史［M］. 北京：生活·读书·新知三联书店，2017。

括治水在内的国家治理赖以进行的制度框架。在全世界绝大多数国家，治水对于国家治理体制选择缺乏解释力。治水对治国体制具有决定性的塑造作用，这是中国体制的特殊性所在。从某种意义上来说，中国自古以来就是一个治水文明大国，治水的历史深刻反映了中国国家治理的特征和变迁，从治水的角度可以透视中国国家治理的逻辑。

第三节 水治理成效：中国特色社会主义制度优势的充分体现

中国是一个有着悠久治水历史的国家。几千年来，除水之害、兴水之利的治水活动一直与经济发展和社会进步相辅相成，互为促进。鸦片战争后的一百年，中国陷入内忧外患动荡时期，与此相对应，水治理能力出现衰落，水安全状况不断恶化。新中国成立后，整治江河和兴修水利已成为社会稳定和经济发展的迫切需要。新中国成立以来治水主要经历了以下几个时期：一是以江河洪涝灾害治理为重点的时期（1949—1957 年）；二是以农田水利建设为重点的改善农业生产条件时期（1958—1990 年）；三是以流域治理为重点的新一轮水利建设高潮时期（1991—2011 年）；四是综合治理时期（2012 年至今）。回顾治水实践，中国创造了现代治水奇迹，在多个方面都取得了辉煌成就。

一、水利工程建设方面

水利工程对于抵御自然风险、抗洪除涝、防灾减灾和水资源利用提供硬件基础。过去 70 年，中国的水利工程设施在“一穷二白”的基础上，实现了快速的增长。具体来看，新中国成立以来中国堤防总长度增长了 6.4 倍，由 1949 年 4.2 万 km 增长至 31.2 万 km，年均增长 2.9%；农田水利设施建作为重要的农业基础设施，取得了长足的发展，农田有效灌溉面积在 1949 年仅为 160 万 hm^2，增长至 2019 年的 7400 万 hm^2，增长 45.3 倍，年均增长 5.6%；水电装机容量增长了 979 倍，达到了 3.5 亿 kW，年均增长 10.5%。水利工程供水能力由新中国成立初期的 1000 亿 m^3 增长至 2018 年的 8677 亿 m^3，增长了近 7.7 倍。

如果细分计划经济时代和改革开放这两个时代，可以发现计划经济时代取得了水利工程建设的奇迹，防洪减灾堤防长度每年增长 5.2%，农田有效灌溉面积年均增长 12.2%，水力发电装机容量年均增长 14.9%。在计划经济时代，虽然经济表现不如改革开放以来，但是水利工程建设方面的成就非常显著。中国的大部分水利工程是在计划经济时代打下的基础，计划经济时代对改革开放的成就有着基础性的贡献。

经过新中国70多年的建设，中国建成了世界上数量最多、规模最大的水利工程体系，三峡工程、小浪底工程、南水北调工程等一大批超级水利工程相继建成。黄河洪水和长江洪水历史上是中华民族心腹之患。黄河流域开展了大规模堤防建设，修建了三门峡、小浪底、刘家峡、龙羊峡等干支流水利枢纽和一大批平原蓄滞洪工程，黄河洪水得到有效控制，创造了伏秋大汛70年不决口的历史记录。历史上，当洪水流量超过1万 m^3/s 时，黄河下游就要决口泛滥。新中国成立以来，先后出现了12次洪峰流量大于1万 m^3/s 的洪水，但是黄河却再也没有决过口。长江流域大兴防洪工程，目前长江堤防已经达到了6.4万km，中下游修建了高标准的防洪体系。长江三峡工程建成以后，在2010年和2012年经受了两次超过1998年最大洪峰的考验，为长江流域提供了重要安全保障[1]。

二、水资源管理

中国不仅兴建了世界最大规模的水利工程体系，而且在水治理能力方面不断进步，实现了水资源的有效利用，用水效率快速提升，有效支撑了中国经济社会的快速发展。中国以占全球总量6%的水资源和9%的耕地养活了全球约20%的人口。在经济快速发展，包括工业产值和粮食产量快速增长的同时，中国的用水量增长率很低。具体来看，改革开放40年以来，中国用水总量仅增长了27%，但支撑了经济总量36倍的增加。水利是农业的命脉，是农业生产最基础的要素投入。改革开放40年以来，农业用水不但没有增长，反而下降了12%，但粮食产量增加了1.2倍；工业用水总量增加了1.4倍，但产出增加了55.7倍。这些反映出中国各产业水资源利用效率都得到了持续快速提升。从国际比较来看，按单位GDP的用水量来衡量，中国的用水效率已经高于经济发展水平相当的国家，并且与发达国家之间的差距不断缩小。如果按照购买力平价计算，中国的用水效率已经接近美国的水平，大致相当于日本用水效率的一半略多的水平。

综上所述，当代中国的水资源管理卓有成效。无论是国内纵向比较，还是国际横向比较来看，中国的水资源利用效率都得到了快速提升，这就解释了为何当代中国能够以占全球总量6%的水资源养活全球约20%的人口，同时支撑了过去40年世界最快的经济增长。

三、水生态环境治理

从20世纪70年代初，中国开始了水污染治理。经过长期不懈的努力，特

[1] 王亚华. 从70年治水成就看中国制度优势［J］. 中国水利，2020（1）：13-14。

别是新世纪以来的大规模治理，中国的水环境得到了显著改善。2000 年，全国 Ⅲ 类及 Ⅲ 类以上水质所占河流总长度的比重为 58.7%，至 2018 年全国 Ⅲ 类及 Ⅲ 类以上水质所占河流总长度的比重为 81.6%，提升了 22.9 个百分点。水环境治理的成效十分明显。国家《中华人民共和国国民经济和社会发展第十三个五年规划纲要》提出环境质量全面改善的目标，中国全面实施污染防治攻坚战。2018 年召开的全国生态环境保护大会提出："要深入实施水污染防治行动计划，保障饮用水安全，基本消灭城市黑臭水体。"这些防治水污染、保护水环境的战略和政策举措，为水环境治理不断改善提供了保障。在水生态治理方面，水土流失治理力度在不断加大。全国水土流失综合治理面积，从改革开放之初的 7 亿亩，上升到 2019 年的 19.7 亿亩。改革开放 40 年来，水土流失综合治理面积年均增长率达到 2.6%。

新中国成立以来，一方面，治水的成效不断改善着我们的生存环境，保障和促进了经济的发展、社会的稳定和文明的进步；另一方面，随着经济发展和社会进步，水治理体系日趋走向成熟，治水技术、建设能力和管理水平也不断提升。概括起来，水治理呈现出以下显著的发展脉络。

首先，从工程建设到建管并重。1949—2000 年，我国先后掀起三次大规模水利建设高潮，这一时期，江河防洪标准偏低，人民生命财产安全保障不足是治水面临的主要矛盾，治水总体呈现以建设为主的特征。新中国成立之初的三年恢复和第一个五年计划期间（1949—1957 年），掀起了第一次水利建设高潮，使包括淮河、海河、长江在内的主要江河防洪体系基本形成。20 世纪六七十年代掀起了以农田水利建设为重点的第二次水利建设高潮，兴建了大批水库、塘坝、灌区，建成集中连片旱涝保收和高产稳产农田，极大地提升了农业生产条件。20 世纪 90 年代掀起了以大江大河治理为重点的第三次水利建设高潮，淮河、太湖、长江等重要江河湖库的防洪标准逐步适应经济社会发展需求。进入 21 世纪，长江三峡、南水北调、小浪底等重大工程相继开工，重大水利工程建设上马不再密集，水利工作重点开始逐步转向水利管理。

其次，从行政管理到依法管理。新中国第一部水法诞生于 1988 年，在此之前水利工程建设和管理主要依赖行政手段，即政府主导，自上而下管理。行政指示对大江大河治理起到了关键性作用。国家政务院 1950 年作出的关于治理淮河的决定成为推动淮河治理的总方针和行动纲领。行政管理手段有助于发挥社会主义制度的优越性，使需要集中相当多人力、物力和财力才能做成的水利事业顺利开展，并在较短时间内取得突破性成效。行政管理至今仍然是水利管理的重要手段。1988 年《中华人民共和国水法》颁布，2002 年新水法修订颁布，涉水管理开始步入依法管理轨道。经过多年努力，我国已建立以水法、防洪法为核心，多层次、相互配套的较为完备的水法规体系，在水利工程建设、防洪减灾、农田水利建设、水资源管理、河湖管理等各领域都建立了较为完善的法规制度。依法管理不仅包括对水利工程建设、水资源、河湖的管理，也包括对涉水行为的规范管理，使得水利管理领域向全社会拓展、由行业管理向社会管理延伸。

最后，从传统管理到综合治理。由传统管理到综合治理的转变，是中国特色社会主义进入新时代后治水的显著特点。管理从主体来看，主要是各级政府，体现为自上而下的单向性和强制性。治理从主体来看，不仅包括政府还包括社会组织和个人，从治理对象来看，不仅包括社会也包括各级政府，更多体现为合作性和包容性。党的十八大特别是十八届三中全会以后，按照国家治理体系和治理能力现代化要求，遵循十六字治水思路，我国切实转变治水理念和思路，加强治水领域的综合治理、系统治理、源头治理和依法治理，逐步构筑起现代水治理体系框架，推动治水由传统管理迈入综合治理新阶段。

当代中国治水取得的成就，作为“中国之治”的一个方面，生动诠释了中国国家制度和国家治理体系的显著优势。党的十九届四中全会总结了中国国家制度和国家治理体系具有 13 个方面的显著优势，当代中国治水成就尤其彰显了中国几个方面的制度优势：坚持全国一盘棋，集中力量办大事的优势；坚持党的集中统一领导、统筹解决复杂治理难题的优势；坚持人民当家作主，紧紧依靠人民推动国家发展的优势；坚持全面依法治国，通过制度化提高水治理水平的优势；坚持改革创新、与时俱进，推动政策不断发展完善的优势。当代中国水治理水平的快速提升，是中国国家制度和国家治理体系显著优势的有效运用和具体体现。

第四节　水治理经验：治理思路、治水理论与治水目标的形成

党的十八大以来，国家水安全、生态文明建设、水污染防治攻坚战、推动长江经济带发展、大运河文化带建设、黄河流域生态保护和高质量发展等问题被广泛讨论，深刻回答了水治理中的重大理论和现实问题，引导治水由传统管理向综合治理转变，有力地推动了水治理体系和治理能力现代化建设的进程。

一、确立治水思路

科学谋划治水思路和治水方式的转变，确立了“节水优先、空间均衡、系统治理、两手发力”治水思路，明确了新时代水治理的工作方法和实践路径。节水优先是破解复杂新老水问题的治本之策。节水优先强调把节水放在优先位置，从增加水供给转向水需求管理，提高用水效率，抑制不合理用水需求。节

水优先是按照问题导向确定的一条有针对性的水治理方针，节水可以抑制不合理用水需求，保留更多的生态用水，减少污水排放，促进水资源短缺、水生态损害、水环境污染等水问题的有效解决。空间均衡是转变水治理思路的关键。重点是要从改变自然、征服自然转向调整人的行为、纠正人的错误行为，尊重经济规律、自然规律、生态规律，树立人口经济与资源环境相均衡的原则，把水资源、水生态、水环境承载力作为刚性约束，以水定需、量水而行、因水制宜。系统治理是对传统水治理方式的革新，改变就水论水的传统治水理念，充分认识生态是统一的自然系统，用系统论的思想方法，统筹治水和治山、治水和治林、治水和治田、治水和治湖等，实现生态系统的稳定和水资源的可持续利用。两手发力是由管理向治理转变的突破口，核心是转变由政府大包大揽的传统管理模式，转向充分发挥政府和市场的双重作用，分清政府和市场的各自职责和发力领域。政府要履行水治理的主要职责，建立健全一系列制度，更多依靠水资源税等税收杠杆调节水需求。市场要发挥好在资源配置中的决定性作用，用价格杠杆调节供求，提高水治理效率。

二、提出水治理理论

中华民族几千年的治水实践遵循科学的原则，创造性地提出了水安全理论、江河保护理论和河长制湖长制制度设计，奠定了现代水治理体系的理论基石。

1. 水安全理论

2014 年 3 月 14 日，中央财经领导小组第五次会议上第一次系统阐述了水安全理论。水安全对中华民族生存发展和国家统一兴盛至关重要，治水即治国，治水之道是重要的治国之道。河川之危、水源之危是生存环境之危、民族存续之危。水已成为我国严重短缺的产品，成了制约环境质量的主要因素，成了经济社会发展面临的严重安全问题。全党要从全面建设小康社会，实现中华民族持续发展的高度，重视解决好水安全问题。水安全问题第一次被上升到国家发展战略层面，上升到中华民族能否永续发展的高度，这对于确立新时代治水在国家民族发展全局中的定位具有重大的指导意义，指明了新时代水治理的方向。

2. 江河保护理论

江河保护理论的核心是阐明发展与保护的关系，是绿水青山就是金山银山发展理念在水治理领域的诠释，既明确了生态优先、绿色发展的战略导向，又确立了共抓大保护、不搞大开发的江河治理原则，还明确了山水林田湖草综合治理、系统治理、源头治理、依法治理的江河治理实践路径，并在工作方法上提出要正确把握整体推进和重点突破、生态环境保护和经济发展、总体谋划和久久为功、破除旧动能和培育新动能、自身发展和协同发展的关系。江河保护理论开启了长江、黄河、大运河、太湖等大江大河大湖的“大治时代”，为水治理创造了良好的外部环境，使水治理的重要性和紧迫性更加凸显，水治理的战略方向和路径更加清晰。

3. 河（湖）长制

面对新老水问题交织的严峻水安全形势，推动形成党政负责、水利牵头、部门联动、社会参与的河湖治理格局。这一制度设计是完善水治理体系、保障国家水安全的重大制度创新，有效破解了多龙治水、分割治水的困局，落实了水治理的属地责任，健全了长效机制，统筹了各方力量，推进了河湖综合管理和系统治理，为水治理提供了有实效可操作的实践方案，对提升水治理能力发挥了至关重要的作用。

三、明确了水治理目标任务

1. 确保国家水安全

水灾害、水资源短缺、水生态损害、水环境污染等新老问题相互交织，给我国治水赋予了全新内涵，提出了崭新的课题。水安全是国家安全的重要组成部分，是国家发展的重要保障。水治理应当认真落实相关要求，确保防洪安全、供水安全、粮食安全、经济安全、资源安全、生态安全，有效防治水灾害，保障水资源可持续利用，维护山水林田湖草生态系统良性循环，从水资源、水环境、水生态等各方面保障中华民族永续发展。

2. 保障经济社会持续健康发展

我国经济由高速增长向高质量发展跨越，建成富强、民主、文明、和谐、美丽的社会主义现代化强国，着力解决人民日益增长的美好生活需要和不平衡不充分发展之间矛盾，都对水利基础保障提出了更高要求。应当通过水治理，进一步提高水利基础设施网络现代化水平，构建协调配套的洪涝旱灾害防治体系及科学合理的水资源配置格局，健全水利公共产品供给结构体系，提高供给质量，为经济发展、城乡建设和人民生活提供安全稳定可靠的水保障。

3. 推动江河流域高质量发展

要努力把长江经济带建设成为生态更优美、交通更顺畅、经济更协调、市场更统一、机制更科学的黄金经济带，推动黄河流域生态保护和高质量发展，要以水而定、量水而行，共同抓好大保护，协同推进大治理，让黄河成为造福人民的幸福河。水治理应当贯彻上述要求，落实最严格的水资源管理制度，建立水资源水环境承载能力刚性约束机制，以水定需、以水定产、以水定城，倒逼经济发展方式转变和产业结构调整，全面建设节水型社会，推动江河流域高质量发展。

4. 实施江河生态大保护

对江河治理，把保护放在突出重要位置。长江经济带发展应当坚持共抓大保护、不搞大开发原则。治理黄河，重在保护，要在治理。水治理应当着力加强生态保护治理，统筹做好河湖水系连通、水源涵养、水土保持、空间管控、退圩还湖等工作，确保江河湖泊空间完整、功能完好、生态健康，维护国家生态安全。

5. 建设优美水环境

我国社会主要矛盾已经转化为人民日益增长的美好生活需要和不平衡不充分的发展之间的矛盾，应当提供更多优质生态产品以满足人民日益增长的优美生态环境需要。河湖是生态环境的重要组成部分，水治理应当切实保护河湖生态，科学布局河湖空间，系统挖掘河湖历史文化内涵，打造生态绿岸、景观风光、文化长廊、宜居家园，满足人民日益增长的美好生活需要。

第五节　水治理体系构建和治理能力现代化提升的内在逻辑：把中国特色社会主义制度优势转化为治理效能

制度优势与治理效能产生于政治发展过程中。党的十九届四中全会强调，要把中国特色社会主义制度优势更好转化为国家治理效能。在制度优势与治理效能的关系中，制度是基础，而制度是否具有优势，并且在多大程度上保持优势，在根本上与制度优势能否以及如何转化为治理效能密切相关。因此，阐明制度优势与治理效能的构成以及二者的互动和转化逻辑，对于巩固和发展中国特色社会主义制度具有重要意义。制度优势与治理效能产生于政治发展的过程中。探讨中国特色社会主义制度优势与治理效能，既需要认清制度优势的类型，即价值优势与组织执行优势，也需要正确理解制度优势与治理效能的形成条件和互动逻辑。

一、制度优势的形成逻辑

“制度”是政治发展的前提条件，但不能顺其自然地产生“制度优势”。全面理解制度优势，除了厘清制度优势的类型即价值优势和组织执行优势外，还需要正确理解制度优势的形成逻辑。

首先，制度优势产生于制度功能中。一般认为，制度是一些人为设计的、规范社会互动关系的约束[1]。制度的功能体现在建立一个指导人们互动的规则

[1] ［美］道格拉斯·诺思．制度、制度变迁与经济绩效［M］．上海：格致出版社，上海三联书店，上海人民出版社，2014：3。

体系来减少不确定性。正如哈耶克所言："人的社会生活……之所以可能，乃是因为个体依照某些规则行……人不仅是一种追求目的的动物，而且还是一种遵循规则的动物。"❶ 在现存的若干制度中，只有那些能够使人们遵循社会发展规律而行动，维护多数人的利益，并能根据政治发展实现自我调适的制度，才被认为是能够产生优势的制度。

其次，制度优势的产生需要一定的条件。理解制度优势的形成条件至少需要把握两类要素：其一，影响制度在实践中发挥功能的结构性条件，包括推动制度产生的条件、促进制度发挥功能的条件以及阻碍或异化制度功能的条件。其二，理解制度在实践中的形态和功能如何随着不同条件的变化而发生变化。原先的制度优势会随着现实条件的变化而成为阻碍制度目标的劣势，迫使制度功能与目标发生改变；抑或相反，已有的优势具备了更加强大的深化制度目标的力量，呈现为"功能溢出"或"叠加效应"。

再次，制度优势需要具备可持续性。制度具有何种优势，可以在实践中、在比较中加以判定；一项制度是否具有高质量的优势，则需要从制度优势的可持续性上进行判定。如果制度优势出现后转瞬即逝，那么制度的"优势"很有可能就是与实践规律相悖的，经不起时间的考验。

有效的制度规则至少应该具有以下五大特征：以书面形式呈现；"手段-目标"关系具备有效性；能被一致地实施；可实现优化控制；利益相关者理解制度的目标。只有具备了规范形式的制度，才有可能发挥持久稳定的功能。一项制度是否具有可持续性，还体现在该制度是否具备充分的"适用性"，是否能够契合现存的治理结构，成为既有制度体系中的一部分，帮助实践的参与者形成稳定的预期。此外，制度优势需要具备稳健的修正机制，也即制度要具备较强的可调适性。

二、治理效能的形成逻辑

与制度优势相同，治理效能也是实践的产物。治理效能直接反映制度影响实践的效果，体现制度规范主体关系和实现公共目标的价值。

首先，内容有效性是治理效能的首要因素。治理能否获得效能，首先取决于治理的内容是否有效。在快速变迁的现代社会中，治理议题被不断建构，身份多样的治理主体围绕统一的目标互动，在既定的制度框架内完成信息沟通、资源配置、协商合作。诸多治理内容只有嵌入治理过程中，才能获得实现的途径，但治理过程并不能保证嵌入的治理内容都是有效的。脱离实际，抑或目标不清的治理方案被正当地实施，将造成资源的浪费、效率的损失与民众的不

---

❶ [英]哈耶克论文集[M]. 北京：首都经济贸易大学出版社，2001：15。

满。判断治理内容的有效性并非在 0 和 1 之间做选择，治理内容的有效性处在“完全有效”与“完全无效”的频谱中间。

其次，制度执行力是实现治理效能的主要条件。制度执行力包含结构性要素与能动性要素。就结构性要素而言，制度执行力体现为制度的法律基础、强制规则、问责规则、权威性、正当性等。制度执行力的结构性要素决定了治理效能的“刚性”，即实现治理目标所依靠的强制条件。就能动性要素而言，制度执行力体现为制度执行者的能力、目标认同、裁量权，以及政策客体的认同与配合。制度执行力的能动性要素在治理过程中能够呈现“韧性”的特质，即当治理行动与现实环境之间产生张力时，能动性要素以其变通力和持久的融合力，将主观与客观的差异不断缩减，进而增强治理动力，实现治理目标。

再次，治理效能还需要得到资源保障。一项治理活动能否得以顺利开展，同样取决于资源供给的科学性与合理性。稳定的人力、物力、财力能够保证治理主体将注意力持续地投入到治理活动中。在实践中，制度保障能够发挥作用的前提是制度主体拥有足够的权威和吸纳资源、分配资源的能力，维持资源供给的目标不受外部因素的干扰。制度保障的持续性，还取决于资源与需求的匹配程度。不充分考虑政策对象的需要，而是单一地、自上而下地供给资源，往往适得其反，不仅有可能使得政策对象过度依赖公共资源，也有可能出现资源浪费或马太效应等问题。

三、中国特色社会主义制度优势转化为治理效能的逻辑蕴涵

从政治发展与制度设计的特征看，把中国特色社会主义制度优势转化为治理效能的逻辑需要从以下四个层面考察：

1. 党的领导是中国特色社会主义制度优势转化为治理效能的首要前提

中国共产党的领导是将中国特色社会主义制度优势转化为治理效能的首要前提，形成了三个基本经验：其一，党的领导是各项政治制度有机统一的基础。在西方国家，多党制和轮流制意味着执政党是一个变量，而不是常量。在中国，共产党的长期领导能够为政治发展提供稳定的目标，使得各类政治制度彼此之间相互补充、相互协调，形成完整的制度系统。其二，党的领导为中国特色社会主义建设提供了合法性支持。我国宪法以国家根本法的形式确认了党领导人民革命、建设、改革的伟大斗争和根本成就，确认了中国共产党的执政地位。在党的领导下，各项事业具有坚实的群众基础，在可持续的制度框架内实现社会主义建设的各项目标。其三，党不仅主动形塑了“国家-社会”关系，也为社会各类主体参与政治活动提供了组织基础与资源保障。党的组织网络覆

盖社会的各个领域，使整个社会形成一个有机整体❶。党领导下的政治理念、组织支持、互动逻辑构成了中国特色社会主义事业发展不可或缺的制度基础。

2. 优质的环境是中国特色社会主义制度优势转化为治理效能的主要保障

环境条件同时影响制度优势与治理效能，以及两者之间的转化关系。罗伯特·达尔曾指出经济增长与政治民主之间存在非线性关系：只有在特定发展条件下，经济增长才会促进政治民主❷。改革开放以来，中国经济保持了持续的高速增长。持续高速的经济增长与稳定的社会环境密不可分。从制度在实践中形成优势，到制度优势转化为持续的治理效能，需要经过渐进的调适。改革所面临的最大挑战往往是，现行体制既是改革的对象，又是推行改革所依赖的手段。剧烈的改革不仅会造成既得利益者的抵抗，使得改革丧失组织基础，也会引发社会不稳定。只有在稳定的环境下，改革者才能够将注意力投入到与民生福祉息息相关的事业中，各类社会资源也才能够服务于促进社会发展的多样性目标；也只有在稳定的环境下，治理成果才能渐进积累，而非依靠对原生系统的破坏来实现预期的政治发展。一个稳定、优质的社会环境既是各类渐进调适得以顺利完成的基本条件，也是渐进调适的结果。

3. 多元的民生政治参与是中国特色社会主义制度优势转化为治理效能的主要动力

民生政治参与，指的是以民生议题为核心的政治参与，以改善民生为党和政府公共决策的目标，以实现民生福祉为根本落脚点。中国特色社会主义制度体系中存在多元的民生政治参与形式。“多元”体现为三个方面：其一，参与主体多元；其二，参与议题类型多元；其三，参与方式多元。随着社会发展，各类群众自治、民主协商、公益慈善等民间活动丰富了我国治理实践的内涵。2000年后，我国地方政府创新掀起浪潮。在诸多创新案例中，公共服务类创新数量最多，典型形式包括政民互动、矛盾调解、参政议政等，实现了多方共赢❸。事实表明，中国国家治理并不是嵌入在“计划—实施”的单一结构中，而是提供多元的途径来提高人民群众的获得感、对政府的认同度和对治理的参与度。事实上，治理资源常常是有限的，个人偏好加总也不可能推导出群体偏好。在治理过程中，如果仅仅依靠强制力来实施约束，参与者因各自差异化的目标无法调和而终将丧失参与的动机。我国的政治实践表明，形式和功能多样的民生政治参与成为社会运转的“润滑剂”，政府依靠在地化的社会传统设计政策执行策略，探索“政府-社会”合作的有效机制，降低政策执行的阻力，

❶ 林尚立. 中国共产党与国家建设［M］. 天津：天津人民出版社，2009：35。

❷ ［美］罗伯特·达尔. 多头政体：参与和反对［M］. 北京：商务印书馆，2002：221－227。

❸ 吴建南，马亮，杨宇谦. 中国地方政府创新的动因、特征与绩效：基于“中国地方政府创新奖”的多案例文本分析［J］. 管理世界，2007（8）。

维护治理的合法性与有效性。

4. 科学的权力运行系统是中国特色社会主义制度优势转化为治理效能的重要途径

如何协调经济发展与社会稳定的关系，处理好中央与地方的关系，是政治实践中的一道难题。改革开放以来，党和国家探索出了一套科学的权力运行系统，表现为渐进式的、有选择的、差异化的权力运行策略。一方面，党和国家通过顶层设计来推进体制机制创新，如调整各级行政机构的规模、职权与职务关系，强化监察体系建设，或通过宏观调控的手段打破地方保护主义。另一方面，一系列简政放权的改革在确保政治稳定的情况下，鼓励地方政府依照本地实际情况来制定经济政策。在实践中，党和国家批准试点地区开展政策试验，总结典型经验并加以推广，以此提升国家政策创新能力；针对具体的公共治理事由，安排专项工作的经费和人员，以“项目制”的形式加大民生工程的有效投入，突破科层体制束缚。科学的权力运行系统通过实践来有效鉴别、筛选出具有特定优势的制度设计，从理论上总结、提炼制度的功能与适用性，最终再返回指导实践工作，从而确保了制度的科学性、合理性以及治理的有效性。

第六节　水治理体系和治理能力现代化的战略规划

治理能力现代化建设的新征程中，应当以治水思路、理论和目标任务为指引，进一步健全制度体系，统筹协调治水各种主体力量，有效将制度优势转化为治理效能，创新治理机制，从以下几个方面探索有效的实践路径。

一、理念先导，目标引领

中国国家治理体制决定了领导的认识很重要，领导注重学习总结，就能够及时掌握先进的理念，通过理念的更新不断提出新的战略目标，进而运用各种政策工具落实目标，在各种政策工具中规划和计划扮演了重要角色。治国理政的这一逻辑在治水中有明显体现。2016 年初，长江不要搞大开发、要搞大保护的要求，对长江经济带发展提出了新的目标，即在当前和今后相当长的一个时期，长江的工作是要把修复长江生态环境摆在压倒性的位置上。在新的治江理念和目标指引下，过去几年里，国务院各部门和地方合作，出台了长江经济带发展规划纲要和十几个方面的政策文件，为新时代长江大保护提供一整套规划政策体系，把长江治理推向了生态保护和高质量发展的新阶段。

二、问题导向，务实创新

当代中国国家治理的一个重要特点，就是坚持问题导向，在各种现实挑战中务实应战，在应战的过程中不断创新，进而找到适合国情的解决问题的办法，这个路径在各个领域各个行业的加总就形成了“中国道路”。这一特点在治水领域有鲜明体现。

例如，为应对水资源危机，中国从 20 世纪 80 年代就着手推动水资源管理体制改革，提出了开发、利用、保护、管理水资源的各项制度。新世纪之初又与时俱进全面升级了水管理制度，强化了水资源的统一管理，把节约用水、提高用水效率放在突出位置，以实施取水许可制度和水资源有偿使用制度为重点加强用水管理，加强水资源的宏观管理和规划制度，重视对水生态环境的保护等。2011 年，中国开始实施最严格的水资源管理制度，划定用水总量、用水效率和水功能区限制纳污“三条红线”。从全世界来看，这是独特的制度创新，推动中国形成了复杂的三维用水控制体系，也成为水治理不断改进的重要制度保障。

再例如，针对中国华北地区地下水漏斗问题，近年来国家不断探索，推出了一系列有力的举措。华北地区分布有世界上最大的地下水漏斗区，主要是华北地区大规模依靠井灌，地下水被大规模超采，地下水水位不断下降导致的。为此，国家于 2014 年实施高效节水灌溉行动，2016 年开始推行水资源税试点，2017 年实施了地下水漏斗区耕地季节性休耕政策，2019 年又推出了华北地区地下水超采综合治理行动。同时，南水北调通水的五年间，通过直接补水、置换挤占的地下水用水等措施，也有效遏制了地下水位快速下降的趋势。目前，华北地区的地下水漏斗治理已初见成效，多地监测的地下水水位已从下降转为上升。

当代中国面临的水问题复杂多元，挑战非常突出，中国通过不懈的探索和创新，逐步找到了各种难题的解决之道，推动水治理水平不断提升和各种水问题的逐步缓解，说明中国的国家治理体制有很强的治理效能。在应对和解决各种复杂问题的过程之中，也推动了国家治理体制的创新和完善。

三、党政主导，调试管理

党政主导是中国国家治理的一个基本特征，在此框架下，具体管理制度在“干中学”中不断发展完善，很多公共政策经由地方试点试验然后实施推广。中国体制所表现出的优势和韧性，很大程度上源于这样一个特征。

以太湖水环境治理为例。太湖流域水环境治理长期是个大难题，在中国的七大流域中，太湖水质最差，主要因为湖泊水系的纳污能力和自净能力差，加之人口密集、经济发达，排污量巨大且治污滞后。从20世纪60年代开始，太湖水质不断恶化，到2000年前后，太湖水质基本为劣Ⅴ类，直到2007年太湖蓝藻危机事件爆发，引起全社会的广泛关注，中央下决心“铁腕治太湖”，开启了大规模的太湖流域水环境整治行动。2007年，国务院组织制定并实施《太湖流域水环境综合治理总体方案》，提出了2012年水环境治理目标。方案实施五年，太湖水环境质量总体得到改善，水环境综合治理取得了初步成效。2013年，为了解决治理过程中出现的新情况和新问题，国务院又组织修编了《太湖流域水环境综合治理总体方案》，进一步提出2015年和2020年水环境治理目标。根据修订后的方案，经过进一步努力，太湖水质总体已由劣Ⅴ类改善为Ⅳ类，富营养化从中度改善为轻度，连续十几年安全度夏，流域内主要城市饮用水水源地供水安全基本得到保障。

太湖水环境治理充分体现了党政主导，国务院组织制定治理方案，由国家发展和改革委员会牵头建立省部际联席会议制度，国家有关部门和两省一市共同建立治理太湖水环境的协调机制，同时督促监督流域两省一市建立严密的水污染防治制度，推动了大量治太工程和项目的落实。这套制度体系可以从宏观上解释为何太湖水环境治理成效卓著，太湖流域Ⅲ类以上水质所占河长比例，从2007年的14.3%上升到2018年的42.5%，是同期我国七大流域之中水质提升幅度最大、改善最为明显的流域。

中国党政主导下的治水实践，有很强的灵活性，可以在不断调试之中推动和优化问题的解决。例如，我国人均水资源量仅为世界平均水平的1/4，近2/3的城市存在不同程度缺水，解决中国水短缺问题，节水是根本出路。2001年节水型社会建设试点启动，之后的10年间，我国完成了100个全国节水型社会试点建设任务，各地开展的省级试点建设多达200个。经过广泛的试点试验，到“十二五”期间，建设节水型社会成为政府的优先行动和全社会的共识，很多地区能够将节约用水贯穿经济社会发展和群众生活生产全程。党的十九大又进一步提出实施国家节水行动。过去几年间，国家重点行动抓大头、抓重点地区、抓关键环节，提高各领域、各行业用水效率，提升全民节水意识；同时，深化机制体制重改革，强调政策推动和市场机制创新。节水制度的不断发展完善，是中国用水效率迅速提升的根本保障，充分体现了党政主导体制下的调试管理特征。

四、系统治理，两手发力

中国国家治理体制的另外一个特点，是比较容易实现全局性的规划设计和统筹协调，有能力应对综合性强的公共事务。现代经济社会是复杂的有机体，必然要求系统治理，中国体制在这方面有潜在的优势。在中国国家治理的传统中，政府往往扮演主导性的角色，在当代表现为党政主导。随着中国国家治理从传统向现代的转型，市场的力量迅速崛起，与政府的力量一起，成为支撑“中国之治”的两支主要力量。市场机制已经在当代中国的经济资源配置中发挥基础性作用，同时在包括水资源在内的公共资源领域也发挥了日益重要的作用。

中国的水治理过去长期依赖政府机制，随着现代治水转型，特别是在干旱缺水的倒逼之下，市场机制被积极引入优化水资源配置。新世纪以来，水利部不断推进水权水市场改革，开展了多轮次的水权试点和水价改革。“节水优先、空间均衡、系统治理、两手发力”的治水方针，成为强化水治理、保障水安全的行动指南。总体来看，经过新世纪以来的20年探索，建立健全水权制度，鼓励开展水权交易，运用市场机制合理配置水资源，已经成为中国水治理的政策取向。

过去十几年来，中国的水权水市场改革有一系列进展。2004年，黄河中上游宁蒙地区开展水权转换试点工作。2005年，水利部发布《关于水权转让的若干意见》和《水权制度建设框架》。党的十八大以来，从国家层面上加大了对水权市场的引导和培育，在党中央、国务院印发的十几份重要文件中先后对水权水市场建设、水权交易推进作出部署。2014年以来，国家在部分省区开展了水权试点工作和水流产权试点工作。2016年，国务院批准在北京设立中国水权交易所，作为交易平台推动水权市场规范有序开展，成立以来累计交易水量28.88亿m^3。与此同时，水价制度历经30年改革，已经实现无偿或福利型供水向有偿商品型供水的转变。城市供水基本实现了全成本定价商品化，推动水务产业的市场化不断提升，水基础设施建设大量利用市场融资，过去20年中国水基础设施的PPP项目，占到同期全世界总量的一半，较好地弥补了公共投资的不足。农业水价改革也不断推进，2016年，国务院发布《关于推进农业水价综合改革的意见》，提出用10年左右时间，建立健全合理反映供水成本、有利于节水和农田水利体制机制创新、与投融资体制相适应的农业水价形成机制。截至2018年年底，农业水价综合改革实施面积累计超过1.6亿亩。很多农村地区探索了灵活水价制度，有力地促进了农业节水。例如，河北衡水市桃城区的灌区，当地农民发明了“一提一补”水价政策，制度创新的节水成效非常明显。水资源属于难以利用市场机制配置的公共资源，特别是在中国的国情条件下。即使如此，当代中国重视市场机制的运用，并且经过不懈探索，使市场机制在水资源配置中开始发挥重要作用，在当代中国治水体制中成为不可或缺的力量。中国用水效率的提升，其背后是政府和市场的双轮驱动，当代水治理真正实现了“两手发力”。

五、群众路线，广泛参与

当代中国国家治理的基本架构，是坚持党的领导、人民当家作主和依法治国的有机统一。在发挥党政主导作用的同时，坚持和完善人民当家作主制度体系，确保人民依法通过各种途径和形式管理公共事务，是实现中国社会既和谐稳定又充满活力的关键。坚持群众路线，鼓励公众广泛参与，是中国特色民主政治的重要特征。事实上，群众路线可以认为是中国式民主，强调决策者必须主动深入到人民大众中去，而不是坐等群众前来参与。

在当代中国水治理中，群众参与是一个重要的政策取向。例如，为了提高农田水利管理绩效，中国积极推行以农民用水户协会为组织形式的参与式灌溉管理改革，鼓励和引导农民自愿组织起来，互助合作，承担直接受益的田间灌排工程的建设、管理和维护责任。2005 年，国务院专门出台《关于加强农民用水户协会建设的意见》。在水利部等国家部委的大力推动下，农民用水户协会数量增长很快，从新世纪之初的几千家，增长到 2010 年的 5 万多家，到现在的近 10 万家。尽管从总体上来看，用水户协会发挥的作用不如人意，但用水户协会数量的快速增长反映了当代水治理对于群众参与的重视。再比如，2014 年，水利部联合三部委，发布首个《全国水情教育规划（2015—2020 年）》，要求广泛凝聚社会各方力量，发挥政府、学校、企业、社会组织和科研院所等主体的作用，加快构建政府主导、多方参与、主体多元的水情教育格局。过去五年间，遴选国家水情教育基地 34 家，开展了丰富的水情教育活动，基地年受众上千万；已经建成国家级水情教育的网络宣传教育平台“亲水网”，涌现出一批水情教育网站和手机 APP，全面推动了公众水情意识提高。在各种水情教育工作推动下，知水、护水和亲水逐步成为“全民行动”，有力促进了节水型社会建设。党的十九届四中全会提出，完善党委领导、政府负责、民主协商、社会协同、公众参与、法治保障、科技支撑的社会治理体系，建设人人有责、人人尽责、人人享有的社会治理共同体。由此可见，坚持群众路线，推动社会广泛参与，在当代中国国家治理体系中的重要性。这方面实施得当，与中国大一统的传统体制优势相结合，中国的制度优势就会更加显著。

六、依法治国，科技支撑

当代中国国家治理高度重视技术的支撑作用，以适应复杂的现代社会治理需要，这既包括“社会技术”意义上的制度建设，也包括工程技术意义上的科技应用。全面推进的法治建设与持续快速的技术进步，是成就“中国之治”的重要原因和经验。过去 30 余年间，中国建立了一整套现代水法规体系，形成了有力的水行政执法队伍，水利的法制化程度不断提升。在立法方面，中国颁布了《中华人民共和国水法》《中华人民共和国水污染防治法》《中华人民共和国水土保持法》《中华人民共和国防洪法》《中华人民共和国抗旱条例》等一系列法律法规作为水利工作的法律依据。在水行政执法方面，政府加强水利部门和流域管理机构在行政许可、行政处罚、行政征收和行政强制等方面执法职权的梳理工作，水利执法工作取得了明显的成效，从2007年到2018年，全国查处的水事违法案件从49501件下降到23578件，全国调处解决水事纠纷从9358件下降到27件[1]。

在水利法律知识普及方面，每年利用“世界水日”和“中国水周”普及水利法制知识。当代中国水治理广泛利用了现代科技，水利科技进步对水利发展的贡献率达到53.5%。中国的水利科技创新能力不断提升，目前在泥沙研究、坝工技术、水资源配置、水文预报等诸多领域已经达到国际领先水平[2]。以现代信息技术在水利领域的应用为例，中国从新世纪之初就开始将信息技术全面应用于流域管理，黄河水利委员会在2001年就启动了“数字黄河”工程的建设，目前全国各大流域管理委员会都建成了信息系统平台，大江大河管理已经进入数字治理时代。信息技术还被全面用于水资源利用的监管，目前全国已建成重要取水户、重要水功能区和大江大河省界断面三大监控体系，对全国75%总许可水量进行在线监控，实现了中央、流域、省三级平台互联互通[3]。法律制度建设和现代科技的广泛应用，加速了水治理水平的提升。这既是成就当代治水奇迹的重要原因，也是当代中国取得发展奇迹的基本经验。

---

[1] 参见中华人民共和国水利部2007—2018年全国水利发展统计公报，http://www.mwr.gov.cn/sj/tjgb/slfztjgb/。

[2] 参见《科技进步对水利发展贡献率已达到53.5%》，发表于人民日报，2018年12月4日，第10版。

[3] 唐婷. 水利部：全国75%总许可水量实现在线监控［N/OL］. 中国科技网-科技日报，2018-03-22，http://www.stdaily.com/cxzg80/guonei/2018-03/22/content_650585.shtml。

第六章

南水北调工程

我国自古以来，水资源分布不均衡，南方水多，每年许多淡水资源没有被充分利用，浪费性地流入大海；北方水少，水资源极度缺乏，长期处于干旱缺水的状态。随着国民经济的发展，北方城市人口增多，对水资源的需要量也激增。过去我们采取粗放式、掠夺式的水资源利用方式往往会造成河道断流、湖泊干枯、地下水严重超采的现象。尤其是我国北方水资源短缺的问题日益凸显，再加上工业的快速发展，水污染现象普遍发生，直接危及人民群众的身体健康。缺水的现象已严重影响人们生产、生活的各个方面，制约经济社会的可持续发展。

南水北调工程是一项功在当代、利在千秋、特别重大的系统工程，涉及长江、淮河、黄河、海河四大流域，包括东线、中线和西线三条线路，跨越十余省市，调水量和工程距离均为世界最大，其政治、经济、社会、文化和生态效益非常显著。作为世界宏大的水利工程，南水北调工程跨越时空、超越地域，富有巨大魅力，正在并将继续改变中国人的时空观、生态观及水事观，在人类水工程历史上具有重要战略价值。这一伟大工程，是我国水利事业“创新发展、协调发展、绿色发展、开放发展和共享发展”的首创与重举，是保障人民群众过上更美好的生活的重大物质基础。南水北调工程建设为实现人与自然的和谐共生提供了新的智慧和新的方案，开辟了新的路径，达到了新的境界。

南水北调工程是中华民族伟大复兴的战略性工程，是全面建成小康社会的基础工程，是生态文明的支撑工程，是科学发展的示范工程。南水北调工程承载着几代党和国家领导人的高瞻远瞩，寄托着中国人民共同的梦想，中国人为实现调水梦想的努力汇聚起来就是不可战胜的磅礴力量。依靠这强大的力量，必将实现中华民族伟大复兴。

第一节 党和国家领导人描绘南水北调跨世纪工程的宏伟蓝图

我国调水工程可以追溯到春秋时期，吴王夫差驱使军民在当时极为落后的施工条件下修建了沟通长江和淮河的邗沟古运河，南起扬州以南的长江，北至淮安以北的淮河。秦国蜀郡太守李冰及其子率众于公元前256年左右修建的都江堰是全世界迄今为止年代最久、唯一留存、以无坝引水为特征的宏大水利工程，被誉为“世界水利文化的鼻祖”。公元前246年，韩国水工郑国在关中建设大型水利工程郑国渠，西引泾水，东注洛水，长达300余里❶（灌溉面积多达4万顷❷左右）。秦国在吞并六国的过程中，始皇帝为稳定南方的统治，公元前214年凿通了灵渠，把兴安县东面的海洋河（湘江源头，流向由南向北）和兴安县西面的大溶江（漓江源头，流向由北向南）相连，有着“世界古代水利建筑明珠”的美誉。历史上堪称调水利用工程之最的是隋炀帝开凿的大运河，它沟通了海河、黄河、淮河、长江和钱塘江五大水系，成为当时中国最重要的南北水上运输通道。古时的调水是为了维护自己统治，而今，中国南水北调工程则是为优化水资源配置和缓解水资源供需矛盾，实现国强民富的中国梦。

南水北调工程是中国人半个世纪的梦想：将长江流域的水通过人工开凿的东、中、西三条巨大的运河，输送给北方的河南、河北、山东、天津与北京等省市，弥补我国水资源分布不均匀，南方水多，北方水少的劣势。长江流域及其以南地区，水资源量占全国河川径流80%以上；而在黄淮海流域，水资源量只有全国的1/14，其中华北地区是我国水资源供需矛盾最尖锐的地区，该地区的水资源仅占全国的2.3%，人均水资源还不到全国的1/6。特别是城市人口剧增、生态环境恶化、工农业用水技术落后、水资源浪费严重以及水源污染等，成为国家经济建设发展的瓶颈。历史上，我国调水工程（如都江堰、郑国渠、灵渠和京杭大运河）是人类利用和改造自然的产物，南水北调作为缓解我国北方地区水资源严重短缺局面的重大战略性基础工程，对于优化我国水资源配置，实现人水和谐，全面构建社会主义和谐社会意义重大，影响深远。

党和国家领导人高度重视南水北调工程，对南水北调工程规划论证、勘测设计、建设实施等提出明确要求，为南水北调工程顺利开展指明了方向。1952年10月，毛泽东主席第一次提出了南水北调的宏伟设想。1958年3月，在成都召开的中央政治局扩大会议上再次提出了引江、引汉济黄和引黄济卫的构想，即“打开通天河、白龙江，借长江济黄。丹江口引汉济黄，引黄济卫，同北京连接起来”❸。1958年8月，中共中央在北戴河召开的政治局扩大会议上，《关于水利工作的指示》中指出“全国范围的较长远的水利规划，首先是以南

❶ 1里=500m。

❷ 1顷≈6.67hm^2。

❸ 朱海风. 南水北调工程文化初探［M］. 北京：人民出版社，2017：11。

水（主要是长江水系）北调为主要目的，即将江、淮、河、汉、海各流域联为统一的水利系统的规划……应加速制定”❶。会议还通过并发出《关于水利工作的指示》，明确指出：“全国范围的较长远的水利规划，首先是以南水（主要指长江水系）北调为主要目的，即将江、淮、河、汉、海各流域联系为统一的水利系统规划。”1958—1960 年的三年时间里，中央先后召开四次全国性的南水北调会议，制订了 1960—1963 年间南水北调工作计划，并提出在 3 年内要完成南水北调初步规划要点报告这一目标。1972 年中国在汉江兴建丹江口水库，为南水北调中线工程的水源开发打下基础。

面对北方地区日益严峻的水资源短缺问题，党中央、国务院站从全局和战略高度继续论证南水北调工程。1978 年，五届全国人大一次会议通过的《政府工作报告》正式提出“兴建把长江水引到黄河以北的南水北调工程”。同年 10 月，水电部发出《关于加强南水北调规划工作的通知》。这是“南水北调”一词第一次见于中央正式文献。1979 年 12 月，水电部正式成立了由水电部直属的南水北调规划办公室，统筹、领导以及协调全国的南水北调工作。1982 年 2 月，国务院批转《治淮会议纪要》，提出要在淮河治理过程中实现南水北调工程的任务，并把调水入南四湖的规划列入治淮十年规划设想当中。1980 年 7 月，中共中央副主席邓小平同志视察了丹江口水利枢纽工程，详细询问了初期工程建成后防洪、发电、灌溉效益和大坝二期加高情况。

1991 年 3 月召开的七届全国人大四次会议上通过的《国民经济和社会发展十年规划和第八个五年计划纲要》中明确提出了在“‘八五’期间要开工建设南水北调工程”。1992 年 10 月 12 日，中国共产党第十四次全国代表大会的报告中指出：“集中必要的力量，高质量、高效率地建设一批重点骨干工程，抓紧长江三峡水利枢纽、南水北调、西煤东运新铁路通道等跨世纪特大工程的兴建。”❷ 1999 年 6 月，黄河治理开发工作座谈会再次指出：“为从根本上缓解我国北方地区严重缺水的局面，兴建南水北调工程是必要的，要在科学选比、周密计划的基础上抓紧制定合理的切实可行的方案。”❸

2000 年 9 月，国务院召开南水北调工程座谈会，会上指出，南水北调工程的规划和实施务必做到“先节水后调水，先治污后通水，先环保后用水”（简称“三先三后”原则）。2002 年 8 月，国务院第 137 次总理办公会议审议并原则通过《南水北调工程总体规划》。2002 年 10 月召开中共中央政治局常务委员会会议，审议并通过了经国务院同意的《南水北调工程总体规划》。

❶ 宋孝忠．南水北调：新世纪水利史上的新篇章［J］．华北水利水电学院学报（社科版），2004（1）：53－55。

❷ 中共中央文献编辑委员会．江泽民文选：第 1 卷［M］．北京：人民出版社 2006：231－232。

❸ 中共中央文献编辑委员会．江泽民文选：第 2 卷［M］．北京：人民出版社 2006：356。

2002年10月，全国人大常委会、政协全国委员会分别听取了汇报。2002年12月，国务院正式批复同意《南水北调工程总体规划》。2002年12月27日，由长江下游扬州段取水自流至天津的东线工程开工，南水北调工程开工典礼在北京人民大会堂和江苏省、山东省施工现场同时举行，这标志着南水北调工程进入实施阶段。至此，从提出战略构想到决策工程建设，历经50年，终于梦想起航变为现实。2003年12月31日，由丹江口水库取水至北京的中线工程开工。

2008年年底举行的南水北调第三次建委会确定了工程建设目标：东线一期工程建设目标为2013年通水；中线一期工程建设目标为2013年主体工程完工，2014年汛后通水。

2011年3月召开国务院南水北调工程建设委员会第五次会议并强调，加强水资源节约、保护和优化配置，努力把南水北调工程建成质量优、效益好、惠民生的放心工程。2013年11月召开国务院南水北调工程建设委员会第七次全体会议并指出，严把工程质量，强化运行管理，确保水质安全，充分发挥南水北调工程经济社会效益。为了保证规划和研究成果的质量，国家有关方面先后召开了近百次专家咨询会、座谈会和审查会，与会专家近6000人次，其中有中国科学院和中国工程院院士110多人次，广泛听取了专家们与沿线各省政府有关部门的意见和建议。

南水北调工程是在党和国家历届领导人的关心、关切、关怀下进行的，南水北调工程建设每到一个重要阶段，中央领导同志都会有明确的指示。根据党中央和国务院的统一部署，有关部门、沿线各省（自治区、直辖市）做了大量的规划、勘测、设计和论证工作，直接参与规划与研究工作的科技人员涉及经济、社会、环境等众多学科。国务院南水北调工程建设委员会各成员单位高度重视南水北调工程建设，分工协作，各负其责，通过各种方式支持南水北调工程建设，创造了治污环保、征地移民、文物保护等协作机制，形成了和谐征迁、科学管理、团结建设的工作格局，为南水北调工程建设营造了良好氛围。

经过半个世纪的研究论证，南水北调工程形成了分别从长江下游、中游和上游调水的东线、中线和西线三条调水线路，以适应西北、华北各地的发展需要，即南水北调西线工程、南水北调中线工程和南水北调东线工程，总调水规模448亿m^3。除了西线工程由于地质条件极为复杂尚需进一步论证外，东线和中线工程的建设如期进行。南水北调东、中线一期工程开工建设以来，工程沿线各省（自治区、直辖市）积极落实各项工作部署，全力支持工程建设，党委、政府主要负责同志亲临工程现场指导，及时研究解决影响和制约工程建设的问题，在治污环保、征地移民等方面做了大量卓有成效的工作，动员和组织各方面资源支持工程建设，为工程优质高效、又好又快的建设创造了条件。这一迄今为止世界上规模最大的调水工程，将连接长江、淮河、黄河、海河四大流域，构建“四横三纵”的大水网，实现我国水资源南北调配、东西互济的优化配置，缓解北方水资源短缺和生态环境恶化状况，促进我国经济、社会的可持续发展。南水北调工程规划以及总体可行性研究报告的审定，工程建设领导机构的组建、资金的筹措等，都是逐步议定批复的，每一项工作都要经过很多环节，经过多个部门、多个省市的协调，所有这些工作如果没有中央领导的大力支持，是很难推进的。

第二节　南水北调工程的规划

南水北调工程是我国的伟大水利规划，目的是解决北方缺水的局面，达到我国南北水资源合理配置要求。实施南水北调工程关键在于搞好总体规划，全面部署，逐步推进，分步实施。南水北调工程总体规划是各个学科、各个部门、各个地区相互协调的综合成果。在南水北调工程总体规划的制订过程中，规划部门克服重重困难，依照民主论证、科学选比的原则，大量采用社会各界知识分子和专家的建议，对参与选比的重要线路都组织了现场复勘或查勘，补充或更新了大量基础资料。中华人民共和国成立以来，国家将南水北调的构想逐步实施。

一、南水北调工程的规划历程

南水北调工程是老一辈领导人没有实现的愿望，新一代领导人继承和发扬老一辈精神继续开拓进取。根据国家大规模经济建设的需要，为了开发和利用黄河，中央水利部和中央燃料工业部共同组建了黄河河源查勘队，在 1952 年 8—12 月对黄河源头勘测，构想引长江上游通天河水入黄河源的构想，并对此线路进行了勘测。

1952 年 8 月，黄河水利委员会编写了《黄河源及通天河引水入黄查勘报告》，拉开了南水北调工程的序幕。

从 1954 年起，黄委和长江委（1956—1988 年改称“长江流域治理规划办公室”，即“长办”）陆续提出了多种调水方案，但是弥补北方水资源不足，总的指导原则是从长江或汉江调水来补充黄河及淮河水资源。1958 年 6 月，长办的调水方案进一步深入并提出“从长江的上游、中游和下游分别调水，接济黄河、淮河、海河”这个方案，此方案就是当代南水北调工程的东线、中线和西线线路的雏形。在 2 个月后的北戴河会议上，“南水北调”首次被写入《关于水利工作的指示》中央正式文件。在 20 世纪 60 年代，黄淮海流域很多地区洪涝灾害频繁，面临的问题是治理水患，缺水问题尚未对经济发展造成明显威胁，因此南水北调议题被暂时搁置。

20 世纪 70 年代以后，随着黄淮海平原地区的人口增长和社会经济发展，对水的需求量也随之增大。北方以前很多地方水资源充裕，甚至有些担心洪涝灾害的地区，水也显得越来越少。加上 1972 年华北地区大旱，北方缺水的问题突然增大，调水方案又被提上了议程。1973 年 7 月，国务院在天津召开北方地区抗旱会议，组织北方 17 个省（自治区、直辖市）大规模的群众性的抗旱行动。水电部对南水北调开始了更加深入系统的规划研究，开始研究从长江向华北平原调水的近期方案。经过对几条线路进行科学的对比，认为南水北调东线工程的建设显得更为紧迫，从东线调水最为现实，规划研究的东线工程为重点。1976 年，水电部提出以京杭运河为干线、将长江水送到天津的东线近期工程实施方案，并把方案报送有关省市征求意见。经过有关省市的反馈情况，水利部于 1979 年年底决定，规划工作按西线、中线、东线三项工程分别进行。

1980 年和 1981 年，严重的干旱又在海河流域连续出现，国务院决定开展临时“引黄济津”的建设，并加快建设“引滦入津”工程，同时计划在“六五”期间实施南水北调。东、中、西线的规划研究也随之紧锣密鼓地开始了。

（一）东线一期雏形规划

1983 年，由于当时技术水平尚不具备“穿黄”的能力，水电部的东线一期方案提出，通水通航到山东济宁，暂不规划“穿黄”方案。此方案由国家计委审查，计委认为把水送到济宁不是南水北调工程的最终目的，建议补充继续送水到天津的修改方案。这就为东线工程的主要目标定下了基调。

（二）中线一期雏形规划

1980 年，水利部组织了六部委、四省市、科研机构、军队、各流域管理机构和水利部各司局 60 余人，对从水源地丹江口水库到终点北京的整条中线，进行了为期 1 个月的全线查勘，并进行了讨论。现场考察让参与人员印象深刻，让相关单位对中线工程有了更深入的认识。大家一致认为：华北缺水客观存在，南水北调势在必行；中线水源条件好，地势平坦、地质条件简单，是一条较好的调水线路，应尽快提交规划报告。水利部在 1981 年正式下文，要求长江委提出《南水北调中线引汉工程规划要点报告》和补充报告，制订中线工程规划科研计划。

1991 年，长江委陆续完成中线工程规划报告、初步科研报告及 19 个专题报告。1994 年，水利部认可了中线工程科研报告，并向国家计委报送。此后，长江委陆续开展了丹江口水库大坝加高工程和总干渠的初步设计工作。

（三）西线一期雏形规划

1980 年，黄委组织查勘了西线线路。由于南水北调西线工程海拔高、地势复杂、技术难度最高，因此，1987 年，国家计委向水电部下文，要求开展西线工程超前期工作。此后水电部进行了测绘、勘探和试验工作，比选了近百个调水工程方案。随着调研的不断深入、规划的不断完善，南水北调的各种方案已经渐渐成型。

二、南水北调工程的功能与定位

1995 年 6 月，国务院第 71 次总理办公会议明确了四条意见，确定了南水北调工程的规划功能与定位。

第一，工程的主要目的是解决京津华北地区的严重缺水状况，是以解决沿线城市用水为主的工程。

第二，方案要兼顾用水要求、投资效益和承受能力，东线、中线、西线都要研究，不可偏废，丹江口水库从发电、防洪为主改为供水、防洪为主。

第三，资金打足，确保落实。

第四，成立南水北调工程论证委员会。

由此，有关部门对这项关系到国家长治久安的重大工程展开始慎重研究，充分论证。

1996 年，南水北调工程审查委员会成立，对工程进行了考察和审查后，向国务院报送了审查报告。

1997 年，国务院召开会议，研究工程线路问题。由于国家财力有限，不可能同时建设三条线路。在讨论会上，各个专家意见不一，有的主张建设东线，有的主张建设西线。考虑到三条线路并不是独立的个体，要做到统筹兼顾、全面规划、分步实施，最后各位专家确定了整体规划的布局，三条线都要建设，但是要分步建设。由此形成我国“四横三纵、南北调配、东西互济”的水资源配置格局。

在充分论证的基础上，2001 年先后完成了《南水北调东线工程规划（2001 年修订）》《南水北调中线工程规划（2001 年修订）》《南水北调西线工程规划纲要及第一期工程规划》。

2002 年，中央审议通过《南水北调工程总体规划》。凝聚几代人心血的南水北调工程，终于转入了实施阶段。

南水北调工程全部建成以后，每年的调水量相当于一条黄河的水量，可以有效缓解北方地区水资源紧缺状况，对于保障我国粮食安全，恢复和改善生态环境，促进西部大开发具有重大意义。

三、南水北调规划的指导思想

2000 年 9 月 27 日，国务院南水北调工程座谈会指出，南水北调工程是解决我国北方水资源严重短缺问题的特大型基础设施项目，必须正确认识和处理实施南水北调工程同节水、治理水污染和保护生态环境的关系，务必做到先节水后调水、先治污后通水、先环保后用水，南水北调工程的规划和实施要建立在节水、治污和生态环境保护的基础上。会上还强调，南水北调工程的实施势在必行，但是各项前期准备工作一定要做好，关键在于搞好总体规划，全面安排，有先有后，分步实施。

2000 年 10 月举行党的十五届五中全会，会议在《关于制定国民经济和社会发展第十个五年计划的建议》中也指出了，为缓解北方地区缺水矛盾，要“加紧南水北调工程的前期工作，尽早开工建设”。

2000 年 12 月 21 日在北京召开了南水北调工程前期工作座谈会，国家计委、水利部按照中央的指示精神和“三先三后”的要求，布置了南水北调工程总体规划工作。总体规划工作就此开始。

南水北调工程总体规划是各个学科、各个部门、各个地区相互协调的综合成果。在南水北调工程总体规划的制订过程中，规划部门克服重重困难，依照民主论证、科学选比的原则，大量采用社会各界知识分子和专家的建议，对参与选比的重要线路都组织了现场复勘或查勘，补充或更新了大量基础资料。参与总体规划工作的单位，除了水利系统的 10 个规划、设计和科研单位外，还有国务院有关部（委、局、中心）的 14 个科研教育单位和南水北调东线、中线工程沿线 7 省（直辖市）及 44 个地级市政府的计划、水利、建设、环保、国土、农业、物价等部门。水利部有关部门和流域机构曾多次与沿线各省（自治区、直辖市）政府的有关部门交换意见，相互沟通。参与规划与研究工作的涉及经济、社会、环境、农业、水利等多个学科超过 2000 人的科技人员。为了保证规划和研究成果的质量，水利部先后召开了近百次专家咨询会、座谈会和审查会，与会专家近 6000 人次，其中 30 名中国科学院和中国工程院院士亲自参加论证了 110 余次，广泛听取了专家们的意见和建议。

水利部于 2002 年 2 月初完成了《南水北调工程总体规划（征求意见稿）》，并分别送国家发展计划委员会、财政部、农业部、建设部、交通部、国家环境保护总局 6 部（委、局）以及北京市、天津市、河北省、河南省、湖北省、山东省、江苏省、安徽省、陕西省 9 省（直辖市）人民政府征求意见。与此同时，国家发展计划委员会和水利部多次听取了有关部门和部分院士、专家的意见，并先后向政协全国委员会和全国人大常委会进行了多次汇报。

国务院有关部（委、局）、南水北调东线和中线工程沿线有关省（直辖市）人民政府和中国科学院、中国工程院部分院士及各方面专家基本同意《总体规划》提出的水资源配置、总体布局、工程规模、分期实施方案、工程投资估算和经济财务评价等。部（委、局）的意见相对比较集中在运营机制与管理体制上，地方政府的意见相对比较集中在工程规模与筹资方案上，但都共同希望尽早实施南水北调工程，在“十五”期间抓紧开工建设东线和中线第一期工程，以缓解北方严重缺水的状况。根据征求的各方面意见，国家发展计划委员会和水利部对《总体规划》多次进行了认真修改，于2002年7月完成了《南水北调工程总体规划》及12个附件，并联合呈报国务院审批。国务院总理办公会和中共中央政治局常委会议分别审议通过了《总体规划》，国务院于2002年12月23日正式下发了批准文件。

南水北调工程是关系我国可持续发展和全面建设小康社会的战略性基础设施。党中央、国务院对这项工程一直十分关心和高度重视，全国人民乃至国际有关人士对这项工程也非常关注。参加这项工程的工作人员和建设者，以对党和人民高度负责的精神，坚决按照党中央、国务院的部署，始终坚持“先节水后调水，先治污后通水，先环保后用水”的原则，对每一项设计、每一项建设高度负责，慎之又慎，做到精心设计、精心施工、精心管理，把南水北调工程建成世界一流、造福子孙的调水工程。

四、南水北调工程的布局和实施

南水北调工程建设统筹兼顾、全面规划、分期实施。考虑到受水区的需水量增长是一个动态过程，节水、治污和配套工程建设将有一个实施过程，生态建设和环境保护也需要有一个观察和实践的过程，对南水北调工程的实施应当既积极又慎重。经论证，东线和中线将分别按三期和二期建设，其第一期工程可以先期实施。东线工程将在加强治污和水质保护的基础上，第一期工程抽江水规模为89亿m^3（其中新增抽江水规模为39亿m^3，江苏现有的年调水能力为50亿m^3），供水至山东。中线工程将以加坝扩容后的丹江口水库为水源，第一期工程的调水规模为95亿m^3，向河南、河北、天津和北京供水，其中向黄河以北输水63亿m^3。东线第一期工程和中线第一期工程将分别于2007年和2010年前建成。西线工程要继续进行前期工作，规划分三期建设，第一期工程将于2010年前后开工，年调水规模为40亿m^3。

（一）东线工程的布局和分期实施方案拟定

东线工程从长江下游的扬州市江都水利枢纽抽水，利用京杭大运河和其他南北向河道向北输水，经过泵站逐级提水至黄河南岸的东平湖。出了东平湖分两路输水：一路向北，穿过黄河，输水到鲁北、冀东和天津市；另一路向东，通过胶东地区输水干线经济南输水到烟台、威海等胶东地区城市。总体工程规划分三期实施，第一期先送水到鲁北和胶东，二期可达到天津。

东线从长江下游取水，通过工程中间的 13 个水泵站逐级提水，把水提到工程途经的河湖交汇处，经洪泽湖、骆马湖、南四湖最终提到东平湖最高水位后自流而下。

长江下游水资源丰富，是东线工程的主要水源。长江平均每年入海水量达 9000 多亿 m^3，即使在特枯年也有 6000 多亿 m^3。江苏扬州位于长江下游，附近的长江水质平均为Ⅱ类，为东线工程提供了优越的水源条件。20 世纪 60 年代初，为解决淮河流域灌溉和排水的平衡问题，开始建设“江水北调”工程，其中江都提水站是工程的核心。至 1977 年共修建了 4 个泵站，有 33 台机组，每秒钟可提引江水 $400m^3$，形成强大的提水能力。

东线一期工程充分利用和改造现有的江水北调工程，并在其基础上扩大规模，向北延伸。调水线路从江苏扬州出发，以现有的天然河道、人工河道（京杭大运河等）、天然湖泊为输水线路。从长江至黄河以南沿途串联起洪泽湖、骆马湖、南四湖、东平湖 4 个湖泊，将水逐级由南向北输送。黄河以北和胶东地区还兴建了 3 座平原水库，起到蓄水的作用。原江水北调工程主要沿京杭运河输水（简称运河线），南水北调工程在运河线西侧又新辟了“运西”输水线，采用双线输水。江苏境内输水线路按照调蓄湖泊分为三段：①长江—洪泽湖段，从长江北岸的三江营（主引水口门）和高港引水，利用原里运河—苏北灌溉总渠输水线，新辟三阳河—金宝航道输水线；②洪泽湖—骆马湖段，利用原中运河线，新辟徐洪河线送水；③骆马湖—南四湖段，利用中运河—不牢河线，新辟中运河—韩庄运河线输水，根据南水北调在线二期规划，从南四湖再往北，则为南水北调工程扩建、延伸的新的输水渠道。一期工程调水主干线全长约 1467km，其中长江至东平湖长 1045km，黄河以北长 173.5km，胶东输水干线长 239.8km，穿黄河段长 7.9km。

（二）中线工程的布局和分期实施方案拟定

作为长江第二大支流的汉江是我国中部区域水质最好的大河，且水资源充足。汉江的丹江口水库库区水质常年在Ⅱ类以上，其水体可以直接进入水厂，所以南水北调中线工程的水源地选在在丹江口水库。另外 1958 年为江汉平原防洪修建的丹江口水库，地势较高，与北京市海拔相差 120m，只要从新开凿一条中途不与任何水系交融的用水渠道，水可以自流到北京，中间不需要泵站加压抽水。

中线工程从长江支流——汉江上游的丹江口水库陶岔渠首闸引水，沿线开挖渠道，途经唐白河平原北缘、华北平原西部边缘，整个工程规划分两期实施。南水北调中线一期工程从加坝扩容以后的丹江口水库陶岔渠首闸引水，一路自流向北，最终到达北京、天津。沿线开挖渠道，经唐白河流域西部，过长江流域与淮河流域的分水岭——方城垭口，在郑州以西李村附近穿过黄河，此后继续沿京广铁路西侧北上直到终点，输水干线全长1432km。后期工程将从长江干流引水。中线包括从起点陶岔渠首闸至终点北京团城湖的总干渠全长1277km，天津干渠长155km，输水工程以明渠为主。北京段采用管道和暗涵输水的模式，天津干渠只采用暗涵输水的模式。一期工程设计调水流量为：陶岔渠首350m^3/s，穿黄河265m^3/s，进河北235m^3/s，进北京50m^3/s，进天津50m^3/s。

丹江口水库的大坝经过加高加厚，正常蓄水位从157m提高至170m，相应库容达到290.5亿m^3，新增库容116亿m^3。一期工程可向河南、河北、北京、天津等四省（直辖市）的20多座城市年调水95亿m^3，受水区面积约15万km^2。

（三）西线工程的布局和分期实施方案拟定

西线工程的建设就是使中国两条母亲河——长江和黄河，在源头上进行贯穿。两条大河的源头都在青藏高原，且源头相距不远在巴颜喀拉山山脉，两河分为南北两路，南北两路水资源分配不均，长江流经的区域湿润多雨，其支流水量充分，水资源充分；黄河流经区域干旱少雨，水资源相对缺乏。凿通巴颜喀拉山山脉，可以在源头上缓解黄河水资源缺乏的现状。西线工程规划的实施就是基于目前的这种状况，从源头上调水，缓解我国西北地区与华北部分地区的缺水现象。

西线工程的规划是在长江上游通天河、支流雅砻江和大渡河的上游建设大坝，大坝海拔高度在2900～4000m之间，开凿穿越巴颜喀拉山山脉的隧道，调长江源头的水进入黄河上游，来补充黄河上游水资源的不足，使黄河源头水量有所增加，缓解青海、宁夏、内蒙古、陕西、山西等黄河中上游流域地区及渭河关中平原地区缺水的问题。

西线工程规划调水规模为170亿m^3，通过建设大坝，凿通山脉，使水以由高到低的自流方式进入受水河流。工程分三期实施：第一期从雅砻江、大渡河的5条支流调水40亿m^3；第二期从雅砻江干流调水50亿m^3；第三期从金沙江干流上游调水80亿m^3。

西线一期工程计划由“五坝七洞一渠”串联而成，输水线路总长260km，其中隧洞长244km，明渠长16km。

西线二期工程计划在雅砻江干流阿达建立引水枢纽，引水到黄河支流的贾曲，年调水量50亿m^3。该方案主要由阿达引水枢纽和引水线路组成，枢纽大坝坝高193m，水库库容50亿m^3。引水起点阿达枢纽坝址高程3450m，贾曲出口高程3442m。输水线路总长304km，其中隧洞长288km（最长洞段长

73km，洞径为10.4m)，明渠长16km。

西线三期工程计划在通天河上游侧坊建引水枢纽，最大坝高273m，输水到雅砻江，顺流而下汇入阿达引水枢纽，另设与第二期工程自流线路平行的输水线路，调水入黄河贾曲，年调水量80亿m^3。侧坊枢纽坝址高程为3542m，雅砻江入口处高程为3690m。侧坊至雅砻江段输水线路长204km，其中，两条隧洞平行布置，每条隧洞长202km，分7段；明渠长2km。

西线输水线路位于高海拔地区，地形地质条件复杂，施工难度大。但是由于黄河水资源供求不平衡，北方地区需水量巨大，已经产生社会、经济与环境的问题，而且问题日益凸显，严重地制约着我国北方地区的发展。从西线长江的源头调水入黄势在必行，也是缓解北方缺水的重要途径之一。

第三节 南水北调工程的建设

党中央、国务院高度重视南水北调工程的建设，将其列为关系国计民生的重大工程。沿线各级政府和人民及丹江口库区群众热切期盼南水北调工程早日建成并发挥效益。

南水北调工程的规模之大及施工之难，在国内外工程史上均无先例。工程东、中、西线干线总长度达4350km。东、中线一期工程干线总长为2899km，包含单位工程2700余个，不仅有通常的水库、渠道、水闸，还有大流量泵站，超长超大洞径过水隧洞，超大渡槽、暗涵等。沿线六省市一级配套支渠约2700km，总长度达5599km。南水北调工程建设管理的复杂性和挑战性，都是在以往工程建设和管理中不曾遇到的。

一、创新建设管理体制

(1) 加强政府行政监管。在工程开建时，国务院总揽全局，专门成立南水北调工程建设委员会，决定工程建设的重大方针、政策、措施和其他重大问题。设立国务院南水北调工程建设委员会办公室（正部级），作为南水北调工程建设委员会的办事机构，承担工程建设期的行政管理职能。

(2) 加强工程建设管理。工程建设管理以项目法人为主导，负责承担工程项目管理、勘测设计、监理、施工和咨询等建设业务的单位的合同管理及相互之间的协调和联系。

(3) 注重决策咨询。建委会批准成立专家委员会，该委员会对工程建设中的重大技术、经济、管理及质量等问题进行决策咨询，同时对工程建设、生态环境、移民工作的质量进行检查、评价和指导，并有针对性地开展重大专题的调查研究活动。

二、注重工程的过程控制

（1）工程建设协调推进。南水北调工程是在开放的线形空间中建设的，而且很多项目是在原有工程基础上且以不影响其运行为前提实施的，其难度不言而喻。东线工程是利用京杭大运河及与其平行的河道逐级提水北送，很多泵站是对正在运行的江苏省江水北调工程有关泵站进行升级改造。为了保证中线水源，要对原有的丹江口大坝进行培厚加高施工，要减少工程施工对枢纽发电、供水等的影响。以上工程都兼有防汛排涝等功能，这些不能因南水北调工程施工而受到影响。

（2）世界性技术难题得到破解。东线一期工程具有规模大、泵型多、扬程低、流量大和年利用小时数高等特点，全线设立13个梯级泵站，形成亚洲乃至世界大型泵站数量最集中的现代化泵站群。中线穿黄工程将长江水从黄河南岸输送到北岸，建成具有内、外两层衬砌的两条长4250m的隧洞，内径为7m，两层衬砌之间用透水垫层隔开。这是国内首例用盾构方式穿越黄河的工程，在国内外均属先例。其中，湍河和沙河渡槽均为三向预应力U型渡槽，渡槽内径为9m，单跨跨度为40m，最大流量为420m^3/s，三项指标均属世界第一。北京市西四环暗涵具有两条内径为4m的有压输水隧洞，穿越五棵松地铁站，是世界上首次从正在运营的地下车站下部穿越的大管径浅埋暗挖有压输水隧洞，创下暗涵结构顶部与地铁结构距离仅3.67m、地铁结构最大沉降值不到3mm的纪录。

（3）质量监管保持高压态势。质量是南水北调工程的生命。参建单位以对国家、对人民、对历史高度负责的态度，全面加强工程质量管理，着力强化质量监管。特别是2011年以来，实施了一系列工程质量监管措施。比如，率先制定国家重点工程领域的质量责任终身制实施细则，并且对工程建设期留存资料做出了规定，起到“警示当前，有利长远”的作用。五部门联合协作，建立质量监管联动机制，发文部署工程质量管理工作，并建立联席会议机制。成立稽查大队，3～5人一组，随机到施工现场进行高频度飞检，构建质量飞检、质量问题认定和质量问题处罚三位一体的质量监管新体系。工程建设进程主动接受社会监督，在工程沿线设立举报公告牌，公布举报受理电话、电子邮箱和奖励措施等，并做到有报必受、受理必查、查实必究，落实和狠究责任，采取通报批评、留用察看、解除合同、清退出场等措施进行从重处理，形成系统内外共同监管的氛围。

三、全社会相关行业协同推进

南水北调东、中线一期工程如同两条巨河铺展在中华民族的腹地上，根植在数以亿计人民的生活生产活动之中，直接和间接涉及广大人民的现实和长远利益，动员组织了最广大人民群众的参与。

在宏伟的南水北调工程建设中，来自全国各地的一百多万名建设者齐心协力，日夜奋战，多部门、多行业和多地区的人才云集。水利、铁路、公路、电力、环保等行业的龙头企业直接或间接参加了工程建设。国有企业成为工程建设的“领头羊”，地方企业成为渠道、管线等工作的主力军。

丹江口移民搬迁，其规模、强度等相当于一次集团军作战，被媒体记者誉为“没有硝烟的战争”。河南省的移民搬迁长达700多个日夜，有将近200批次的大规模迁徙，超过16万的人离开家园，服务人员20万人次。湖北省投入两万多名干部，安排一万多台次车辆，组织120批次搬迁，实现了和谐搬迁。

四、全力保护传承沿线历史文化遗产

南水北调东、中线工程处于中国经济社会的发达区域，处于华夏历史文明集中核心区域，其历史文化遗产的传承保护曾引起社会的高度关注。

自南往北的中线工程，依次经过楚汉文化、夏商文化、燕赵文化和畿辅文化，文物聚集度相当高。而东线工程有相当长的渠段是将古代运河修整、疏浚、拓宽后输水，最大限度地维护、发挥好大运河的航运、输水、生态和景观功能，是积极保护遗产经济、社会价值的重要手段。南水北调文物保护工作始终遵循“重点保护、重点发掘，既对基本建设有利又对文物保护有利”的原则，及时保护国家重要文化遗产，采取各种措施将文物损失降到最小程度，同时保证工程建设项目顺利实施。

如中线工程建设的选线论证阶段，特意考虑绕开河南安阳殷墟、郑韩故城，河北邯郸赵王城、赵王陵等国家级文物保护单位和北平皋遗址、山阳城、讲武城等省级文物保护单位。在东线工程实施过程中，发现陈庄西周城址后，渠道立即为之改线。工程建设为重要文物“让路”“改线”，体现出对历史文化负责，对子孙后代负责，对国家和人民负责，成为现代工程尊重文化、保护遗址的典范。

南水北调中线工程河南段共计731km，南阳市、平顶山市、许昌市、郑州市、焦作市、新乡市、鹤壁市、安阳市，历史悠久，文化灿烂。在南水北调中线工程淹没区和总干渠沿线及其附近，分布着具有丰富历史文化内涵的众多遗址和文物，连接着楚文化、夏文化、商文化等中国历史上重要的文化区域，例如库区的楚文化，南阳的汉文化，许昌的曹魏文化，郑州的商周文化，焦作的东汉文化，安阳、新乡的殷商文化等。南水北调工程的实施为中原文化遗存的发掘与保护提供了难得的机遇。2005年以来，河南已完成150多个文物保护项目的考古发掘，发掘面积达47万m^2，出土文物近5万件。其中，鹤壁刘庄遗址等6大项目，分别被评为年度“全国十大考古新发现”。

作为南水北调中线工程渠首所在地，淅川陶岔渠首修建了集移民纪念馆、纪念广场、万亩生态纪念林、纪念碑等于一体的南水北调纪念园，继而把陶岔渠首与纪念广场、九重阁、禹王宫、汤王庙等历史景观连接起来，打造出一条新的渠首生态文化旅游线路。在南水北调穿黄广场南岸荥阳龙山脊上，修建包括穿黄广场仿真区、中国南水北调博物馆等的南水北调纪念园，进而把穿黄工程、汉霸二王城等景点串连起来一同开发，打造出一个新的文化旅游风景区。在平顶山沙河渡槽北侧结合工程密集地区，建立南水北调公园，从而把渡槽和白龟山水库以及鲁山大佛、尧山等著名景点串连起来，加强交通连接，构建出一条新的休闲旅游线路。把南水北调中线河南段从南阳经平顶山、许昌、郑州、焦作、新乡、鹤壁到安阳众多精品旅游景点，用一条绿色水带像串珠一样连接起来，打造出一条新的生态文化旅游产业带，同东西走向的沿黄“三点一线”历史文化旅游带结合起来，形成大中原“十字”形黄金旅游架构。

第四节　南水北调工程的管理

南水北调工程的规模及建设难度国内外均无先例。南水北调工程建设管理的复杂性、挑战性都是以往工程建设中不曾遇到的。同时，它又是在社会主义市场经济条件下，采取“政府宏观调控，准市场机制运作，现代企业管理，用水户参与”方式运作的超大型项目集群。党中央、国务院高度重视南水北调工程建设，将其列为关系国计民生的重大工程。沿线各级政府和人民及丹江口库区群众热切期盼南水北调工程早日建成并发挥效益。

一、南水北调工程管理机构和职能

由于南水北调工程是国家的大型工程项目，覆盖范围广，涉及面大，政府投入和监管必须到位，因此设立正部级的建设委员会，以期能够具有较强的号召力和行政干预能力。从南水北调工程建设委员会的人员构成来看，主任由国家副总理担任，成员由各相关职能部门如国家发展改革委、水利部、科技部部门的主要领导和工程所在的省（直辖市）的省（市）长组成。这样既便于统一管理，发布命令以及各部门之间的协调和合作，又能保障资金投入、工程进库、科技攻关、环境保护及移民工程等一系列工作的顺利开展。南水北调工程建设与管理总体机构设置如下：

（1）国务院南水北调工程领导小组，国务院领导任组长，成员由有关部委和省、直辖市领导组成。领导小组下设办公室，办公室设在水利部，负责日常工作。

(2) 由中央政府授权的出资人代表和地方政府授权的出资人代表共同组建有限责任公司。公司承担主体工程的建设、运行管理工作，直接对国家负责。

(3) 各省成立供（配）水公司，承担省内配套工程的建设、运行管理工作，负责向用户供水。

领导小组的主要职能是负责对工程建设重大问题进行决策，制定水市场规则并予以监督，对工程建设、运行、管理的重大问题实行调控。领导小组办公室设在水利部，负责日常工作。同时，强化水利部的政府职能，理顺各方关系。水利部作为国务院水行政主管部门，要加强行业管理，强化政府宏观调控职能，从水资源统一管理的角度，做好规划、政策、法规的制订和工程建设的组织、指导、协调、监督工作，加强水资源的整体优化配置，协调处理工程建设中的重大问题，对公司国有资产的保值增值进行监督。

除了总体机构设置外，针对各线的工程特点，相应配套的工程建设与管理机构也宜体现出各自特点。

二、水政管理：调水和分水

南水北调工程调水后的科学管理对工程良性运作非常重要。如何运用市场经济规律配置好宝贵的水资源，如何用行政、法规的手段来运作和调整平衡各种矛盾，科学合理地处理好外调水与本地水，直供水与蓄供水，清水与污水，上游与下游，以工补农、以城补乡以及统一管理与分级管理等各种关系问题，使有限的水资源充分发挥效益。

(一) 处理好外调水与本地水的关系

外调水与本地水是水质不同、价格不同的两种水。外调水价格高，能定量供应。外调水应优先用于经济效益最大的城市工业、生活用水和设施农业上，其较高的水价可以被用水户承受。本地水主要供给农村、农田和生态用水。通过行政调度，科学合理地调配水资源，实现优质优价，劣质劣价，以城补乡、以工补农。一般外调水定量分配，本地水可作为补充，以保证高代价调来的水能被接受。处理好外调水和本地水的关系除了要靠行政手段外，还要靠市场体制进行配置，统计出外调水与本地水的容量和使用情况，合理地提升本地水价格，补偿外调水价格，实现各方都能承受的统一水价。

(二) 处理好外调水直供和蓄供的关系

供水应分为直供和蓄供。相对于蓄供，直供的水利用率更高。故合理地确定直供和蓄供，是优化调度和提高水的利用效率的关键措施。城市、工业和生活用水使用量相对稳定，可以定期定量的直供。而农业用水，由于受自然气候影响较大，很难准确定量。故可以采用备案进行管理。如枯水季节、年份，可以定量保持直供，而水资源丰富的季节、年份，就要考虑全部蓄供。这就要求做好蓄水工程，蓄水工程不仅要保量，同时要保质，防止蓄水工程质量不好造成宝贵水资源的大量蒸发、渗漏等浪费现象。

（三）处理好清水与污水的关系

目前，北方缺水区域水污染严重，如果不能正确处理清水与污水的关系，就可能使高价调过来的水被污染、被浪费，有违工程的初衷。处理清污水的关系，除了做好清、污分流工程外，还必须依靠各级政府及水行政管理部门等进行强制管理。必须按照“先治污后通水”的精神，全力防治污染，否则就会造成高价调来的长江水被污染、被浪费的情况出现。

（四）处理好上游与下游的关系

上、下游关系不局限于南方水源地与北方受水地的关系，同一区域也存在上、下游关系，特别是后者。一般而言，上游水损失小，受水率高，而下游水损失大，受水率低。处理好上、下游的关系，主要是处理好合理配置、及时利用和损失率的分摊问题。在损失率的分摊上，要尽量公平合理；在合理和及时配置上，原则上应先下后上，同时根据效益的大小和需水的轻重缓急，调度配置也可先下后上，再先上后下。各年各季的合理调配，不能仅是一个供配水模式，而要因地因时制宜，以便科学合理地调解好上、下游的关系。

（五）处理好以城补乡、以工补农的关系

由于调水工程耗资巨大，且要付出较大的运营和管理成本，故水价必然要高。目前，农业和农村地区尚不能承受如此高价水，而城市和工业用水则在承受范围内。所以，要保证外调水和本地水的综合利用，处理好城乡用水关系，就需要采取行政手段进行宏观调控。对不同类型的用水确定不同水价，来弥补城乡、工农之差。即使是城市用水，也应根据不同供应对象确定不同的价格。比如生活用水、工业用水、环境用水和第三产业用水，水价都应有所区别。同样，农业和农村也要有所区别，对于人畜饮水、农田用水、设施农业和经济作物用水，也应确定不同的价格。本地水的水价也要与外调水协调统一，外调水优先用于城市及工业用水，而农村和农业用水尽量多利用当地低价水，从而发挥最佳的综合效益，使有效的水资源达到最佳的优化配置。

（六）处理好统一管理与分级管理的关系

调水工程如果全部进行统一管理，则不利于发挥各级水行政主管部门的作用。同时由于调水体系庞杂，也不可能把所有事情统一来管理，故可行的是统一管理和分级管理的有机结合。总干和分干由总公司管理，分干以下由各市进行管理，总公司合理制定总体调水供水指标，各地则根据自身实际情况，协调管理好外调水与本地水的分配使用。

（七）水资源调出地与调入地的关系

主要是制定合理的调出调入水量。调水要考虑到调水对水源地用水和相应经济活动的影响，对下游水质量、水环境的影响和对生态环境的影响；既要有利于水资源调入地的经济发展、民生改善、生态恢复等，也要有利于水资源调出地的防洪实施、经济社会发展、生态环境的恢复等。

（八）经济用水与生态用水的关系

水资源可划分为经济用水和生态用水两大类，具体又可细分为维持人类基本生活需要的生活用水、维持基本生态平衡的生态用水、农业用水和经济用水。在实际执行操作层面，生态效益往往被忽视。水资源的合理配置应当统筹考虑社会经济和生态环境对水资源的需求，在考虑调水的经济效益的同时也要关注调水的生态效益。要用综合性管理措施在竞争性用水户间对水资源进行可持续优化分配。

（九）调水与节水的关系

调水不能完全解决北方缺水区域的用水紧张问题，水资源调入地在进行外调水工作的同时，也要制定严格的节水办法，否则整个南水北调工程的效益将会大打折扣。外调水一般用于城市用水，而对水量要求更大的农业用水尽量用本地水进行供应和补充。由于农业用水往往占用一国用水总量的绝对多数，因此通过节水灌溉技术的推广，节约出部分农业用水并调剂给城市是现代各国调水工程的一个基本思路。对于城市用水，通过价格调节手段对用水量进行调节，在某些情况下，甚至可用行政手段，淘汰、缩减浪费水量严重的行业或产业。

（十）需水与供水的关系

需水与供水间的矛盾实际是一国水资源管理体制效力的最明显表征。水资源管理应当尽量考虑调出地与调入地间的水资源供给压力与需求量的平衡问题。需求双方需进行必要的妥协，以制定出双方都可接受同时又能兼顾环境的管理方案。需水增长是一个渐变过程，它包括水资源利用的适应过程、水污染防治的发展过程和水资源调剂对环境影响的评价过程。而供水增长是一个突变过程，是一个阶梯式上升的过程，要实现二者间的绝对平衡是不可能的，但科学的管理体制却可以促进这种平衡趋势。

三、水资源管理

（一）建立高效的水资源管理体制

资源管理体制的改革是经济和社会发展的需要，是水资源优化配置和水环境保护的需要，是水资源管理的发展方向。做好这项工作，涉及部门之间的职能划分和权利及义务的再分配，需要部门之间相互配合，从大局出发，从全局的角度来分析看待这个问题，更需要各级党委、政府的直接支持和领导，没有党委、政府的参与，不敢设想这项工作能够顺利进行。

2002 年 10 月 1 日，修订后的《中华人民共和国水法》正式开始实施，标志着我国依法治水、用水进入了一个新的发展时期。树立我国水资源管理框架，依法加强制度建设，建立水资源流域管理与区域管理相结合的管理体制，发挥流域机构和行政区域的积极作用是贯彻和执行《中华人民共和国水法》的关键。

国家在流域层次建立由国家自然资源和环境管理委员会代表、区域代表、其他行业代表和用水户代表组成的流域委员会，将其作为流域事务协商机构。在支流建立流域机构的分支机构，把流域综合管理职责贯彻到各流域末梢，形成条条管理模式。流域机构对各区域机构进行宏观管理，各区域机构针对本区域具体情况，向流域机构汇报情况，提出建议并依据流域机构的决策采取措施。同时要强化流域机构对水资源统管的权威性，水资源的特点要求对水资源实行以流域为单元的统一管理，建立权威、高效、协调的流域管理体制，能够对上下游之间、部门之间、地区之间的矛盾以及开源与节流相互关系有一定的协调作用。区域管理职能由水务部门承担。水务部门要与具体的经营活动相分离，通过特许经营和招投标等多种与市场经济相适应的方式来配置经营权，通过目标管理来实现节水、治污等管理目标。各地方水务管理部门代表本地政府意愿，并对政府部门负责，政府部门对水务管理部门进行宏观管理。同时建立各类涉水的公众组织，参与对各环节的决策和政策执行的监督。要实现区域内经济与生态环境协调发展；实现近期与远期协调发展；实现不同区域内之间的协调发展。

（二）完善水资源政策法规

南水北调的目的是缓解我国北方水资源不足的现象，确立水资源政策法规是调水、用水的基础保障，建立和完善水资源法规文化是社会水资源合理利用的根本途径。政策与法规的构成从以下几方面考虑：

（1）构建以节水为目的的水资源管理法规体系，确立水资源管理的基本框架，重点突出浪费水资源的法律责任。通过采取有效的激励措施，引导用户改变用水方式，提高终端用水效率。

（2）制定水资源管理激励政策。我国水资源管理政策不足的一面就是没有水资源利用的激励政策，确立激励政策，激励广大人民积极参与，对我国水资源利用有很大的帮助。

（3）确立水权的管理制度。实践证明，水权的确认以及水权市场的建立，不但保证了水资源的高效利用，而且促进了供水价格的合理确定。

（4）加强执法队伍的建设，提高执法人员的素质。提高执法人员的素质是保障这一法律得以顺利实施的重要条件，最终的目的是促进水资源管理进入法制化的道路，使执法体系逐步向着正规化、规范化和制度化方向发展，实现依法治水，依法管水。应当制订《水法》实施办法，落实《中华人民共和国防洪法》《中华人民共和国水土保持法》和《水利工程管理条例》《取水许可制度管理办法》等水法规。为加强水政队伍的建设，要定期对水政监察员进行培训，使每个水政监察员既具有一定的水务管理知识，又熟悉水法规及相关法律知识。只有执法人员的素质得到了提高，才能保证水资源管理任务的顺利完成。要认真查处水事违法案件，保护水资源和维护正常水事秩序。

（三）逐步建立合理的水价体系

调水工程的目的是要通过调水实现缺水区域经济发展、民生改善、生态环境恢复，实现水调出区域的水资源的合理利用及生态环境改善，所以水价的制定要综合资源水价、工程水价和环境水价的因素，最终形成一个能实现工程经济效益和生态效益的合理水价。合理的水价是实现调水效益最大化和良性循环的经济基础。实践表明，通过水价机制改革，能够促进节水，防治水污染和改善生态环境，实现水资源的优化配置与可持续利用的目的。合理的水价应该是对水资源的稀缺值或机会成本的正确反映。合理的水价机制能有效地解决或缓解目前水质下降、水域功能被破坏、地下水位下降、地面沉降等流域环境问题。

建立适应社会主义市场经济体制改革要求的水价形成机制。按照“政府宏观调控、准市场运作、现代企业管理、用水户参与”的原则，《南水北调工程总体规划》提出，中央和地方共同出资建设，按各地需水量多少筹集地方建设资金，并且建立南水北调工程基金；组建有限责任公司作为南水北调主体工程项目业主的必要性和可行性；按照“还贷、保本、微利”和实行两部制水价的原则，建立新的水价形成机制的重要性和现实性。从我国的实际出发，运用价格理论、管理理论、产权理论、制度创新理论，分析我国水价形成机制和管理制度存在的问题，并借鉴国外有益的经验，研究建立与我国相适应的水价形成机制和管理模式。

我国的供水价格采取行政审批方式，属于政府定价。随着改革的不断深化，水价的确定要逐步走上政府宏观调控、涉水各方民主协商、水市场调节三者有机结合的路子。调整水价的决策机制，建立政府对水价科学的调控制度，实行统一管理与分级管理相结合的管理体制。完善水价的确定程序，对不同的水利供水工程实行不同的价格管理，改进地方水价政策，下放水价审批权，采取对工业用水和生活用水单个工程审批水价的办法，保证对新供水工程投资者的合理回报；吸收用水户参与改革和管理，建立用户参与管理决策的民主管理机制。

完善水价法规和政策。充分考虑到我国水资源不足及水污染严重的现实，修订和完善水价法规和政策，建立以节约用水为核心的水价形成机制，实行不同的水资源定价办法，按照资源水价、工程水价和环境水价确定定价制度，围绕水价的三个组成部分制订和完善水价的法规和政策。实行有偿用水，完善水资源费的征收；要充分考虑影响水价值的自然、经济、社会因素；水价的构成应包括供水的成本、合理的利润与税金。

建立供水成本评价体系和约束机制。制定水价应吸收相关利益者参与，充分体现用水户参与管理的原则。在水价的确定过程中，要充分听取供水单位、用水户及有关方面的意见，要完善听证会制度。

建立科学合理的水价体系，改革水价管理体制，实行灵活管理水价的模式。着力完善水价的确定原则。按照不同用途用水、丰枯季节用水、不同水质、不同用水量、地表水与地下水、外来水与本地水的价格关系，实现合理的价格差别或差额。在计价办法上，可实行阶梯式累进水价、两部制水价，采用根据不同季节水的丰枯及产业政策需要的浮动定价、地下水保护性高价、区分不同用途不同定价标准等方法优化水资源的配置。对于少数没有经济承受能力的用户，应实行补贴的办法，以保障其基本生活用水。

逐步提高水价，使水价趋向合理。将水价提到供水运行的成本，使供水企业能够自我维持；将供水价格提到运行成本和固定成本（包括大修理费和固定资产折旧费），使供水企业能够维持简单再生产，并能进行部分设施的更新和改造；将供水价格提到使企业供水能够获得相应利润的水平，从而能够扩大再生产，使供水实现商品化，并最终走上良性运行轨道，实现水资源合理配置的目标。

改革水价还应实施相应的配套改革措施，主要是调整受水地区现行的水价标准；加快水资源管理法制化建设；将水价改革与水管单位企业化改革配套进行；建立依靠法律法规统一的、对水资源的管理体系；建立流域水资源集成管理体制，在城市实行水务一体化管理；转变政府的管理重心和角色；建立和发展水市场；水价改革与财政、收费体制配套进行等相应的措施。

第五节　南水北调工程的移民迁安

中华人民共和国成立以来，因发展、建设需要，中央政府曾实施多次移民。据统计，大规模的工程建设导致的 4000 万以上的工程项目移民当中，由水库建设引起的 1220 万左右的移民是非自愿移民。规模较大的如三峡工程移民，移民数量达到 120 万人。而说到离现在最近的一次移民，就不得不提到南水北调这一伟大的工程。

南水北调工程由于占地涉及 7 个省（直辖市）100 多个县，有近 40 万人需要搬迁。其中，东线工程由于人口迁移数量较少且较分散，主要采取就近安置，征地拆迁和移民安置问题相对容易解决。由于至今西线工程尚未开工，不涉及移民迁徙和安置问题。因此，南水北调工程移民迁徙的重点就放在了中线工程丹江口库区的移民。

水利工程移民是世界性难题，具有被动性、时限性、区域性、补偿性等特征。在中国过去几个重大水利工程移民当中，三峡工程农村移民 37 万人，搬迁用了 17 年；小浪底工程移民 14.6 万人，用 11 年时间完成搬迁。然而国务院南水北调工程建设委员会确定了丹江口库区移民约 34.5 万人，其中河南省移民 16.4 万人，湖北省移民 18.1 万人，“四年任务、两年基本完成”的决策，由原计划的 2013 年提前到 2011 年完成，使得移民工作具有非常大的难度。

南水北调工程移民安置工程，体现了以人为本、实事求是的精神。工程沿线的各级党委政府站在移民群众的立场和角度上思考问题，坚持为移民群众办实事、解难题。例如：提高征地移民补偿标准，在国内率先把水利工程征地移民补偿标准提高到原来土地补偿的 16 倍；针对库区移民状况，深入研究优惠和扶持政策，按人均补足 $24m^2$ 进行建房差额补助；将移民新村建设与新农村建设相结合，将被征迁群众生产生活安置与当地社会经济建设相结合，多渠道筹措安排资金，协调并配合地方政府在供水、供电、交通、医疗、教育等方面出台扶持政策，努力使移民群众早日融入当地社会生活。

对于河南省来说，库区 16.4 万移民全部集中在淅川县。淅川县位于河南、河北、陕西三省七县接合部，是全国移民大县，国家南水北调中线工程主要淹没区、核心水源区和渠首所在地。对于这片土地来说，尽早进行移民搬迁已成为大势所趋。首先，自从 2003 年国务院下达“停建令”以来，政策要求库区移民不能盖房、修路、建厂。在新中国特别是改革开放以来，发展是硬道理。而在淅川库区，正好相反，“不发展”才是硬道理！在这种形势下，库区老百姓成了“最后的原始部落”，当地的房屋极不安全，村民只要一听房子响，赶忙往外跑。每逢刮风下雨，从县领导到乡镇干部，就睡不着觉，生怕房子塌了砸死人。因此移民群众要求早搬迁的呼声强烈。再次，国内外经济形势的变化为早搬迁带来了千载难逢的机遇。2008 年 11 月，移民搬迁安置工作刚刚开始，正值国际金融危机爆发，“扩内需、促增长、保民生”成为当务之急。同时，各种建筑材料价格普遍较低，同样的投入可以发挥较大的效应。河南省规划在建的 208 个移民新村，加上库区基础设施、工矿企业和城镇迁建项目，投资已经接近 200 亿元。最后，水利移民的性质决定了早搬迁利大于弊。水利水电工程建设征地移民具有非依赖性、自愿性、长期性、复杂性等特性。时间拖长，不仅群众利益受损，大批干部也要被拖倒累垮。难度越大，越要大干、快干。

淅川县有 $2616km^2$ 属于水源区，占全县总面积 $2820km^2$ 的 93%。南水北调中线水源地——丹江口水库总面积为 1050km²，其中淅川县为 506km²，占 48.2%。南水北调中线工程渠首在淅川县九重镇陶岔村，丹江口水库的水将由此流向京津大地。此次淅川县移民涉及 11 个乡镇 185 个村，在两年多时间里，需外迁安置到河南 25 个县 126 个乡镇。一县的移民的数量就已超过小浪底当年移民最多的新安县，也超过了三峡库区农村当年移民人口最多的重庆万州区，可以说在移民占有量和动迁人口上都是位居全国第一。移民工作两年多完成，除试点移民 1.1 万人外，在两年时间内基本完成 15.1 万移民搬迁，平均每年 7.55 万人，搬迁的批次、规模和强度都已经超过了长江三峡和黄河小浪底工程，在中国乃至世界水利移民史上都是前所未有。

丹江口水库移民又有其特殊性。早在 20 世纪 50 年代丹江口水库初期工程兴建之时，淅川就曾经有三万多名干部、群众参与建设，49 人为修建大坝献出宝贵的生命，98 人受伤致残。由于水位被人为抬高，淹没淅川土地 362km²，占水库淹没总面积的 48%。其中淹没耕地 28.5 万亩，占库区两省四县市耕地总面积的 66.5%，超过当时全县总耕地面积的一半，淅川最为富饶的丹阳川、顺阳川、板桥川沿江三大川也基本被淹完，可谓是经济元气大伤。同时，还淹没了一座淅川老县城，14 个大小集镇，10 万余间的房屋，180km 的公路，2673 处各种水利工程，各项淹没实物指标损失累计达 7.4 亿元，居涉淹县市之首。动迁移民 20.2 万人，其中县内自安 12.6 万人，动迁人口占库区搬迁总人口的一半以上，历时 20 年，分 6 批迁往青海、湖北、河南 3 省 7 县市。但是后来由于自然增长和返迁回流原因，到南水北调试点移民之前，全县县内仍保留有丹江口水库初期工程移民 18.7 万人，占全县总人口的 26%。在南水北调中线工程丹江大坝加高后，淅川又将新添淹没面积 144km²，这占库区总淹没面积的 47.6%，淹没涉及 16.2 万人、11 个乡镇、185 个行政村、1276 个村民小组，加上库区淹地不淹房人口，总共需新动迁人口 20 多万，动迁人口仍占库区搬迁总人口的一半以上，既是河南省唯一的移民迁出县，又是全省第三安置大县。淹没的耕地为 13.1 万亩，占库区总淹没耕地的 51.1%，水库周边的肥沃良田几乎淹没殆尽。涉淹 3 个集镇，548.7km 公路，另有 130 余家企业需要关停并转迁，各项淹没实物静态损失总计达 90 余亿元。所以对于库区移民群众来说，有相当一部分移民是第二次、第三次，甚至第四次、第五次搬迁。新老移民交织，问题积累较多，情况错综复杂，这就给合理补偿、移民身份认定等工作带来更大难度。另外，南水北调移民搬迁，是在我国经济社会高速发展、改革攻坚和各种矛盾凸显的重要时期进行的，移民思想比较活跃，接受的信息渠道、愿望和诉求都比较多。同时，移民群众法制意识非常强，因此，与 20 世纪 50—70 年代相比，诉求更多，难度更大。

为了移民，河南省历届省委、省政府亲自部署、亲自谋划，省人大代表、省政协委员、省南水北调丹江口库区移民安置指挥部的各位领导等都倾注心血，多次到现场检查指导。为了移民，河南省省直单位36个部门相互结合、各尽其责出台了配套政策，并拿出了“真金白银”；省直25个厅局组成移民迁安包县工作组，为搬迁而不辞辛苦，跨越万水千山搞帮扶，始终不忘为人民服务的宗旨，永远心怀移民。为了完成这项国家行动，淅川县更是按照河南省委、省政府“四年任务，两年完成”的总体部署，坚持把移民迁安作为压倒一切的政治任务来抓，全党动员、全民参与、全力以赴，自2009年试点移民启动以来，先后组织移民对接近2000次、行程30万km，投入人力110多万人次，出动车辆10多万车次，维修道路284km，架设供电线路3700多km，开展医疗服务2.6万人次，建设移民新村56个。

迁安过程中，河南省委、省政府在积极争取协调各项支农惠农政策、新农村建设资金并优先向库区移民倾斜的同时，认真做好移民安置规划。在居民居住点选择上，坚持“三边”原则，即使居民点尽量靠近主要道路边、城集镇边和产业集聚区边，从而方便移民生产生活，为发展致富创造条件；在移民新村建设上，严把招标投标、市场准入、材料进场、监测检验、竣工验收“五道关口”，确保把移民新村建成移民群众放心满意的实惠工程；在基础设施建设上，对交通、电力、供水方案等进行详细勘察设计，反复论证，保证移民安置方案可行可靠。

与此同时，湖北省委、政府积极采取“先外迁，后内安”的搬迁策略，“不伤、不亡、不漏”一人，实现了和谐搬迁、平安搬迁。一是严格执行政策，做到公开透明，接受群众监督，不折不扣执行移民安置标准，真正把移民政策落到实处。二是整合各种优势资源，动员全社会力量推进移民搬迁。省直31个部门对口帮扶库区29个移民内安乡镇，明确帮扶工作要求、时限和责任分工，确保工作落到实处。三是严抓移民房屋质量，严格落实包乡镇县市区领导、工程监理、质量监督、包保干部、乡镇负责人、移民理事会“六位一体”的责任监管体系。

移民搬迁后，河南、湖北两省采取各种措施，解决移民群众的生产生活问题。积极安排就医就学等公共服务，妥善安置军烈属、五保户、鳏寡孤独、贫困户等弱势群体。及时办理户口、低保、身份证等各种手续接转，方便移民生产生活。加快生产用地划拨、移交和分地到户，确保移民按时开展农业生产。

总而言之，在党中央、国务院的正确领导下，各省市、各部门、各行业形成一盘棋思想，同心同德，相互支持，共同服务移民，形成了全社会、全方位、多形式、宽领域支援库区移民开发和安置的生动局面。从国务院南水北调办到河南省和湖北省，再到市县各级党委政府，站在讲政治、顾全局的高度，始终把移民搬迁当作政治任务，把思想和行动统一到移民迁安的工作上来，动员各方力量，汇集各种资源，上下联动，形成思想统一、合力攻坚的移民迁安工作氛围。对于征地拆迁、移民登记、安置规划、房屋建设，各个部门、各个系统、各县乡都将其作为头等大事来安排部署。各行业、各部门要人出人、要物出物、要钱出钱，全力支持。南水北调移民迁安可以看作是对广大移民干部全局观念、组织纪律观念、群众观念的一次重要检验，再次彰显集中力量办大事和全国一盘棋的中国特色社会主义制度的显著优势。

第七章

三 峡 工 程

三峡工程是当今世界最大的水利水电工程，是我国在中国特色社会主义道路上成功建成的杰出工程，是中国人民自力更生建设大国重器的重要标志，也是一项对我国国计民生影响巨大的基本建设工程。从1919年孙中山先生最早提出建设三峡工程的设想，到1994年12月14日三峡工程正式开工，再到2006年5月20日三峡大坝全线到顶185m高程，世界第一水坝宣告完工，三峡工程背后是中国人近一个世纪的治水梦。它规模宏大、效益显著、影响深远、利多弊少，是全国人民在共产党的领导下，为实现中华民族伟大复兴的中国梦而迈出的重要一步和树立起的一个成功范例。举国共建的三峡工程充分折射出中国特色社会主义制度的一系列显著优势，其一就是坚持全国一盘棋，调动各方面积极性，集中力量办大事。

第一节 三 峡 工 程 简 介

三峡工程位于长江流域上中游之间，地处我国大陆的腹心地区，西通巴蜀，东达荆楚，拥有得天独厚的地缘优势和突出的战略控制地位，是长江流域的黄金水段。大坝坝址位于湖北省宜昌市三斗坪，由拦江大坝、水电站厂房、双线五级船闸和单线垂直升船机等水工建筑物组成。控制流域面积为100万km^2，占长江流域面积的56%。坝址处多年平均流量为14300m^3/s，基岩为完整坚硬的花岗石。大坝全长2335m，高程为185m，正常蓄水位为175m，总库容为393亿m^3，其中防洪库容为221.5亿m^3。大坝水电站装机26台70万kW发电机组，总装机容量为1820万kW，年发电量为847亿kW·h，是世界最大的水电站。工程总投资为900.9亿元（1993年5月末价格，下同），其中枢纽工程投资500.9亿元，水库移民投资400亿元（后调整为529.01亿元）。

长江三峡水利枢纽工程是中国人自近代以来一直孜孜追求的治水之梦，在历经了七十年梦想，四十年论证，三十年争论，八年试点，几代领导人慎重考虑，无数水利工作者呕心沥血的努力之后，终于在1992年4月3日第七届全国人民代表大会第五次会议上正式审议通过，成为具有重大战略意义的国家重点工程。建设三峡工程的设想最早在1919年提出，志在通过重大能源基础工程建设推动民族工业发展，改善民生、凝聚民心、重塑民国。抗战期间，萨凡奇博士首次将三峡工程从设想转变为可以实现的建设计划，让国际社会首次认识到三峡工程的巨大效益以及对未来中国发展的巨大推动作用。新中国成立后，由于1949年和1954年长江特大洪水给长江中下游地区人民生命财产和国家建设造成重大损失，党和国家领导人将目光再次投向三峡。1958年在成都召开中央政治局会议，通过了《中共中央关于三峡水利枢纽和长江流域规划的意见》，三峡工程作为党和国家的重大议事日程被重新提出。但三峡工程依然没有正式启动，而是先批准兴建葛洲坝工程，为建设三峡工程积累了宝贵经验，做好了实战准备。1982年，国家计委提出准备兴建三峡工程，三峡工程再次回到党和国家的议事日程中。1992年4月3日，第七届全国人民代表大会第五次会议对《关于兴建长江三峡工程的决议》进行了表决，赞成票占全部票数的67.1%，超过半数，得以通过。自此，中国乃至人类历史上最宏大的水利工程进入正式实施阶段。三峡工程总工期为17年（1993—2009年）。1993年，党中央决定成立国务院三峡工程建设委员会（简称“三峡建委”），作为三峡工程建设最高层次决策机构。同年9月，经国务院批准，中国长江三峡工程开发总公司正式成立。在党中央和国务院的直接领导下，在社会主义市场经济体制的支撑下，三峡工程建设势如破竹。1994年12月，国务院决定正式开工建设三峡工程，并动员全国对口支援三峡工程库区移民。1997年11月，三峡工程实现大江截流。2003年6月，三峡工程正式开始蓄水发电。2008年，三峡工程初步设计任务全面完成并开始以正常蓄水位175m进行试验性蓄水，防洪、航运、发电、水资源综合利用等综合效益开始全面发挥。2017年，三峡工程全部现场和技术工作完成竣工验收。可以说，三峡工程是从民主革命先行者孙中山最早提出设想，到新中国成立后几代中国人（包括欧美专家）接力攀登，历经百年风雨周折而得以实现的宏伟工程，也正是近代中国强国史、奋斗史的生动写照。三峡工程建设中的重要事件见表7-1。

长江三峡工程具有防洪、发电、航运、环保、供水、灌溉、旅游等综合效益，从论证到建设到运营几十年以来，大量的科学研究、工程实践和数据监测表明：三峡大坝当前各方面性态均优于预期和设计标准。中国工程院对三峡工程试验性蓄水阶段评估综合报告指出：三峡工程规模宏大，效益显著，影响深远，利多弊少，是一个伟大的工程，是我国建设社会主义新时代杰出工程的代表作。

表 7-1 三峡工程建设中的若干重要事件❶

年份	相关重要事件
1919	孙中山最早提出建设三峡工程的设想，在《建国方略之二——实业计划》中谈及对长江上游水路的改良，“改良此上游一段，当以水闸堰其水，使舟得溯流以行，而又可资其水力”。
1932	国民政府建设委员会派出一支长江上游水力发电勘测队进行勘查和测量，编写了一份《扬子江上游水力发电测勘报告》
1944	萨凡奇提出《扬子江三峡计划初步报告》，即著名的“萨凡奇计划”
1953	毛泽东主席在听取长江干流及主要支流修建水库规划的介绍时，表示希望在三峡修建水库，以“毕其功于一役”
1958	周恩来在中共中央成都会议上作了关于长江流域和三峡工程的报告，会议通过了《中共中央关于三峡水利枢纽和长江流域规划的意见》
1970	中央决定先建作为三峡总体工程一部分的葛洲坝工程
1979	水利部向国务院报告关于三峡水利枢纽的建议，建议中央尽早决策
1982	邓小平在听取准备兴建三峡工程的汇报时果断表态，“看准了就下决心，不要动摇！”
1984	国务院原则批准由长江流域规划办公室组织编制的《三峡水利枢纽可行性研究报告》
1984	重庆市对三峡工程实施低坝方案提出异议
1986	邓小平接见美国《中报》董事长傅朝枢时表示，对兴建三峡工程这样关系千秋万代的大事，中国政府一定会周密考虑，有了一个好处最大、坏处最小的方案时，才会决定开工，是决不会草率从事的
1989	长江流域规划办公室重新编制了《长江三峡水利枢纽可行性研究报告》
1992	七届全国人大第五次会议以1767票赞成、177票反对、664票弃权、25人未按表决器通过《关于兴建长江三峡工程的决议》
1993	国务院三峡工程建设委员会成立，下设三个机构：办公室、移民开发局和中国长江三峡工程开发总公司
1993	国务院三峡工程建设委员会审查批准了长江三峡水利枢纽初步设计报告（枢纽工程），标志着三峡工程建设进入正式施工准备阶段
1993	国务院发布了长江三峡工程建设移民条例
1994	李鹏宣布：三峡工程正式开工
1997	三峡成功实现第一次大江截流，标志着为期5年的一期工程胜利完成，转入二期工程建设
2002	三峡成功实现第二次大江截流（导流明渠截流），标志着三峡工程完成了三分之二，即将转入发挥防洪、发电、通航三大效益的收获期
2006	三峡大坝全线建成
2009	长江三峡三期枢纽工程最后一次验收，正常蓄水175m水位验收获得通过
2011	国务院批复《三峡工程后续工作规划》
2017	三峡工程完成竣工验收全部现场和技术工作

❶ 综合新华社新闻稿整理而来。

第二节　三峡工程建设中的集中力量办大事

水利工程是复杂的系统工程，门类多，如水库工程、堤防工程、闸门工程、调水工程等；建设周期长，不少水利工程建设需要十余年；而且水利工程参与单位众多，包括设计单位、监理单位、建设单位、管理单位等。三峡工程作为世界上规模最大的水电站，也是中国有史以来建设的最大型的工程项目，更为复杂艰难。国家坚持集中力量办大事的指导原则，向三峡工程配置了大量的人力、财力、物力，形成了国家调集财力、物力、人力集中开发的集中力量办大事的“大会战”方式，保证了三峡工程建设的顺利开展。

一、决策

蕴含集中力量办大事显著优势的举国体制保证了三峡工程立项论证更严格、更充分，以“促进、尊重、团结”为基础，论证内容之多和全面世所罕见。在中国，“治国先治水”“水利兴则天下兴”，三峡水库是治理长江水患的关键性核心工程。因而历经新旧社会变迁、信仰不同、主张不同的国家领导人无一不高度重视三峡工程。1958 年国务院通过《长江流域规划要点》，确立了三峡工程在长江流域规划中的主体地位，之后又在深入翔实的水文、地质等勘测规划设计基础上，经过数十年的严密论证、充分试验后付诸实践。

要不要修建三峡水利工程，是一个长期有争议的问题，长江三峡工程的决策过程一波三折。中共十一届三中全会以后，一场大规模的经济建设热潮在全国蓬勃展开。修建三峡工程问题又提上了议事日程，争论也开始一步步升温。国内外许多有识之士对三峡工程问题从不同的角度进一步提出了赞成或反对的意见。在 20 世纪 80 年代初，主要围绕着坝址论辩，这一时期正方观点占据上风。1983 年国家计委召开“可行性研究报告”审查会，开展了深入充分的讨论。1984 年 2 月 17 日，中央财经领导小组在中南海召开会议专门研究三峡工程，会议决定，工程准备上马，并确定 1986 年正式开工，同时决定成立国务院三峡工程筹备领导小组，筹备组建“三峡特别行政区”和“三峡开发公司”。1984 年，国务院原则批准了由长江流域规划办公室组织编制的《三峡水利枢纽可行性研究报告》，即“150 方案”。在 1984—1986 年，三峡大坝之争开始从体制内部扩大到体制外部，主要以书信报告等方式围绕着这一方案进行辩论，一些政协委员和地方政府提出了反对意见。其间学术论辩、主流媒体辩论都得以充分展开，多部反映正反观点的文集在国内公开出版，其中水利部组织的论证会与全国人大会议期间的论辩成为代表事件。

1986 年 6 月，党中央、国务院发出《关于长江三峡工程论证工作有关问题的通知》（中发〔1986〕15 号），对三峡工程决策的程序作出严格规定：一是由水电部组织专家进行全面论证，二是由国务院成立审查委员会进行审查，三是提请全国人大审议。在三峡工程重新论证期间，为集中全国智慧，科学、客观地反映各方意见和建议，中央遴选了 21 位特邀顾问、412 位各领域专家，组成 10 个专题、14 个专家组进行论证。其中既有赞成兴建三峡工程的专家，也有不赞成或在某一方面有不同意见的专家；水利电力系统以外的专家占 52%。有 9 个专题获专家组一致通过；有 5 个专题，9 位专家、10 人次没有签字，并附上了个人意见，这 5 个专题分别是生态与环境、防洪、电力系统、综合规划与水位以及综合经济评价。没有签字的专家同样为三峡工程科学决策和成功建设做出了重要贡献，正是他们源于独立精神、科学研究、慎重思考的不同意见，促使三峡工程的设计、施工、运行更加严谨、科学、审慎。在七届全国人大审议兴建三峡工程的议案前，全国人大常委会考察组和全国政协视察团先后实地考察了三峡库区、三峡坝址、荆江大堤和洞庭湖区，分别向全国人大和全国政协提交了全面、客观、详实的考察报告，报告中饱含肺腑之言，情真意切、感人至深。总的结论是三峡工程效益显著，兴建条件已经具备，建议国务院尽早将三峡工程建设方案提交全国人大审议。1992 年 4 月，全国人大一七届五次会议通过了《关于兴建长江三峡工程的决议（草案）》，其中 1767 票赞成，177 票反对，664 票弃权，25 人未按表决器。以全国人大集体表决的方式通过兴建三峡工程议案，充分体现了中国特色社会主义制度下的科学决策、民主决策，体现了对不同意见的尊重和重视，体现了中华民族的巨大凝聚力和团结一致的共识。这是国家最高权力机关做出的一项历史性决议和庄严决定，是新中国成立以来由全国人大全体会议表决通过兴建的唯一工程。国家最高权力机关决策通过，体现了全国人民的意志，保障了三峡工程的合法性，也为动员力量与组织资源建设三峡工程提供了充足法理性。

国务院于 2011 年批复《三峡工程后续工作规划》，旨在重点解决百万移民发展致富、库区地质灾害防治、生态环境保护等重大问题，确保三峡工程长期安全运行和持续发挥综合效益。这是党和国家关于三峡工程的又一项重大决策部署，是三峡工程科学发展的重大综合措施，是妥善解决三峡工程面临的新情况、新变化、新挑战的重大举措。总体来说，作为世界上最大的水利枢纽工程，三峡工程从提出构想，到规划、设计、论证及建设过程中，各种质疑声音一直存在。中央一直秉持“通过科学争鸣实现科学决策”的原则，为重大工程项目决策的民主化和科学化做出了典范，充分体现了集中力量办大事的显著优势。

二、实施

举国体制强调加强规划、集中资源，在国家资源有限的情况下，集中力量保证了三峡工程的顺利实施。三峡工程的建设适逢我国建立、发展和完善社会主义市场经济体制的大环境。三峡工程建设中，我国第一次明确提出以社会主义市场经济规律为法则、以项目法人责任制为中心、以中国长江三峡工程开发总公司（简称中国三峡总公司）为业主、以长江水利委员会为设计总成的工程建设模式，这是一次从体制到机制、从思想到实践的重大革新，此举不但让三峡工程成为改革的先行者，也让全党全国深刻认识到了党中央全面推进社会主义市场经济体制改革的坚定决心。在国务院三峡建设委员会的领导下，三峡工程建设项目推行政企分开，政府从微观管理变为宏观管理，既体现了国家制定重大决策、集中力量办大事的原则，又理顺了市场经济条件下政府规范管理、企业独立运营、市场配置资源的关系，调动了地方相关行政机构的积极性，推动了公司尽快建立现代企业制度。

为了确保三峡工程建设的顺利进行，1993 年 1 月，国务院成立了由国务院总理兼任主任、相关部委和地方政府等方面参加组成的国务院三峡工程建设和移民员会，这是国家领导三峡工程的最高议事协调机构。三峡建委负责三峡工程建设重大问题的决策、有关各方利益协调以及稽查监督。国务院三峡工程建设委员会办公室为三峡建委的办事机构，具体负责三峡建委的日常工作，重点负责移民工作；工程建设的具体组织工作，由经济实体——中国三峡总公司承担。三峡办作为政府组织以行政方式协调处理相关问题。中国三峡总公司作为企业以市场经济办法开展经济活动。从二期工程开始，三峡建委设立质量检查专家组和稽查办公室，对工程质量和资金使用实施监督检查。三峡建委这一权威机构的成立，便于集中各方面的力量支持三峡，便于协调利益，创造和谐建设环境，便于提供外部独立稽查监督，确保工程建设在正确轨道上进行。实践证明，这样的领导体制创新适应了工程建设的需要[1]。

国家在决定建设三峡工程时就明确中国三峡总公司为三峡工程业主，按照国家赋予项目企业法人的职责，全面负责三峡枢纽工程的建设和建成后的运行管理，负责工程建设资金的筹措和偿还。具有政府机构性质的国务院三峡办和重庆市、湖北省政府则具体负责移民工作。中国三峡总公司是国有独资公司，按《企业法》注册，国家赋予的战略使命是“建设三峡，开发长江”。以企业的形式具体组织三峡工程建设，有利于实现政企分开、自主经营、自我约束和发展，从产权上明确中国三峡总公司是人格化的国有资产的代理机构，必须对

[1] 傅振邦，王绪波. 三峡工程制度创新 [J]. 中国三峡建设，2008 (7)：23－29。

国有资产的形成与保值增值负责，追求政府设定边界下的经济利益最大化，从而节约工程投资和发挥工程效益。在业主负责制下，工程建设的责任主体非常明确，设计、施工及其他参建单位均是为业主服务、对业主负责，由业主统一对国家负责。三峡工程创建了一种社会主义建筑市场经济模式，工程建设管理用市场经济办法，实行招标投标制和合同管理制，充分体现价值规律和竞争规律。除设计由长江水利委员会总负责外，按照“公开招标、公平竞争、公正评标”的原则，运用市场竞争机制，优选国内的建筑承包商和国内外的设备制造商参与三峡工程的建设。业主与各参建单位建立承包合同或供应合同关系，在合同中规定承包人全面完成承包合同工程的目标、责任、承包条件、技术规范，规定业主责任、工程涉及的材料供应与运输、各专业或项目施工的分工协作关系，以合同的方式将建设管理目标与责任关系分解，确保施工承包人、工程管理和设计单位对业主负责，业主对国家负责，从而以合同经济手段提高实现建设管理目标的可靠性。与此同时，包括业主在内的各参建单位既是平等的经济主体，也是平等的政治主体。所有参建单位既是按照合同办事的平等竞争者、履约者，也是实现工程统一目标的协作者，都遵循着“为我中华，共建三峡”这一伟大宗旨，充分体现了社会主义市场经济体制中经济主体的基本精神与风貌。

在三峡工程融资模式设计中，开创性地建立了项目资本金制度，即在投资项目总投资中，由国家注入部分资金，国家依法享有所有者权益，对投资项目来说是非债务性资金。1992 年国务院决定，全国每千瓦时用电量征收四厘[1]钱作为三峡工程建设基金，专项用于三峡工程建设，后又将三峡工程直接受益地区及经济发达地区征收标准提高到每千瓦时七厘钱。同时国家还把葛洲坝电厂划归三峡总公司管理，电厂利税全部作为三峡基金。三峡基金的征收，本质上是一种税收。国家最后批准把三峡基金作为国家对中国三峡总公司投入的资本金，从而为三峡工程的建设资金提供了最根本保障，使中国三峡总公司建立现代企业制度、担任市场融资主体成为了可能。1996 年国务院发布《关于固定资产投资项目试行资本金制度的通知》后，项目资本金制度才逐步在全国全面推行。中国三峡总公司作为业主，需要自主筹措三峡工程的缺口资金。中国三峡总公司充分发挥主观能动性，把握项目建设开发内在特点，掌握宏观经济发展和资本市场客观规律，在项目资本金制度基础上制定“国内融资与国外融资相结合，以国内融资为主；长期资金与短期资金相结合，以长期资金为主；债权融资与股权融资相结合，以债权融资为主”的筹资原则，充分利用国内国际金融市场资源，加强财务风险动态控制，保持项目稳健财务结构，保障工程资金供给，千方百计降低融资成本。除三峡基金外，中国三峡总公司开辟国内企

[1] 1 厘＝0.001 元。

业债券融资、国内商业银行中短期贷款、国外出口信贷及国际银团贷款、国内商业银行短期周转贷款、票据融资、资本市场股权融资等多种融资方式。高效率的融资大大降低了资金成本，为三峡工程投资控制做出了贡献，为三峡工程投运后实现良好财务效益奠定了基础。

三峡工程投资巨大，工期漫长，建设管理采用了动态分层分段分项目的项目管理机制。工程项目的管理规模和组成，按照土建和机电两条主线，随三峡工程不同阶段的目标任务、技术复杂程度，动态适时调整，并将质量、进度、造价、安全、环保的建设管理目标层层分解落实。项目管理组织结构上，采取了三层次双矩阵管理形式。具体说来，第一层为中国三峡总公司决策层；第二层为管理层，包括中国三峡总公司各职能部门与业主施工现场总代表工程建设部；第三层为执行层，为工程建设部下属项目部与综合部门。主项目管理矩阵由负责一线管理的工程建设部与计划、财务、科技管理、设备物资（后并入工程建设部）等职能部门组成。中国三峡总公司从制度上确定了从招标到合同执行的分段负责、分级管理的内控机制，使得项目执行过程中既有在工程建设部及其下属项目部门的相对权力集中，又有中国三峡总公司职能部门与工程建设部综合部门的适度牵制与制衡。引入工程监理制，用合同明确监理职责，监理单位代表项目法人对工程项目招标发包、施工、完工验收和移交的全过程工作进行监理，监理依据工程承包合同对工程项目的质量、进度、造价和安全进行全面的监督和管理。独立于监理之外，由中国三峡总公司在国内外聘请了混凝土、灌浆、金属结构、焊接、机电、安全等专业的专家，组成工程建设中的专业总监，对施工过程的质量、安全进行巡回检查监督，直接报告项目法人，并对缺陷提出修复、改进措施，向承包人、监理单位等提供质量、安全培训与指导。在激励约束机制方面，分层签订中国三峡总公司、工程建设部和项目部三级责任书，明确项目部负责质量、进度、造价、安全控制目标职责，按年度进行考核兑现。因此，三峡工程的项目管理机制，从制度设计上做到了决策高效、目标明确、制衡有效、奖惩严明，从而确保了工程质量、安全、造价、进度、环保目标的实现[1]。

此外，三峡工程建设中充分发挥国企协同效应，依托大型工程，以市场换技术的机制创新。为培育我国水电设备行业自主知识产权，三峡左岸大型机组全部面向国际市场招标采购，在招标过程中利用市场的力量迫使国外厂商将先进制造技术转让给国内大型国有制造厂商。这样的制度安排超越纯市场商业行为，通过国企群体协同作战，完成技术引进、技术转让和国产化，有效节约了工程建设成本，并提高了水电设备行业民族制造业水平。中国三峡总公司充分

---

[1] 傅振邦，王绪波．三峡工程制度创新［J］．中国三峡建设，2008（7）：23－29。

发挥业主统筹协调的主导作用，树立了大型国有企业群体作战、发挥协同效应、技术创新的典范。这种技术引进、消化吸收再创新的机制，是在政府适当引导下市场机制与社会主义国有企业超越市场行为协同机制有机结合的结果。

三峡工程的基础研究机构、设计单位、监理单位、施工单位、业主、设备物资供应商主要是国有机构或企业，体现了不同主体群体协同建设的能力，充分体现了社会主义制度集中力量办大事的显著优势。三峡工程的建设成功实施了项目法人责任制、招标投标制、建设监理制、合同管理制和资本金制度，改变了我国计划经济时代大型工程建设一直沿用的“大会战”“指挥部”模式，有效杜绝了重大工程投资“无底洞”、工期“马拉松”的问题，以世界一流的管理体制和管理水平实现了工程建设进度提前、质量优良和投资节约的管理效果，创建了国家重大公共工程整体最优控制目标。三峡工程建立完善的制度化措施和规范化程序机制，构建完善的组织治理结构，充分发挥政府和市场两种力量的作用，成功实践了以市场化模式建设国家重大工程的新路径，从实践上证明了社会主义市场经济的有效性和现代企业制度的先进性，为大型工程建设管理和国有企业改革闯出了一条可以复制的成功之路。正如李鹏强调指出的，三峡工程的顺利建设是与全国人民的大力支持分不开的，这也是社会主义制度能够集中力量办大事的生动体现。

三、保障

三峡工程是千年大计、国运所系、民生所系，在建设过程中存在多重风险，涉及多目标、多部门、多省市协调，由中央统一领导和集中决策，是党中央直接领导下的国家工程。其建设有赖于组织、资金、人力、技术、制度等一系列保障，这些保障有力地确保了全国一盘棋、调动各方积极性、集中力量建成三峡工程。

(1) 组织保障。党中央决定由国务院直接领导这一全世界规模最大的水利工程建设，一改计划经济时代的工程指挥部管理体制，坚持全国一盘棋，调动各方积极性，集中力量办大事，有效集聚各方人财物技术资源，以目标的统一性进行有效的资源整合及各方人员的民主协商，为确保三峡工程成功建成提供了有力保障。历任国家主席均高度重视三峡工程建设，主持研究、部署、推动重大工作。三峡建委作为三峡工程建设高层次决策机构，下设国务院三峡工程建设委员会办公室（稽查办公室）、移民开发局、监察局。中央直接管理三峡工程建设，有力彰显了党中央的权威，有力保证了中央大政方针一以贯之落实，有力协调了重大工程所涉及的多方面关系，有力监督了工程投资、进度、质量，有力保障了工程有始有终、善始善终，对三峡工程之后的南水北调等国家重大公共工程建设具有重要示范意义。

（2）资金保障。三峡工程资本金的主要来源是电费加价中提取的部分资金，是举全国人民之力支援三峡。三峡工程建设资金关键来源之一就是三峡工程建设基金，全国每千瓦时电加价 4 厘钱，该基金从 1992 年开始征收，从 1996 年 2 月 1 日起，在三峡工程直接受益地区和经济发达地区的十六个省（直辖市）每千瓦时提高到 7 厘。2009 年 12 月 31 日财政部印发《国家重大水利工程建设基金征收使用管理暂行办法》，从 2010 年 1 月 1 日起，三峡工程建设基金停止征收，但为其筹资的电价附加不取消，继续以新设立的国家重大水利工程建设基金的名义征收。可见，从 1992 年开始，全国电力用户在电费中交纳的三峡建设基金（西藏自治区和国家贫困地区农业排灌用电不征收），形成三峡工程建设稳定的资金来源，为三峡工程建设做出了重要贡献，充分体现了社会主义制度集中力量办大事的优越性。

（3）人力保障。三峡工程聚集了诸多领导人及专家的智慧和力量，是广大专家学者辛劳的结晶，是知识界、学术界、工程技术界集体智慧的杰作。新中国成立以来，长江水利委员会开始规划三峡工程。1958 年中央和地方有关负责人以及中外专家 100 多人，又一次对三峡进行了实地勘察，并召开了三峡工程现场会议。1986 年成立了具有一流水平的专题论证专家组，从国务院所属 17 个部门和单位，中科院 12 个院所，28 所高校和 8 个省、市专业部门中，总共聘请了 412 位专家，组成了包括地质地震、枢纽建筑物、水文、防洪、泥沙、航运、电力系统、机电设备、移民、生态与环境、综合规划与水位、施工、投资估算、综合经济在内的 14 个专题论证组，以保证论证工作的科学性和高质量。1990 年成立国务院三峡工程审查委员会，对可行性研究报告采取先专题预审，后集中审查的办法全面进行审查，成立了 10 个预审组，聘请了 163 位专家参加。在三峡工程建设过程中，有来自全国的水利水电建设队伍 4 万余人，有上万人参与三峡工程前期勘测设计，数万移民干部扎根基层乡村十余年。与此同时，数千家制造企业为三峡工程提供材料、机电设备和金属结构，1000 多位文物专家、动植物专家进入库区参与抢救性的文物发掘和生物物种保护。总之，三峡工程的论证、设计和建设期间，全国直接和间接参与三峡工程的人员总数达数十万人，从中可见中华民族万众一心，众志成城，集中力量办大事。

（4）技术保障。国家动员科技资源攻克技术难题，也是集中力量办大事的内容之一。三峡工程开工以来所取得的每项建设成就，都是无数科技精英经历半个世纪依靠科技创新和科技进步取得的成果，都是中国水电科技进步的见证。长江水利委员会作为三峡工程设计总成单位，20 世纪 50 年代受命进行三峡水利枢纽工程的水文调查、勘测、规划、设计、科研、监理、移民规划、环境评价和专题论证等工作，经过几代人的不懈努力，为三峡工程提供了强有力的技术支撑。除长江水利委员会数千名专业技术人员外，国家发展各个“五年计划”对应的5年科技攻关计划中都开展了有关三峡工程的科技攻关研究。同时，国家有关部门也相继组织进行了大量的科学研究。这些科研项目涉及泥沙、航运、水文、地质、水工、施工、建材、金属结构、机电设备、生态环境甚至人文等多学科、多专业，包括全国数十家科研和高校单位的上万名科技人员参与了三峡工程的各个项目的科研工作。国内各部委科研院所，协同攻关和提供咨询服务的单位不可一一胜数。三峡工程的工程业主注重集纳各行业专家的意见或建议，围绕设计、施工和管理等方面进行了广泛深入的科学研讨，我国科研院所及设计、监理各方先后提交了上百篇研究成果报告[1]。可以说，“集中力量办大事”的显著优势在三峡工程技术攻坚战中得到了充分展示。

（5）制度保障。三峡工程建设中建立了完善的制度化措施和规范化程序机制。七届全国人大第五次会议投票通过关于兴建长江三峡工程的决议，充分显示了三峡工程民主决策制度化、法律化的特点。三峡移民工作也做到了有法可依、有章可循，其中，《长江三峡工程建设移民条例》是新中国第一个移民法规。此外，涉及三峡工程资金管理、水库环保及管理、工程建设、对口支援及产业发展等的法律规章也纷纷出台，具体见表7－2。这些法规措施和规范化的程序机制有效平衡了纷繁复杂的多方利益关系，确保了调动各方积极性、集中力量建设三峡工程。

表7－2　　三峡工程建设相关政策文件（部分）

政策文件名称	颁发部门	年份
《关于兴建长江三峡工程的决议》	全国人大	1992
《关于开展对三峡工程库区移民工作对口支援的通知》	国务院办公厅	1992
《关于成立国务院三峡工程建设委员会的通知》	国务院	1993
《关于筹集三峡工程建设基金的通知》	国务院	1993
《长江三峡工程建设移民条例》	国务院	1993
《长江三峡水利枢纽初步设计报告（枢纽工程）》	国务院三峡建委	1993
《长江三峡工程大江截流前验收报告》	国务院三峡建委	1997
《国务院办公厅关芋三峡工程库区移民工作若干问题的通知》	国务院办公厅	1999
《关于做好三峡工程库区农村移民外迁安置工作若干意见的通知》	国务院办公厅	1999
《国务院办公厅关于加强三峡工程建设期三峡水库管理的若干意见》	国务院办公厅	2004
《三峡工程后续工作规划》	国务院	2011

[1] 国务院三峡工程建设委员会办公室．百年三峡·三峡工程2004—2009年新闻选集［M］．北京：中国三峡出版社，2013：30。

第三节 三峡移民管理中的集中力量办大事

三峡移民是三峡工程建设成败的关键，移民安置离不开全国人民的大力支持。三峡水库移民工程是举世瞩目、异常艰巨繁重的。我国实行开发性移民方针，动员全国对口支援三峡库区，百万移民群众大力支持和积极参与，库区移民安置经历了移民8年试点和一期移民、二期移民、三期移民、四期移民等阶段，并取得了显著的成就。通过组织三峡百万移民搬迁安置，重建美好家园，破解百万移民搬迁安置这个世界性难题，充分展现了社会主义制度集中力量办大事、办实事的显著特点，展现了社会主义大家庭的全局意识与团结互援。如此浩大的工程，也只有在社会主义制度高度的政治统一性、高效的统筹协同性下才能完成。

一、管理体制

国务院颁布的《长江三峡工程建设移民条例》规定，三峡工程建设移民工作实行“中央统一领导，分省（直辖市）负责，以县为基础”的管理体制。“中央统一领导”是指国家成立国务院三峡工程建设委员会作为三峡工程建设移民工作的领导决策机构。国务院三峡工程建设委员会移民管理机构（原为国务院三峡工程建设委员会移民开发局，2002年后合并为国务院三峡工程建设委员会办公室）负责三峡工程建设移民工作。“分省（直辖市）负责”是指湖北省、重庆市人民政府负责本行政区域内三峡工程建设移民工作，并设立三峡工程建设移民管理机构。“以县为基础”是指三峡工程淹没区和移民安置区所在地的区（县）人民政府负责本行政区域内三峡工程建设移民工作，并根据需要设立三峡工程建设移民管理机构，充分发挥地方政府在移民工作中的积极性。湖北省、重庆市和库区各级人民政府普遍建立了三峡工程移民工作责任制，明确把移民工作摆在经济工作的首位，层层签订责任状，作为干部考核的重要依据。三峡移民工作管理体制明确了中央和地方政府在移民工作中的职责，各司其职，各负其责，较好地处理了中央和地方的关系，充分发挥中央和地方的积极性，得到了库区各级政府的支持和拥护，确保了移民工作的顺利进行及完成。

二、管理机构

为了确保三峡工程建设顺利进行，1993年1月3日，国务院决定成立国务院三峡工程建设委员会，成员由国务院有关部门、三峡建委办事机构、中国长江三峡工程开发总公司及湖北省和重庆市主要领导组成，国务院总理任主任。

三峡建委下设办公室、移民开发局、监察局三个办事机构。国务院三峡工程建设委员会移民开发局是三峡建委负责三峡工程库区移民工作的管理机构，主管三峡工程库区移民开发、搬迁安置和对口支援工作。在国务院三峡建委移民局主管三峡工程移民工作的同时，国务院的有关部门，如财政部、审计署、建设部、国土资源部、环保总局等，依法对移民的有关业务工作，如移民资金管理使用、工程建设质量、城镇规划及用地、环境保护等进行管理、监督和指导。

为了做好本辖区内的三峡工程移民工作，湖北省与重庆市分别成立了由政府主要领导和部门负责人组成的移民工作领导小组，全面负责本省（直辖市）移民工作，同时成立省（直辖市）级移民机构，作为同级人民政府的职能部门。三峡库区有移民任务的区（县）相应设立了区（县）移民工作领导小组和移民管理机构，见图 7-1。1999 年 5 月，国务院召开三峡工程移民工作会议，鼓励和引导更多的农村移民外迁安置。同年 10 月，国务院三峡建委召开三峡库区农村移民外迁工作现场会议，决定将三峡工程重庆库区 7 万农村移民外迁至上海、江苏、浙江、安徽、福建、江西、山东、湖北、湖南、广东、四川等沿海沿江较富裕的 11 个省（直辖市）。除湖北省原设有三峡移民管理机构外，其余 10 个省（直辖市）相应成立了安置三峡库区移民工作领导小组办公室，负责本省（直辖市）三峡库区外迁农村移民的接收安置工作。

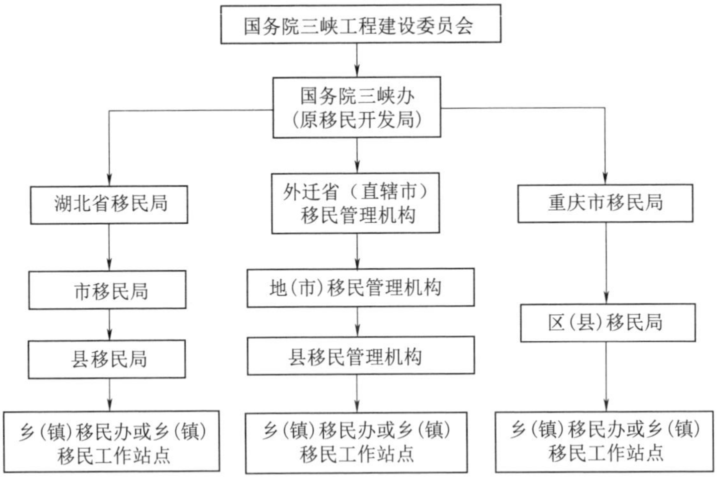

图 7-1　三峡工程移民组织管理机构图

三、对口支援管理

动员全国各省（自治区、直辖市）和中央各部门对口支援三峡库区移民工作，是我国水利工程移民史上从未有过的工作重大举措，也是三峡工程移民管理体系中颇具特色的部分，成为三峡工程移民工作的基本经验之一。发扬社会主义大协作精神，参与对口支援的全国各省（自治区、直辖市）和中央各部门将对口支援三峡移民视为一项政治任务，积极参与这项工作。全国各级各部门对口支援三峡移民工作的 20 个省市，50 多个国家部委对三峡库区实行对口支援，采取兴办项目、交流技术、拓展市场、劳务输出、培养人才、资金帮扶等多种途径支持三峡库区发展，鼓励名优企业到三峡库区投资建厂，如杭州娃哈哈、北京汇源、青岛海尔等知名企业。上海市在预算中专门设立了扶持万州区五桥产业发展的专项基金，用于招商引资，扶持重点产业。在管理上强调政府搭台，企业唱戏。政府的职责主要是制定优惠政策和对口支援规划，改善投资环境，牵线搭桥，维护企业正当权益。对口支援三峡库区移民，坚持以促进移民安置为主要目标，支援了库区经济发展和社会进步，并为移民搬迁安置创造了更为有利的条件。党和国家倡导社会主义大协作精神，不断推动全国从产业、教育、科技、人才、管理、信息、资金、物资等方面对口支援三峡库区移民工作。据统计，截至 2009 年年底，三峡库区在对口支援活动中累计引进各种资金 694.65 亿元，对口支援经济合作项目和社会公益类项目 3000 多个，其中无偿援助社会公益类项目经费为 36.64 亿元，经济合作类项目经费为 658.01 亿元，援建希望学校 764 所，安置移民 3 万多人，安排移民劳务 10 多万人，培训各类人才 4.2 万人，干部交流 865 人，有力促进了三峡库区移民工程建设和移民搬迁安置工作。

综上，在修建三峡工程的大背景下，规模巨大而历时长久的百万大移民，在搬迁安置过程中，始终伴随着国家的顶层设计、省（自治区、直辖市）移民局的统筹规划及安排、地方政府和地方移民管理部门的全力配合，以及全社会和全国人民的共同参与。三峡移民工作中，坚持全国“一盘棋”的思想，发扬社会主义大协作精神，充分发挥并展示了集中力量办大事的显著优势。目前，三峡移民已初步完成由政府行为到市场行为、由扶贫型向开发型、由输血型向造血型、由资源开发型向可持续发展型的重大转变。2014 年国务院印发《全国对口支援三峡库区合作规划（2014—2020 年）》指出，在党中央、国务院的正确领导下，在有关省（自治区、直辖市）、部门和单位的共同努力下，三峡库区百万移民搬迁安置任务已如期完成，全国对口支援三峡库区工作进入了新阶段。继续开展全国对口支援三峡库区工作，有利于传承全国“一盘棋”的优良传统，弘扬社会主义集中力量办大事的显著优势。

第四节　三峡工程的效益——集中力量办大事显著优势的充分彰显

集中力量办大事、举国体制促使三峡工程的效益得到充分发挥并让全社会受益。目前，三峡工程已经连续10年实现175m试验性蓄水目标，防洪、航运、发电、补水等巨大综合效益显著发挥，在长江经济带发展中的重要地位和作用日益凸显，对保障流域防洪安全、航运安全、供水安全、生态安全以及我国能源安全发挥着越来越重要的作用，充分发挥了大国重器的作用，对建设长江经济带、加快我国经济发展和提高我国综合国力，均呈现出十分重大的战略意义。

（1）三峡工程防洪效益显著。防洪是第一位的。长江是中华民族的母亲河，但也曾发生过很多次严重水患。三峡工程作为长江中下游防洪体系中的关键性骨干工程，处于长江上游来水进入中下游平原河道的“咽喉”，可控制长江防洪形势最为严峻的荆江河段95%的洪水来量，武汉以上三分之二的洪水来量。三峡工程建成后起到削峰、错峰的作用，对长江上游特大洪水的调节作用是其他任何工程都不能替代的。三峡工程建成后，江汉平原最薄弱的荆江河段防洪标准从十年一遇提高到百年一遇，可有效保护1500万人口和2300万亩耕地。自2003年蓄水运行以来，三峡水库已经累计实施拦洪运用53次，总蓄洪量1533亿m^3，两次拦蓄超过70000m^3/s的特大洪峰，为长江中下游人民群众生产生活提供了牢固的安全屏障。事实上，三峡工程建成以来已拦蓄洪水数十次，长江下游未再出现严重洪涝灾害。

（2）三峡工程绿电效益显著。三峡电站发电规模居当今世界之最。三峡电站总装机容量达2250万kW，多年平均发电量882亿kW·h。三峡电站于2003年7月实现首台机组并网发电，截至2019年年底，累计发电量超1.2万亿kW·h，为国家高质量发展提供源源不断的绿色电能。三峡水电站发出的强大电力通过三峡输变电网络送往华中、华东、南方和川渝电网，供电区域覆盖中国国土面积182万km^2，占中国国土面积的20%，直接受益的地区有华中、华东、华南和川渝地区，受益人口超过全国人口的一半。三峡工程电站节能减排效应明显，相当于节约原煤消耗约5.9亿t、减排二氧化碳约11.8亿t、减排二氧化硫1180多万t，其中2018年发电1016.2亿kW·h，首次突破1000亿kW·h，创造国内单座水电站年发电纪录。

（3）三峡工程通航效益显著。长江素有黄金水道之称。但是，没有三峡工程就没有黄金水道，三峡工程为长江经济带规划提供了战略基础。三峡工程建设前，长江航道水流湍急，险滩密布，航行条件极为复杂，通航能力较弱，运输成本较高。三峡工程蓄水后，改善了长江川江（重庆市至湖北省宜昌市之间的长江河段）660km河道通航条件，万吨级船队可从上海直达重庆，船舶运输成本降低三分之一以上，使长江成为名副其实的黄金水道。三峡双线五级船闸2003年投运，截至2020年6月，已经连续运行17年，累计运行16.34万闸次，通过船舶87.53万艘次，过闸货运量为14.68亿t。2019年，三峡船闸通过货运量达到 1.46 亿 t，超过设计通过能力（1 亿 t）46%，是三峡水库蓄水前该河段最高货运量（1800 万 t）的 8.12 倍，极大地促进了长江经济带的发展和沿江航运的大发展。三峡升船机自 2016 年 9 月 18 日试通航。截至 2020 年 6 月，累计安全有载运行 9800 厢次，通过各类船舶约 10000 艘次、旅客 36 万人，充分发挥了过坝快速通道作用，同时提高了枢纽通航调度的灵活性。

（4）三峡水库水资源管理效益显著。“枯水期补水”和“特枯年抗旱”，三峡水库是我国最大的淡水资源储备库。长江天然来水季节性特征明显，时空分布不均。每年汛期，三峡工程以防洪为主；枯水期，则以抗旱补水为主。每年汛前，三峡水库水位降至汛限水位运行，腾空库容以拦蓄洪水，汛末开始蓄水，逐步抬高水位，转化为可利用的资源。三峡水库蓄水后，库区及上游经济鱼类资源增加，近年来多次实施水库生态调度，促进了中下游经济鱼类繁殖，为发展渔业、改善环境、增加就业和提高民众生活质量带来有利影响。截至 2019 年 9 月末，三峡水库累计为下游补水 2664 亿 m^3，有效缓解了长江中下游生产生活生态用水紧张局面。三峡水库近几年的运行实践证明，通过科学调度，蓄丰补枯，可优化和调整水资源的时空分布，保障中下游生产生活用水需求和航运需求，提供更多的优质清洁电能，充分发挥三峡工程的综合效益。

（5）三峡工程生态环境效益。三峡宝贵的淡水资源是沿江区域的重要生态屏障。对大坝生态环境影响的关注源自葛洲坝工程修建时的救鱼之争，特别是中华鲟。虽然以保护人为目的的防洪是第一要务，但对珍稀鱼种、珍稀树种、名胜古迹的保护均在三峡的考虑之中。实践证明，依靠科技进步并非不能解决人和鱼、人和树的矛盾，葛洲坝中华鲟人工繁殖场的成功实践就是最好例证。三峡工程专门建立了生态环境跟踪监测系统，长江流域四大家鱼——青鱼、草鱼、鲢鱼、鳙鱼的生长环境也并未因为大坝的修建而破坏。此外，三峡库区森林覆盖率比工程上马前提高了 11.8%，治理水土流失面积 2 万 km^2，治理地质灾害 617 处等。三峡工程蓄水后，原有三峡美景并未受太大影响，又增添了高峡平湖等新景观。三峡坝区成为中外游客重要的旅游目的地，游客数量连年攀升，三峡大坝旅游区 2019 年接待游客达 320 万人。三峡工程正发挥其工业旅游典范效应，带动长江三峡旅游，进而促进长江黄金旅游带形成。

修建三峡工程、治理长江水患是中华民族的百年梦想。三峡工程历经百年、集中外水利专家的智慧、几代中国人接力攀登才得以实现。作为长江防洪体系的关键性骨干工程，三峡工程已经成为长江中下游数以亿计人民群众安居乐业的重要保障，是适应自然、造福人民、改善生态的里程碑工程。其重要性正如 1944 年世界著名坝工专家萨凡奇所言，长江三峡是关系到中国前途的至为重大的一个杰作。三峡工程从论证到建设到运营几十年以来，进行了大量的科学研究、工程实践和数据监测，其以不争的事实表明：三峡大坝当前各方面性态均优于预期和设计标准。三峡工程是大国重器，是中国特色社会主义制度能够集中力量办大事优越性的典范，是中国人民富于智慧和创造性的典范，是中华民族日益走向繁荣强盛的典范。集中力量办大事在三峡工程建设中体现为强调立项论证更加充分、科学，组织管理更规范、更精细，集中资源、调动各方积极性。这些举措有效保证了三峡工程建设的效率和公平性、科学性，促使三峡工程的效益得到充分发挥并让全社会受益，并因此成为我国水利水电建设史上的重要里程碑。总之，三峡工程充分折射出中国特色社会主义制度的一系列强大优势，这是我们在新时代坚定中国特色社会主义道路自信、理论自信、制度自信、文化自信的基本依据、有力证明和充分彰显。

第八章

黄河小浪底水利枢纽工程

第一节 工 程 简 介

黄河小浪底水利枢纽位于黄河中游河南、陕西两省交界最后一段峡谷出口处，控制黄河92.3%的流域面积、91.2%的径流量、100%的输沙量，是治理黄河的关键控制性工程，也是新中国成立以来黄河治理开发里程碑式的特大型综合利用水利枢纽工程，被中外水利专家称为世界上最具挑战性的工程之一。

工程于1999年10月下闸蓄水以来，发挥了巨大的综合效益。为黄河防洪防凌做出了重要贡献。小浪底水利枢纽运行以来，既较好地控制了黄河洪水，又利用其淤沙库容拦截泥沙，通过调水调沙减缓下游河床淤积抬高，使黄河下游防洪标准由60年一遇提高到千年一遇；多次实施洪峰调节，减灾效果突出。受小浪底防凌调度和出库水温增加等影响，小浪底水库运用后，下游河道未封冻年份由14%增加至33%，年均封河长度由254km减少至114km，封河、开河过渡平稳，未发生较严重的凌汛灾害。为保障黄河中下游人民生命财产安全、促进经济社会健康稳定发展做出了重大贡献。

（1）作为黄河水沙调控"龙头"，小浪底调水调沙作用巨大。截至2020年，约10亿t泥沙被冲入大海，下游主河槽最小平滩流量由1800m^3/s提高到4200m^3/s，过洪能力明显提高，"二级悬河"形势开始缓解。

（2）为实现黄河下游不断流发挥了重要作用。小浪底水利枢纽彻底消除了20世纪黄河下游断流的不利局面，提高了生态环境需水保障程度。通过实施水量统一管理与调度，黄河下游已连续20年未发生断流，关键断面年最枯日径流量、月径流量均显著回升。同时，功能性断流问题得到有效缓解，生态环境需水年份保证率从31%提升至47%，非汛期生态环境需水年份保证率从46%提升至82%。

（3）为生产、生活、生态用水提供了有力支撑。小浪底水利枢纽在向下游河段城市生活和工业供水、天津市城市用水、河北白洋淀和大浪淀水库补水、利津断面最小生态流量用水、出海口河段鱼类繁衍用水等方面发挥了巨大作用，解决了河南、山东总计 1866 万人民群众的饮水安全问题，同时也更加保证了下游 4000 万亩耕地的灌溉用水，确保了下游的河南、山东连续数年在大旱之年仍获丰收。此外，小浪底水库蓄水为库区周边提供了良好引水条件。目前库区内已建、在建及规划取水口 7 个，全部完工后年取水量可达 12 亿 m^3。工程运行以来，下游水沙条件趋于稳定，有效保护了生物栖息地；库区年均降水量增加 91mm，库区及周边植被覆盖率显著提高，生态建设成效明显。

小浪底工程是中国治黄史上的丰碑，也是世界水利工程中的杰作，更是一个绿色、环保、生态、民生工程，为黄河流域生态保护和高质量发展做出了重要贡献。

第二节　小浪底水利枢纽工程的前期论证与决策

一、位置的选择与前期考证

新中国建立前，民国时期历次黄河勘察、调查、规划报告中，均将小浪底作为建坝坝址。新中国成立后，毛主席 1951 年 10 月 30 日亲临黄河视察，提出要把黄河的事情办好，黄河全面治理的规划工作开始进行。1953 年黄委会组织力量进驻小浪底坝址开展勘探和测量工作。1955 年 7 月，一届全国人大二次会议通过《关于根治黄河水害和开发黄河水利的综合规划》的决议（以下简称“决议”）。该规划在黄河干流由上而下布置 46 座梯级，小浪底是第 40 个梯级，为径流式电站。

1958 年 8 月，三门峡—花园口区间出现暴雨，小浪底水文站实测洪水 17000m^3/s，黄河堤防多处出险，沿黄军民 200 万人上堤抗洪，周恩来总理亲临郑州指挥。这场洪水使人们认识到：仅靠三门峡水库不足以保证黄河下游的安澜。三门峡水库 1960 年 9 月首次蓄水，1961 年 2 月 9 日坝前最高水位达 332.5m，回水超过潼关，潼关段河床平均淤高 4.3m，致使渭河排水不畅，两岸地下水位抬高，河水浸没农田，危及关中平原的安全。国务院决定自 1962 年 3 月起降低三门峡运用水位，将水库运用方式由“蓄水拦沙”改为“滞洪排沙”，后进一步改为“蓄清排浑”。三门峡水库运用方式做此调整，使其拦蓄三门峡以上洪水、泥沙的能力降低。1975 年 8 月上旬，淮河发生特大暴雨。经气象预测分析，这场暴雨完全有可能发生在三门峡—花园口区间，从而使黄河产生 40000～55000m^3/s 的特大洪水。三门峡以下大洪水无有效控制措施。小浪底是三门峡以下唯一能够取得较大库容的坝址。小浪底水库因此成为防御黄河下游特大洪水的重要工程选项。1975 年 8 月，山东省、河南省、水利部联合报告国务院，提出修建小浪底或桃花峪工程。

在1954年的“决议”中，三门峡以下有任家堆、八里胡同、小浪底三个梯级，小浪底为以发电为主的径流式电站。1958—1970年的黄河规划对三门峡—小浪底区间三级、二级、一级开发进行了比较研究。三级梯级开发方案中，任家堆、八里胡同、小浪底均为低坝，有效库容约5亿m^3，虽然造价相对较低，但不能满足防洪、防凌、减淤、供水、发电等开发任务要求。两级开发方案即小浪底中坝方案（正常蓄水位240m）加任家堆径流电站。小浪底拦沙库容只有10亿m^3，对减少下游淤积作用不大，在防洪上，小浪底蓄洪水位需抬高到240m，淹没任家堆尾水位10m，才能取得36亿m^3的防洪库容，防洪运用没有余地；在投资方面，两级开发方案略大于一级开发方案。一级开发方案，即小浪底高坝方案，可以较好地满足防洪、防凌、减淤、供水、发电的需要，同时，在工程技术方面，小浪底中坝与高坝没有显著差别。

1975年8月，河南省、山东省和水电部联合向国务院报送《关于防御黄河下游特大洪水意见的报告》，提出为防御下游特大洪水，在干流兴建工程的地点有小浪底、桃花峪。从全局看，为了确保下游安全必须考虑修建其中一处。国务院于1976年5月3日批复，原则上同意两省一部报告，并指示可即对各项重大防洪工程进行规划设计。1980年11月，水利部对小浪底、桃花峪工程规划进行了审查，决定不再进行桃花峪工程的比较工作。小浪底在黄河中下游防洪规划中的地位被确定下来。1981年3月，黄委会设计院完成《黄河小浪底水库工程初步设计要点报告》，确定枢纽开发任务为防洪、减淤、发电、供水、防凌；工程等级为一等，水库正常高水位为275m，设计水位为270.5m，校核洪水位为275m；拦河坝为重粉质壤土心墙堆石坝，坝顶高程为280m；总库容为127亿m^3，坝址为Ⅲ坝址。水库初期采取“蓄水拦沙”运用，后期采取“蓄清排浑”运用；电站装机6台，单机容量26万kW。此后的历次设计修改均脱胎于此方案。

二、集中力量，国际合作，科技攻关

小浪底工程的复杂性在于工程泥沙问题和工程地质问题。小浪底工程控制几乎100%的黄河泥沙，实测最大含沙量为941kg/m^3。坝址有厚度大于70m的河床深覆盖层、软弱泥化夹层、左岸单薄分水岭、顺河大断裂、右岸倾倒变形体、地震基本烈度为7度等地质难题。为解决工程泥沙及工程地质问题，1979年水电部聘请法国的柯因·贝利埃咨询公司对小浪底工程的设计进行咨询。柯因公司认为小浪底工程的泄洪、排沙和引水发电建筑物的进口必须集中布置才能防止泥沙淤堵。小浪底水利枢纽建设初期技术论证历程见表8-1。

表 8-1　　小浪底水利枢纽建设初期技术论证历程

时　间	技　术　论　证　历　程
1984 年 9 月—1985 年 10 月	黄委会与柏克德公司进行小浪底轮廓设计。轮廓设计确定了以洞群进口集中布置为特点的枢纽建筑物总布置格局，提出导流洞改建孔板消能泄洪洞，按国际施工水平确定工程总工期为 8 年半
1986 年	国家计委委托中国国际工程咨询公司对设计任务书进行评估。评估意见建议国家计委对该“设计任务书”予以审批
1988—1989 年	黄委设计院根据多次审查意见对初步设计进行了优化。优化后的枢纽建筑物总布置方案，将原初步设计六座错台布置的综合进水塔改为直线布置的九座进水塔。招标设计时又增加一座灌溉塔
1991 年 11 月	黄委会设计院根据咨询专家的意见，将原初步设计半地下厂房改为地下厂房

三、运筹帷幄，高层决策

1987 年 2 月，国务院批准国家计委《关于审批黄河小浪底水利工程设计任务书的请示》，小浪底工程在国家计委正式立项。1991 年 4 月，七届全国人大四次会议将小浪底水利枢纽工程列入我国国民经济和社会发展十年规划和第八个五年计划纲要，确定在“八五”期间开工建设。七届人大四次会议以前，江泽民总书记到小浪底坝址视察。李鹏总理到黄河视察，对小浪底工程做了重要指示，赞成工程上马。1991 年 4 月，水利部于七届全国人大四次会议闭幕后，成立黄河小浪底水利枢纽工程建设准备工作领导小组，全面负责小浪底工程建设准备工作。同年，9 月 1 日，小浪底工程前期准备工作开工。

小浪底工程投资巨大，在当时国家财政状况下，如果完全由财政拨款兴建，资金将难以保证，短期内上马的难度较大。为了促进小浪底工程尽快上马，水利部提出部分利用世界银行贷款，责成黄委会设计院编制了“部分利用世界银行贷款的可行性报告”。1988 年 7 月，世界银行中蒙局项目官员丹尼尔·古纳拉特南先生（D. Gunaratnan）（简称古纳）一行 4 人到小浪底工程坝址调查小浪底工程情况，由此开始了小浪底工程利用世界银行贷款的一系列工作。1989 年 5 月，古纳第三次考察小浪底工程时建议利用世界银行技术合作信贷（TCC），聘请国际咨询公司协助黄委会设计院编制招标文件及工程概算，成立特别咨询专家组审查枢纽设计方案、评估枢纽的安全性。水利部采纳了世界银行的建议。1989 年 6 月，水利部从世界银行提供的有意参加小浪底工程咨询工作的 11 家国际著名公司中筛选出 5 家公司进行招标。加拿大国际项目管理公司（简称 CIPM）被选为小浪底工程招标设计的咨询公司。1990 年 5 月，国家计委和财政部批准小浪底工程利用世界银行特别技术信贷（TCC）。1994 年 2 月 17 日，中华人民共和国与世界银行在华盛顿就贷款协议和项目进行谈判，2月28日签署会谈纪要。根据协议，世界银行为小浪底工程提供贷款，第一期为4.6亿美元。2月23日，中华人民共和国与国际开发协会在华盛顿就小浪底工程移民项目贷款进行谈判，2月28日签署会谈纪要。根据协议，国际开发协会为项目提供0.799亿特别提款权信贷（合1.1亿美元）。1997年9月11日，世界银行为小浪底工程提供第二期4.3亿美元贷款协议签字。利用世界银行贷款不仅解决了建设资金不足问题，亦为引进先进施工设备、施工技术、施工管理技术敞开了大门，为小浪底工程能够在较短时间高质量建成创造了条件。

第三节　小浪底水利枢纽建设历程

小浪底水利枢纽工程1991年9月12日开始进行前期准备工程施工，1994年9月1日主体工程正式开工，1997年10月28日截流，2000年初第一台机组投产发电，2001年底主体工程全部完工，取得了工期提前、投资节约、质量优良的好成绩。工程建设可以划分为准备工程施工、国际招标、主体工程施工、尾工四个阶段。

一、准备施工

小浪底工程前期准备工程包括外线公路工程、内线公路工程、黄河公路桥工程、留庄铁路转运站、施工供电工程、施工供水工程、通信工程、砂石骨料试开采、临时房屋工程、导流洞施工支洞工程、施工区移民安置工程。为了减少截流前占直线工期的施工项目的压力，节约外资，在进行准备工程施工的同时，进行了右岸主坝防渗墙、导流洞、上中导洞、进水口开挖、出水口开挖等主体工程项目施工。

准备工程施工从1991年9月12日起至1994年4月18日水利部对前期准备工程进行验收为止，历时2年7个月，完成了所有水、电、路、通信、营地、铁路转运站等准备工作，完成了施工区移民安置及库区移民安置试点工作，完成了招标文件中承诺的右岸主坝防渗墙、导流洞施工支洞、上中导洞、进水口开挖、出水口开挖等主体工程项目应实现的形象。国际承包商进场时称赞，小浪底工程有他们所见到的最好的进场条件。准备工程施工期间，基本确立了小浪底工程建设各方之间的关系，尤其是建设单位和设计单位之间的关系，即：小浪底建管局代表国家管理小浪底工程，对进度、质量、安全、投资全面负责；小浪底建管局和设计院是甲乙方合同关系，设计院在设计质量上对小浪底建管局负责，小浪底建管局对工程质量负责。这在当时是基建体制改革的重要举措，为小浪底工程实行业主负责制打下了基础。

准备工程施工期间，组建了工程监理单位，比照 FIDIC 条件的要求开展工作，为主体工程开工后全面进行工程监理积累了经验。前期准备工程的组织紧扣主体工程进行国际招标的要求展开，时间安排以满足利用世行贷款的时间要求为前提；施工项目安排力争多揭示地质条件，提前进行关键线路上的主体工程项目施工，减轻直线工期压力；将人力分成施工和招标两部分，两项工作并行不悖；管理工作比照 FIDIC 合同条件要求进行。上述一系列工作为主体工程建设顺利实施打下了良好的基础。

二、国际招标

小浪底工程国际招标分为土建工程招标和机电设备招标两部分。土建工程招标自 1992 年 7 月 22 日《人民日报》和《中国日报》发布小浪底工程土建工程施工招标资格预审邀请函始，至 1994 年 7 月 16 日业主（黄河水利水电开发总公司）与一、二、三标承包商签订合同为止，历时两年。

小浪底工程土建标国际招标是利用世界银行贷款的必然结果，其工作程序按照世界银行的采购导则进行，完全有别于国内选择工程施工单位的做法，是在小浪底工程上应用新的建设管理模式迈出的关键一步。小浪底工程机电设备招标主要是水轮机及附属设备招标。1994 年 12 月 15 日发售水轮机询价书。1996 年 1 月 10 日在北京正式签署商务和技术合同。7 月初美国进出口银行向中国国家开发银行正式承诺对小浪底工程水轮机提供出口信贷。小浪底工程水轮机的国际招标，是一次进口重大设备同利用国外出口信贷相结合的招标，在国内水利水电建设史上是第一次。

三、主体工程实施

小浪底主体工程包括土建国际标、土建国内标和机电安装标三大部分。

1. 土建国际标施工

小浪底工程土建国际标由大坝标、泄洪排沙系统标和引水发电系统标组成。大坝标由黄河承包商（责任方为意大利英波吉罗公司）施工，泄洪排沙系统标由中德意联营体（责任方为德国旭普林公司）施工，引水发电系统标由小浪底联营体（责任方为法国杜美思公司）施工。

1994 年 5 月 30 日工程师发布大坝工程标开工令。1998 年 3 月 5 日完成混凝土防渗墙；1998 年 7 月 16 日完成坝基开挖；2000 年 11 月 30 日全部完工。整个工程历时 6 年，比合同规定的完工日期 2001 年 12 月 31 日提前 13 个月。1994 年 6 月 30 日工程师发布泄洪工程标开工令。1996 年 8 月完成尾水导墙；1997 年 9 月完成导流洞和消力塘；1997 年 12 月完成进口引渠；1999 年 6 月完成排砂洞、明流洞、全部公路和交通洞；2000 年 12 月 31 日全部完工，工程历时6年半，比合同规定的完工日期2001年6月30日提前6个月。1994年5月30日工程师发布引水发电设施标开工令。1995年1月完成8号交通洞；1998年3月完成主变室和母线洞；1998年10月完成地下厂房；1999年1月完成引水发电洞；1999年7月完成尾水渠和防淤闸；1999年9月完成尾水洞和其他洞室。1999年12月31日现场工作全部结束。工程历时5年半，比合同规定的完工日期2000年7月31日提前7个月。

2. 土建国内标

土建国内标施工项目包括1～4号灌浆洞及其帷幕灌浆，1～4号排水洞排水孔、泄洪洞出口排水廊道及其排水孔，副坝、开关站、西沟坝、防护堤公路路面硬化，防渗补强灌浆等。土建国内标施工按施工计划分期进行，按计划实现了目标。

3. 机电安装标

机电安装标由水电十四局、四局、三局组成的FFT联营体施工。工程在1998年2月15日开工，2000年1月9日首台机组投产，2001年12月最后一台机组投产，2002年3月31日按期完工。工作内容包括小浪底水力发电站及枢纽的全部机电设备安装和有关土建工程及相应的建筑装修工程。

4. 移民安置

小浪底工程库区移民分三期进行。第一期为180m高程以下及受影响的4.6万移民，从1995年开始到1997年6月底完成。第二期为180～265m高程区间及受影响的12.6万移民，从1997年开始到2000年结束。第三期为265～275m高程区间及受影响的1.7万移民，从2000年开始到2003年完成。一期移民于1997年6月底按计划完成，为按期截流创造了条件。截流后以及1998年移民安置进度有所拖后，1999年1月5日，水利部、河南省政府、山西省政府在北京召开部省联席会议，布置移民安置工作，解决有关问题。6月30日，215m高程以下移民按计划搬离库区，移民人数4.5万人，为下闸蓄水创造了条件。2001年年底前265m高程以下移民搬迁完毕，使得小浪底工程能够正常发挥拦洪效益。

四、尾工

小浪底水利枢纽工程协议利用世界银行贷款10亿美元，其中向国际复兴开发银行贷款8.9亿美元，向国际开发协会贷款1.1美元。世界银行作为一个国际性的开发投资金融机构，在为小浪底工程建设提供比市场利率较优惠的贷款的同时，为小浪底工程建设提供了技术和管理帮助。世界银行自1988年7月起开始介入小浪底项目。在项目准备、项目评估、项目执行等各阶段，成立专门的工作组，定期派团到现场工作，从而达到监督与检查项目执行情况的目的。

世界银行对小浪底的监督检查主要通过世界银行检查团和大坝安全专家组（又称世界银行特别咨询专家组）的现场工作来实现。世界银行于1988年7月开始组织专家组考察小浪底工程项目。预评估阶段，其11次派出组团对工程进行考察，全面审查了工程技术、移民、水库环境评价、灌溉、水库调度、经济及财务分析等问题。1992年10月世界银行通过了对小浪底水利枢纽工程的预评估。世界银行对小浪底工程机构建设给予极大关注，促成水利部于1989年9月批准成立了黄河水利水电开发总公司（YRWHDC），作为项目业主开发小浪底水利枢纽工程。正式评估阶段，世界银行对小浪底工程的费用概算、财务分析、工程招标文件、运行管理、移民规划等29个专题进行审查，尤其强调了移民工作的重要性，提出给予移民信贷，建议继续聘请先期为业主服务的CIPM为建设提供咨询服务。1994年4月14日，世界银行董事会通过了给予小浪底水利枢纽工程第1期4.6亿美元的硬贷，同时也批准了小浪底工程移民项目1.1亿美元的软贷。

在项目执行阶段，世界银行定期（一般一年两次）派团对项目的实施进行检查，检查的目的在于确保项目按照贷款协议执行，保证贷款的合理使用。在项目的初期，检查团的工作重点是技术问题，后来，检查团更多地关注技术问题、环境问题和财务问题。世界银行先后组团检查小浪底达26次，每次都由世界银行官员和专家提出工作备忘录，对小浪底工程建设、移民、经济、管理、财务以及环保等方面提出评估、咨询意见和工作要求。小浪底工程建设和设计部门对这些意见和要求非常重视，并逐项进行认真研究，分别予以处理和落实，促进了小浪底工程建设。世界银行对小浪底项目的技术性能相当满意，包括项目提前实现了防洪、防凌、减淤、供水和发电效益。同时，由于我国电力市场、小浪底上游来水情况和小浪底水库运行模式的变化，与评估阶段相比，小浪底项目的财务状况面临比较大的问题，世界银行对类似涉及小浪底项目可持续发展方面存在的问题给予了高度关注。

第四节 小浪底工程建设项目管理

小浪底工程建设期间，正值我国改革开放进入全面建设社会主义现代化新时期，先后经历了邓小平南巡讲话、建设有中国特色的社会主义理论、社会主义市场经济体制确立、国企改革、机构改革、“三讲”教育、“三个代表”重要思想提出等重大历史事件。基建领域传统的“自营”模式被打破，出现了建设单位、设计单位、施工单位、质量监督单位等责任主体分工协作、项目业主负总责的建设管理宏观组织结构；开始探索“流域滚动开发”“建管结合”等工程开发模式；招投标、建设监理、合同管理、业主负责制等改革措施逐步推行并逐渐形成基建管理新模式。小浪底工程在水利水电建设领域率先全面实践招投标、建设监理、业主负责制。

小浪底工程与同期其他水利水电工程相比有三个显著特点。一是国家按照“计划—审批—执行”的计划管理模式管理工程建设资金、重大技术方案、重大设备物资采购；项目内部，业主、工程师、承包商、供应商以合同为依据行使权利、履行义务；承包商以利润最大化为决策目标。计划体制与市场机制在小浪底工程上既衔接又冲突。二是小浪底工程土建标全部由以国际知名承包商为责任方的联营体中标承建。施工一方的经营思想、管理方法和手段以西方文化为背景。业主、承包商两方面在行使合同规定的权力、履行合同规定的义务时，追求的目标、奉行的准则有所不同，导致双方在处理建设的质量、进度、资金问题时，沟通与理解存在文化障碍。东西方文化在项目上交融、碰撞。三是小浪底工程自始至终以合同管理为龙头，业主与承包商、业主与设计单位、业主与设备材料供应商之间的业务关系，全部用合同加以约定。业主与政府有关部门在处理移民问题时也以合同形式规定双方权力、义务。合同管理贯穿工程建设始终和工程建设各个环节。

小浪底工程建设实行项目业主负责制、招标承包制和建设监理制，成立了作为业主单位的黄河水利水电开发公司，并按合同条件要求，于 1992 年 9 月组建了小浪底工程咨询有限公司，独立对小浪底工程施工实行进度、质量、投资控制以及试验、原型观测、测量 3 方面的专业监理工作，实现了按国际工程管理模式对项目的全天候、全方位、全过程监理；设计单位也与业主签约，组成小浪底工程设计分院常驻现场，负责施工图纸和技术文件，由此形成了业主对国家负责，监理单位、设计单位对业主负责的有序管理机制。

从目标管理的角度看，小浪底的建设管理是成功的。首先，通过全面推行国际竞争性招标，节省工程投资几十亿元。在施工进度上，经过艰苦的努力，1997 年 10 月提前实现工程截流。现除Ⅱ标基本按计划进行外，Ⅰ标和Ⅲ标进度超前。工程质量总体上非常好。但是在项目建设初期，上级政府部门的行政干预较多，业主决策和反应速度慢，从而在一定程度上影响了现场管理的效率和效果，当然这与项目的效益以社会公益效益为主、国家是投资主体等有关。另外，监理单位的相对独立性不够，小浪底工程咨询有限公司与黄河水利水电开发公司同出一门，总监曾一度由建管局副局长兼任，不利于工程师公正地进行合同管理。

大型工程建设项目管理的经验表明，建立以“三制”为主要内容的管理体制仅是有效管理的第一步。在项目实施阶段，重要的是在建立适当机构、分清职责的基础上，努力加强机构能力建设，协调处理好各种合同关系。

（1）政府部门，主要负责有关政策和宏观协调方面的工作，积极为项目实施创造必要的外部环境，包括出台必要的政策规定和协调不同行业部门间的关系，帮助项目业主寻找资金渠道，筹集建设资金以及进行必需的审查和审批。在建设期，政府部门可通过项目领导小组或在政策允许的条件下通过业主公司董事会对项目实施领导和监督，但应避免对具体的项目建设管理进行直接的干预。

（2）项目业主，应是具有独立法人资格的经济实体，拥有筹资（或至少在开始阶段有自己可以支配的预算）、设计和建设管理、工程建成后的运营管理和还贷等职能；在财务上和职能上独立于政府，能够自主决策。业主公司的主要人员，特别是主要领导应是组织领导能力强，有多年类似大型工程建设、管理经验的人员。

（3）工程师，一方面，作为业主的代理，要执行业主的指令；另一方面，作为合同执行的见证人，要保持独立和公正，严格按承包合同办事，要充分考虑合同双方的权益和观点，不偏袒任何一方，维持两种利益之间的平衡，发挥调解人和“润滑剂”的作用。

（4）工程师-业主-承包商之间的关系。工程师、业主和承包商之间是一种不闭合的三角合同关系，合同执行过程中既要讲控制和约束，也要相互信任、理解、支持和配合。

第五节　小浪底水利枢纽移民安置

如何有效地进行移民安置，使搬迁前原有移民系统得以恢复和确保重建系统的稳定性？在借鉴世界水库移民经验的基础上，参照我国各水利水电工程建设过程中的移民安置经验，结合不同水利水电工程建设的具体实际，在当地政府的主导和调控下，发挥政府的管理职能，对缩短水库移民的社会适应期，尽快恢复原有移民系统的稳定性，具有重要的意义。

一、合理进行移民经济补偿

（1）准确确定水库淹没影响实物指标是移民经济补充的重要基础依据。小浪底工程库区实物指标调查依据《水利水电工程水库淹没处理设计规范》（SD 130—84）及《水利水电工程水库淹没实物指标调查细则》的要求，实物调查分为农村、乡（镇）和专业项目三部分。1991 年 9 月，小浪底工程前期工程开工。由于初设阶段调查的实物指标距离工程开工时间较长，随着我国改革开放的深入、人民群众生活水平的逐步提高，库区基本情况发生了较大的变化，因此，1994 年 3—12 月，对小浪底工程库区实物指标进行了复查，复查结果得到了地方政府的认可，也保障了移民的切实利益。

（2）合理选取水平年是移民经济补偿的重要参考。根据小浪底工程的施工进度、蓄水计划及国家计委的指示精神，确定库区第一、二、三期移民安置的水平年。自移民搬迁安置到位后，经过移民生产开发建设、居民点建设完善及公共设施配套，到移民生活水平恢复到原有生活水平的年份为恢复完善期，恢复完善一般需要3～5年。根据移民设计基准年的生活水平，按照各县（市）“八五”“九五”计划及十年规划的经济增长指标，分析确定恢复完善期末（即校核水平年）安置目标，人均粮食由安置前（设计基准年）的478kg增加的500kg以上，人均纯收入由安置前（设计基准年）的1042元提高到1440元以上，这为小浪底工程移民今后的生活规划了很好的蓝图。

（3）科学合理设置概算项目。小浪底工程在移民安置中，根据SD 130—84规范的要求，考虑到自身实际情况，并参考其他水库补偿投资的概算项目设置确定。在总概算中的单项工程综合概算内设置了农村移民迁建补偿投资，具体包括土地补偿补助、房窑补偿、附属物补偿、零星果树林木补偿、迁移运输费、居民点投资、农副业设施补偿、小型水利水电设施补偿等8项，基本涵盖全面。

（4）及时兑现补偿。按照确定的安置去向核定移民村的户数和人数，根据搬迁计划，分批发放移民个人实物卡、资金卡，由省移民办发放到县（市），再由县（市）发到村、户。在居民点建设开工前，及时把资金兑现给移民个人，并与建房进度结合起来，多数县（市）的做法是，房屋开挖基础时兑现30%，主体建成时兑现30%，完工时兑现35%，另有5%验收后兑现。

（5）优惠政策的落实。免征移民的耕地占用税、农林特产税；免收已进入当地中学读书的孩子的借读费。落实对脆弱群体的扶持，弱势群体在小浪底工程移民中专指妇女、老人、残疾人、儿童、贫困家庭和遭遇特殊困难的移民家庭，对困难户建房补助额按移民人数的7%计算，每人补助1000元。

二、完善相关配套服务设施建设

小浪底工程移民工作实行责任层层落实方针：各级政府全面负责（乡镇人民政府为责任主体），移民部门综合管理，相关部门具体落实责任。移民生产安置和生活安置为农村移民安置的主要工作。在安居乐业、生活交通建设、土地资源分配及利用、文化、教育、劳动力转移等方面具体体现如下：

涉及安居乐业的生产安置和生活安置方面，小浪底工程移民项目中淹没区移民管理机构应事先与安置区人民政府协商，达成协议，并负责为移民办理划拨调整土地转让手续或招工进厂手续，以保证移民生产生活。给农业移民安置的移民不少于一亩的基本粮田。移民自愿投亲靠友的，在迁出地和安置地县、乡人民政府办理相关的手续和移民安排，具体包括：相关移民手续，交接土地补偿，安置补助费，移民生产和生活的统筹安排。

在居民点平面布局上，一般遵循以十字主街为中心骨架，支街采取方格布局，公共设施如商店、村委会、文化娱乐场所居中布置，学校的布置应在考虑就读半径的同时，考虑周围环境是否安静。最初，移民安置实施采用“统一建房，统一分配”的方式，实践证明这种方式是不可行的，不能满足移民的需要。以后便采取“统一规划，自拆自建”的建设方式，新村的基础设施和公共设施由村委会负责建设。

移民村耕地具体分配模式一般根据土地质量和类别，好坏搭配，先由村委会研究分配方案，将搭配好的土地按照村民小组划分，由村民小组抓阄确定本组的土地，而后在组内再进行划分，确定分配到户的方案，由村民抓阄确定自己的土地。另外，“以产定亩”和“以亩定产”是垣曲县小浪底水库移民安置过程中，在划拨和分配土地方法的创新，对工程移民安置的土地分配工作具有一定的借鉴意义，该方法在公平利益的驱动下实行“机会均等”的原则，从土地的实际情况出发，根据地形、地貌、生产和生活经验或数量确定能够在实践中加以把握的指标体系，力求公正合理，减少纠纷，避免冲突，在一定阶段和范围内维护移民自身利益。

移民生产恢复模式、移民安置成功与否的关键在于移民的经济收入能否尽快恢复，而生产开发是移民经济收入恢复的关键所在。河南省小浪底移民生产开发所采取的具体模式有：①民办民管民收益，让移民民主决策，民主管理，即开发项目、资金投入、生产管理、收入分配等各个环节，都经过村民或村代表的讨论，做到账目公开，主动接受群众监督；②“集体搭台、个体唱戏”，由集体出资建设基本设施，再通过转让、承包或租赁等方式给移民，按协议定期收回本金与租金，再投入或分配给其他移民，例如，济源洛峪养殖小区、渑池姜王庄蔬菜大棚等开发项目；③“发展龙头、带动个体”，济源白沟、新安大章、开封河水等村运用“公司加农户”的办法，组织村办公司或专业养殖大户采取为移民养殖户提供种畜、技术指导、防疫治病、产品包销等手段，带动全村搞开发，集体投入，大家收益；④“联户开发、共同致富”，组织移民中经济条件较好的联合开发，兴办养牛场、养鸡厂等，集中使用个人生产补助费用来投资，形成发展规模，共同开发致富。

非农业移民生产安置方面，在本人自愿的前提下，考虑农转非进行非农业安置，以减轻农业安置移民的压力，包括职工家属农转非，县内二、三产业，自谋职业，义马市工业安置，安置移民 1.19 万人。利用生产安置补偿费兴办二、三产业和工业企业，安排移民劳力就业，保证经济收入，满足生计需要。

三、严格移民资金管理

（1）严格移民资金使用程序。按照投资来源划分，小浪底工程移民资金分为国家基建拨款和世界银行贷款两部分，由于库区移民是因修建水库而带来的非自愿移民，他们属于工程的非受益人，是为了国家整体利益而牺牲部分自身利益的群体，因而小浪底工程移民项目不仅是我国政府无偿投资的项目，也是世界银行扶持的范围。1994年6月，世界银行与我国政府签订了《小浪底移民项目开发信贷协议》，根据该协议，世界银行（国际开发协会UIDA）向小浪底移民项目提供总资金相当于7990万特别提款权的信贷资金（即无息贷款），约合1.1亿美元。该资金再由财政部同水利部签署转贷协议，最终由小浪底工程移民项目按照规定的费用类别和比例进行提款报账。“水利部领导、业主管理、两省包干负责、县为基础”为小浪底工程移民项目的管理体制，作为项目业主的小浪底移民局对移民资金的财务管理工作实行统一管理，两省移民管理机构除了负责本省所属级别部门的移民项目资金财务管理工作之外，还要对上级主管部门负责。实施投资包干原则，移民项目资金由水利部与河南、山西两省签订投资包干协议，包资金、包任务、包时间、包效益，超支不补，节余留用。按照基本建设程序管理，移民项目资金是小浪底工程投资的重要组成部分，移民项目资金按照国家基本建设程序的要求筹措、拨付和管理，按照已经批准的移民安置规划、概算及年度投资计划来安排资金的使用。按照“移民专款专用”原则拨付移民资金，移民项目资金只能用于小浪底工程施工区和库区移民安置的补偿和补助，各级移民管理机构必须严格履行移民资金管理的各项规定，以任何理由或名目挤占、挪用、截留移民项目资金的行为坚决予以取缔；不准对无计划和超计划的项目拨款，要严格接受世界银行监管，保证贷款资金的使用，发挥其应有的经济效益，并保证贷款资金只用于世界银行资助的项目，在与我国签订的协议条款中对“建立合适的财务记录，遵循健全的会计惯例，并通过有效的控制及审核手续自始至终地做好这些记录”都作了具体的规定。

（2）内部监督。小浪底移民局和相关省、市、县移民机构都依据自身实际加强移民资金内部审计管理工作，分别制定了内部资金管理办法。由小浪底移民局及省、地（市）、县移民资金管理单位分别构建移民资金内部审计管理体系：成立内部审计机构、开展内部审计工作，审计监督、评价移民资金的财务收支活动的真实、合法、效益情况，审计监督、指导有关经济活动。依照国家相关法律、法规及政策并在上级主管部门、本单位主要负责人的指导下，内部审计机构独立行使内部审计职权，审计监督本单位及下属单位的财务收支及其经济效益，并对相应部门的主管（上级主管部门、本单位主要负责人）负责并报告审计工作。内部审计坚持“服务移民工作”的原则，加强对小浪底工程移民资金活动的审计监督，一方面，强化了移民资金法制化管理，严肃了移民资金的财经纪律；另一方面，有效维护了国家、集体和移民个人的合法权益，确保了移民工作的顺利开展。

(3) 社会监督。小浪底移民局聘请了黄河水利委员会移民局对小浪底工程移民项目进行监理，每月提交一次监理报告。对移民项目资金使用的监督是移民监理的内容之一，监理是对移民项目资金控制的一个渠道。移民可以对资金使用与管理问题提出申诉。小浪底移民局制定了小浪底工程移民项目移民申诉登记报告制度。移民申诉渠道有：向地方各级移民机构书面或口头申诉；向移民监理单位书面或口头申诉；向移民监测评估机构反映问题；向县、市、省、小浪底移民局信访办书面或口头申诉。从申诉内容来看，移民对村干部违纪的问题反映比较多，对补偿补助资金的使用也有反映。对于社会监督中发现的问题，各级移民机构都非常重视，组织有关部门及时处理，移民的满意度是比较高的。

(4) 政府监督。国家审计署驻郑州特派员办事处，省、地（市）、县的审计部门对小浪底工程移民项目资金进行了多次独立审计。审计结果表明，小浪底工程移民项目财务执行情况较好，内部控制制度比较健全，能认真执行各项基建计划，并按照规定的程序运作，项目实施进展较快。

(5) 世界银行检查。世界银行每年两次组织检查团对小浪底工程移民项目进行检查，其中资金的使用与管理是检查的重要内容。1998 年和 1999 年，世界银行还聘请财务、审计方面的咨询专家，对小浪底移民项目资金财务管理进行了专门检查。

综上所述，虽然移民补偿的数量按照当时的国家政策法规执行，不免带有计划经济的强制性，缺乏市场经济因素的合理性，但是对小浪底移民资金的来源以及移民资金的专款专用的严密的四级监督机制，在一定程度上确保了移民补偿实际到户，有利于当时移民后期经济生活的稳定与重建工作的顺利开展。移民补偿落实到位也体现出了两省政府（山西省、河南省）对库区移民民生经济与社会稳定的治理作用和责任，体现公共管理的多元价值，即兼顾和调控国家、业主、移民等各方利益，以实现利益共享。

四、加大移民后期扶持力度

(1) 在移民后期扶持方面，一方面，以“开发性移民”为主导方针，制定移民安置优惠政策和富民政策，建立移民可持续发展的后期扶持资金；另一方面，以市场需求为导向，着眼于移民自力更生，依托各方面资源和有利优势，拓宽移民就业发展的门路，实现移民真正“富得起”的目的。

（2）建立科学的管理体制。“业主管理为主”和“组织协调系统、决策咨询系统、监督检查系统为辅”是小浪底移民工程的管理体制。其中，组织协调系统的作用是组织协助好地方政府工作，例如，大型生产建设开发项目顺利开展，重、难点问题处理，生产开发中移民所遇的技术或资金难题的解决。决策咨询系统的作用：为保证移民安置区科学、合理的开发，由有关科研院所、大专院校等专家组成“决策咨询智囊团”，对移民提供有关生产开发的咨询服务。监督检查系统的作用：对有关方针、政策的执行和工程项目的进度、质量、难题解决的及时性等情况实施监督检查，准确掌握信息以促进移民生产开发工作的顺利开展。

（3）移民后期扶持基金方面。根据原国家计委等四部委计建设〔1996〕526号《关于设立水电站和水库库区后期扶持基金的通知》精神，国家发展和改革委员会在发改投资〔2003〕1957号《关于调整2003年中央预算内水利投资计划的通知》中提出“建设小浪底移民后期扶持基金首先要按照国家规定的每千瓦时5厘钱的标准提取，不足300元/(人·年）的部分从小浪底工程的年发电收益中安排”。小浪底建管局自小浪底工程首台机组并网发电后，就开始从电站上网电价中按照0.005元/(kW·h）的标准提取后期扶持基金。截至2003年5月共提取3483万元，并部分拨付河南、山西两省。实行“国家扶持＋银行贷款＋移民筹措”的“三方筹资”模式，千方百计多方筹措资金。以2002年济源市移民局筹资为例，除了国家扶持资金130万元之外，济源市移民局利用“三方筹资法”中的“银行贷款＋移民筹措”筹资方式又筹集到扶持资金1500余万元，有效缓解了资金紧张的情况。济源市移民局借鉴国内其他工程扶持资金使用的做法，将扶持资金的20%～30%以无偿使用的方式用于一般基础设施和公益设施项目，将扶持资金的70%～80%以有偿使用的方式用于生产开发扶持，对农业开发、工业项目等不同项目的资金扶持利率各有不同。

（4）持续关注移民社会适应性调整。由于水库淹没土地，移民失去赖以生存的家园而被迫或非自愿地搬迁到安置区，由原有社会结构到新社会结构需要一个适应过程。尽量缩短移民的适应性过程，让移民尽快地恢复到搬迁前的水平，并经过短期努力，使移民生活水平逐步得到提高，这是移民机构的重要任务之一。移民的社会适应性过程应该得到各级政府的持续关注，并及时解决其过程中出现的各种问题，进一步促进社会和谐。这种社会适应性调整具体体现在以下几个方面：①对移民优惠政策的落实情况；②移民与安置区居民的相互融合，具体包括安置区居民与移民之间风俗习惯的相互尊重、相互往来和社会、文化等相互融合；③帮助移民广开多种就业渠道，增加移民经济收入；④开展移民和移民干部培训，发挥民间组织在移民搬迁、安置过程中的作用，定期开展无偿技术培训和技术支援；⑤对老、弱、病、残等特殊群体进行照顾，积极发挥妇女在移民安置中的作用；⑥移民申诉机制、渠道、程序，关注移民申诉渠道的畅通性、机制是否健全、程序是否合理完善等。

(5) 共享水利工程资源。小浪底水利风景区成为洛阳经典的旅游景点之一，每年“调水调沙”的观瀑节更是迎来了众多游客，不仅为小浪底旅游景区增加了收益，也为库区周边的移民创造了新的就业机会，促进旅游业、餐饮业、特色食品业的发展，即通过工程建设创造出了新的需求，推动库区相关二、三产业的发展，促进小浪底库区资源更加有效地利用。小浪底工程资源与景区开发带动了相关产业和导游人才的发展，共享小浪底旅游品牌的同时，也促进了当地特色产业的发展，例如，核桃种植基地和渔业养殖基地的发展，从而增加了当地移民的经济收入。

第六节 小浪底水利枢纽的经验成就

中国特色社会主义制度和国家治理体系是党领导人民在实践中干出来的，是历经艰辛探索得出来的规律性认识。新中国成立70多年来尤其是改革开放40多年来，中国取得的巨大发展成就，充分彰显了中国特色社会主义制度的巨大优势，也引领着我们不断从一个胜利走向另一个胜利。小浪底水利枢纽工程涉及区域的调度、移民的安置等重大挑战，在世界水利工程史上都留有浓重的一笔，深刻体现了中国特色社会主义制度的显著优势。小浪底工程设计、施工、建设管理工作注意借鉴、吸收先进经验，结合工程实际大胆创新，取得了一系列令人瞩目的成就。

一、中国特色社会主义制度显著优势在工程技术上的体现

第一，合理拦洪排沙、综合兴利的规划思想取得了成功。借鉴三门峡水库蓄清排浑运用的成功经验，按照合理拦洪排沙、综合兴利的规划思想，以防洪和减淤为主要开发目标，合理规划小浪底水库126.5亿m^3的总库容，既能使下游河床20年不淤积抬高，又可保持51亿m^3长期有效库容，汛期防洪调水调沙，非汛期蓄水兴利，使小浪底水利枢纽能够长期发挥作用。

第二，垂直防渗与水平防渗相结合，利用黄河泥沙淤积形成防渗铺盖的防渗方式适应了黄河的特点。小浪底大坝位于深覆盖层上，最大坝高为160m，总填筑量为5185万m^3，是中国第一个壤土斜心墙堆石坝；最大造孔深度为81.9m、厚1.2m的防渗墙是国内最深、最厚的混凝土防渗墙。小浪底大坝运用初期，由混凝土防渗墙和斜心墙形成垂直防渗体系，斜心墙通过坝内短铺盖与作为坝体一部分的主围堰斜墙防渗体连接，随着水库淤积的发展，可形成辅

助的水平铺盖防渗体系。

第三，集中流道互相保护，保持进水口冲刷漏斗，解决了进水口防淤堵问题。小浪底水利枢纽所有泄洪、排沙及引水发电建筑物集中布置在左岸，16条隧洞进水口布置为“一”字形排列，共10个进水塔；充分利用左岸山体最厚实的部分集中布设洞线，出口集中消能；16条隧洞的进口在平面和立面上错落有致，形成低位泄洪排沙，高位泄洪排污，中间引水发电的布置格局。这种集中流道的布置通过合理运用，可以保持进口冲刷漏斗。

第四，设计建造了世界上最大的多级孔板消能泄洪洞。有三条直径为14.5m的导流洞，蓄水后封堵前段并加设三级直径分别为10m和10.5m的孔板环，进口抬高至175m高程，设龙抬头段与导流洞相连，孔板后设中间弧形工作门控制室。水流通过孔板环逐级削弱能量，在最高水位运用时，可削弱70多米水头，控制最大流速不超35m/s。孔板洞为多泥沙河流重复利用导流洞提供了借鉴，也解决了枢纽建筑物总布置的难题。我国水利界对采用孔板消能泄洪洞一直有很大争议。围绕洞内孔板消能引发的空化、水流脉动、围岩振动、清浑水流特性、比尺效应、中闸室出口掺气等进行了70余次实验研究，在碧口水电站排沙洞进行了1∶3.8比尺的中间试验，取得了直观且十分宝贵的测试成果。专家一致评价小浪底孔板消能泄洪洞的设计和建设是成功的。

第五，综合解决汛期发电问题。为了解决泥沙磨蚀问题，分别在发电引水口下方15m和20m处布置排沙洞进口，采用两台机进口一联的通仓式布置和主副拦污栅结构，尽量减少过机沙量；设计了低比转速的新型抗磨保护措施；设计了筒形进水阀和带有环形廊道便于检修的机墩，以保证小浪底水电站在多沙的汛期能正常发电。

第六，设计并成功实施了单薄山体下地下洞群。小浪底工程在左岸相对单薄山体约一公里的范围内布置了约110个不同功能的洞室（井），这些洞室（井）群纵横交错、立体交叉，其密集度在国内外工程中罕见。小浪底地下厂房跨度为26.2m、高61.44m、长251.5m，在节理裂隙发育且有多层泥化夹层分布的层状岩层中开挖形成；地下厂房顶拱和高边墙采用喷锚双层保护的预应力锚索、张拉锚杆及薄层喷混凝土等柔性支护作为永久支护；承重1000T的吊车梁采用了岩壁吊车梁结构。小浪底地下厂房是我国在同类地层中跨度最大的地下厂房。小浪底地下洞室群的成功建设为我国地下工程的设计和施工积累了经验。

第七，成功实施无黏结环锚预应力混凝土衬砌。小浪底三条直径为6.5m的排沙洞为可局部开启运用的压力式隧洞，是枢纽中使用最频繁的泄流设施。为防止高压水外渗影响左岸单薄山体的稳定，在帷幕后采用了无黏结环锚预应力混凝土衬砌结构，一般围岩段混凝土衬砌厚0.65m，每0.5延米布置8根双圈缠绕、带 PE 套管的锚索。锚具槽在底拱 90°或 120°成双向交错布置。该衬砌结构施工简单，锚索预应力效率高，衬砌受力均匀。

第八，高强度机械化施工。小浪底工程采用了多种大吨位、大容量、高效率施工机械，创造了多项施工记录。小浪底工程创造了大坝平均月填筑强度 120 万 m^3、日最高填筑强度 6.75 万 m^3 的国内最新纪录。

第九，大量运用新技术。小浪底工程首次成功地采用了 GIN 帷幕灌浆技术，首次在国内采用了塔带机混凝土浇筑技术；首次在高边坡处理及厂房顶拱支护中大量采用了双层保护预应力锚索；首次在国内混凝土防渗墙施工中采用了槽口平接技术。

二、中国特色社会主义制度优势在管理上的体现

第一，成功引进外资并进行国际竞争性招标。小浪底工程利用世界银行贷款亿元，在当时的背景和国家财政状况下，适应了改革开放的新形势，解决了财政资金不足的问题，使得小浪底工程能够动工兴建；并且，实行国际招标，为以后的工程建设管理模式奠定了基础。机电设备采用出口信贷招标采购方式，在水利水电建设中首开先河。

第二，全面实践“三制”建设管理模式。小浪底工程主体工程施工全面实行“业主负责制”“招标投标制”“建设监理制”，业主负责工程建设重大问题的决策、支付、外部环境的协调，责任集中避免了有关各方只对上级负责、难以协调的弊端，保证了工程建设在质量、进度、投资问题上能够统筹兼顾。工程的土建施工、设备制造安装、原材料供应全面实行监理，全方位实践了建设监理，培养锻炼了队伍，取得了成绩。主体工程全部通过招标选择施工承包商、设备制造商、材料供应商、设备安装承包商，为工程建设选择了合格的承包商，节约了投资，保证了工程质量。

第三，合同管理成效显著。合同管理是小浪底工程建设一切管理工作的核心，合同管理贯穿于工程建设管理的各个环节。参建单位通过工程建设，学习应用了合同管理的思想和方法，索赔、反索赔能力增强，工作效率提高，增加了参与国际合作的工作经验。小浪底建管局在处理导流洞赶工问题上，创造性地运行合同条件，引入国内成建制专业水电施工队伍作为劳务分包进行抢工，为按期截流创造了条件；在处理与二标、三标承包商的合同争议问题上，业主、工程师按合同条款的规定，引入争议评审机制，成功地解决了重大合同争议，既避免了旷日持久的仲裁，又将投资控制在了概算范围以内。

第四，移民安置取得了成功。小浪底工程移民安置实行“水利部领导，业主管理，两省包干负责，县为基础”的管理模式，是移民管理体制的创新。移民工作实践表明，以大农业安置为主，走开发性移民的道路，适合农村移民的

经济文化发展要求。安置区生态环境得到保护，移民生活水平比搬迁前普遍提高。

第五，按计划完成了各项施工任务。小浪底工程按计划实现了截流、蓄水、发电目标，主体土建工程工期普遍提前。竣工初步验收将工程质量评定为优良。工程投资较概算节余38亿元。取得了质量优良，工期提前，投资节约的好成绩。

第六，枢纽投运以后走上了良性发展的轨道。小浪底建管局既是小浪底工程建设的业主，也是建成后枢纽的运行管理机构。在工程建设过程中充分考虑了将来运行管理各个方面的需要，按照设备精良，管理先进，人员精干，运行安全的标准，组织了运行管理队伍，并在建设过程中，适时进行机构和体制改革，建立了一套适应运行管理与多种经营协调发展的经营管理体制，使枢纽具有了长期良性运行的管理环境。

第七，精神文明建设取得了丰硕成果。小浪底工程虽然是按国际工程惯例进行管理的项目，但是业主在工程建设管理过程中，敢于坚持自己的优良传统，大力开展思想政治工作和精神文明建设，取得了丰硕的成果。小浪底工程建设管理过程中，小浪底建管局加强党的建设和党务工作，在现场建立了包括工区内所有国内施工单位在内的党务联席会议制度，及时传达贯彻党的方针政策，统一布置政治思想工作，从而使业主关于工程建设的意图得以顺利贯彻到工作面，有效地保证各项建设目标的实现。保截流抢工期间，强有力的思想政治工作，形式多样的创先争优，向一线送温暖活动，有效地激励了中方施工人员的工作干劲，为保截流抢工夺得胜利提供了强有力的思想保证。工程建设期间先后有六支青年突击队被评为“全国青年文明号”。

三、小浪底水利枢纽工程充分展现中国特色社会主义制度环境的契合性、运行的高效性和体系的系统性

首先，制度环境的契合性。中国特色社会主义制度和国家治理体系是以马克思主义为指导、植根中国大地、具有深厚中华文化根基、深得人民拥护的制度和治理体系。中国特色社会主义制度是深深植根于中国历史发展、文化渊源和实践基础的“参天大树”。就制度环境来看，中国特色社会主义制度与中国历史发展、中华传统文化具有很高的契合性，充分反映了中国共产党在国家治理体系选择上的科学认识和高度自觉，与中国历史发展相契合。在黄河小浪底水利枢纽工程建设过程中，中国共产党团结带领人民，坚持把马克思主义基本原理同中国具体实际相结合，取得了工程的顺利完工。

其次，制度运行的高效性。中国实行工人阶级领导的、以工农联盟为基础的人民民主专政的国体，实行人民代表大会制度的政体，实行中国共产党领导

的多党合作和政治协商制度，实行民族区域自治制度，实行基层群众自治制度。这样一套制度安排，能够有效保证人民享有更加广泛、更加充实的权利和自由，保证人民广泛参加国家治理和社会治理。

制度体系运行的高效性是中国特色社会主义制度的一个显著特点，主要体现在以下三个方面：

第一，集中力量办大事。“我们最大的优势是我国社会主义制度能够集中力量办大事。这是我们成就事业的重要法宝。”黄河小浪底水利枢纽工程的顺利进行证明，我们的国家制度和国家治理体系具有“坚持全国一盘棋，调动各方面积极性，集中力量办大事的显著优势”。从“两弹一星”到“嫦娥”探月，从三峡工程到青藏铁路，从北京奥运会到上海世博会，从工业化骨架全面搭建到高铁大动脉不断延伸，从党的十八大以来连续六年年减贫 1300 多万人到织就世界最大社会保障网……中国制度表现出来的巨大能量令世界瞩目，充分体现了中国共产党领导和我国社会主义制度能够集中力量办大事的政治优势。

第二，提高效率办成事。不仅能够调动资源、集中力量办大事，还能提高效率办成事，这是中国制度体系运行高效性的另一个表现。小浪底水利枢纽，从决策到执行都能够体现出这种效率。通过实行民主集中制，既能够广泛收集各民主党派、各人民团体、各社会阶层的意见，实现决策的代表性与广泛性；同时，又能够在收集各方意见建议的基础上，高效集中做出决定，从而形成最终的决策。党对国家事务实行政治领导的过程，实际上就是党的主张首先通过党内决策转化成党的路线方针政策，然后再通过严格的法定程序，上升为符合人民群众根本利益的国家意志，并得到执行的过程。

第三，面对挑战有定力。事实证明，中国特色社会主义制度和国家治理体系能够有效应对和化解我们面临的国内外各种风险挑战，并在这个过程中不断使自身得到完善和发展。黄河小浪底水利枢纽工程建设，既能够着眼于中国经济发展的长远利益和整体利益，保持战略定力、坚持高质量发展的方向，也能够根据运行中的问题进行灵活、适时的逆周期调节，在平稳发展中实现转型升级。

最后，制度体系的系统性。中国特色社会主义制度不是指某个单项的制度，而是一个严密完整的科学制度体系，起四梁八柱作用的是根本制度、基本制度、重要制度，其中具有统领地位的是党的领导制度。不同层面的制度相互衔接、相互联系、各司其职、有机协调，形成了系统化的中国特色社会主义制度体系，推动了中国特色社会主义事业的发展，推动着国家治理水平的提升。根本制度是在制度体系中起决定性作用的制度。

根本制度反映了制度体系的本质内容和根本特征，体现了制度体系“质的规定性”，是一种制度体系区别于其他制度体系的主要标志。比如，作为我国根本政治制度的人民代表大会制度，决定了国家的一切权力属于人民，保证了人民当家作主，体现了社会主义制度的本质。作为根本领导制度的党的领导制度居于中国特色社会主义制度的统领地位，坚持把党的领导落实到国家治理各领域各方面各环节，不断提高党科学执政、民主执政、依法执政水平，是党和国家的根本所在、命脉所在，是全国各族人民的利益所在、幸福所在。基本制度是制度体系中的基本内容。

基本制度体现在各领域各方面，对国家经济社会发展有着重大影响。比如，基本政治制度和基本经济制度作为基本层面的制度，规定着国家政治生活、经济生活的基本原则。基本政治制度包括中国共产党领导的多党合作和政治协商制度、民族区域自治制度以及基层群众自治制度等。基本经济制度是指公有制为主体、多种所有制经济共同发展的基本经济制度，它是改革开放以来中国发展创造奇迹的重要保障。

重要制度服务于根本制度与基本制度。重要制度是由根本制度和基本制度派生而来、国家治理各领域、各方面、各环节的具体的主体性制度，推动着我国经济社会全面协调可持续发展。若是没有重要制度发挥作用，根本制度和基本制度就会悬空，其维护社会关系、社会性质、社会秩序的目的便无法实现；若重要制度不恰当、不适宜，其中的具体制度不具体、不全面和不相互配套，也会影响根本制度和基本制度的贯彻落实。

第九章

秦皇岛市河长制

党的十八大以来，以习近平同志为核心的党中央，将生态文明建设纳入中国特色社会主义“五位一体”总体布局和“四个全面”战略布局，提出了一系列新观点、新论断、新要求，确立了创新、协调、绿色、开放、共享五大发展理念。秦皇岛市以这一系列强大的理论指引和思想武器，准确把握和科学推进生态文明建设，全面推行河长制，创新提出滩长制，同时实现“河长制与滩长制”协同联动。秦皇岛市坚持严格落实河长制工作，坚持党政领导高位推进、实力推进和持续推进，坚持全员参与、全程监管，强化合力攻坚，构建“河长牵头、党政齐抓、部门联动、群众参与”的系统治理格局，集中力量，坚持源头把控，大力推行全流域系统治理，制定“五位一体”长效督导机制，形成“分工系统、标准一致、条块结合、全流域包干”的网格化管理责任体系，把全面推行河长制落实到秦皇岛每一寸土地和水面上。

第一节　背景情况

秦皇岛市北倚燕山，南临渤海，山、河、海相连，域内河湖纵横，水系交织，河流总长度为 1660 多 km[1]。其中独流入海的大小河流共有 17 条，分属滦河及冀东沿海两大水系，为典型季节河流，汛期河水暴涨暴落，枯水季节易断流，水体自净能力较差。

近年来，随着环渤海地区经济的快速发展，大量污染物排入渤海湾，造成海域水质恶化、赤潮多发。北戴河近岸海域，水质不达标面积及赤潮发生次数连年增加，给秦皇岛市旅游经济、海域生态系统和水环境安全带来了严重威胁。2011 年，入海污染源排放的总磷、总氮、氨氮等 19 种污染物总量为 8.425 万 t，其中河流污染物排放就达 7.92 万 t，且逐年加大，至 2014 年整个

[1] 宋士迎．秦皇岛市落实河湖长制推行全流域治理模式的实践［R］．河长制工作经验交流，2020，2，15。

北戴河近海海域没有Ⅰ类水质区域，Ⅱ类水质海域仅分布在北戴河东南部海域，甚至出现劣于Ⅳ类水质海域。2005—2012 年调查数据显示，除青龙河外，全域水质均未达到Ⅲ类水质标准，饮马河水质更是达到劣Ⅴ类。

部门间各自为政，岸、河、海分头施策，多面突击，往往治标不治本，形成“头疼医头，脚疼医脚”的困局。河道攻坚清理，虽短时起到作用，但河岸污染源随雨水冲刷又汇入河道，出现“河水常治不见清”的恶性循环，蓝藻、浮萍等水环境问题频发，可谓是“按住葫芦起了瓢”，整治工作事倍功半。

痛定思痛，亡羊补牢。2015 年，秦皇岛市委、市政府着眼于持续改善水生态环境，建立健全河（湖）长制，并以此为重要抓手，全力推进水生态治理各项工作，实现生态环境持续改善，有力保障秦皇岛市近岸海域的经济、社会和生态环境的协调可持续发展。

按照“河长制”工作部署❶，秦皇岛市市委、市政府、市人大、市政协四大班子全员上阵，在全市设立市级总河（湖）长 2 名（市委书记和市长），市级河长 30 名、湖长 2 名；县级河长 107 名、湖长 1 名；乡级河长 284 名、湖长 2 名；村级河长 1949 名、湖长 7 名；市、县级设置河长制工作办公室，副市长和副县长任河长制办公室主任，政府秘书长任副主任。

第二节　秦皇岛市实施河长制成效

在推行市县乡村四级“河长制”中，全市实行了网格化管理全覆盖，让每一延米河道都有人管、管得住、管得好，确保全民治水工程的扎实有效，带动生态立市工作的全面发展。河长制就是责任制，关键是激发各级干部的责任心和担当精神，真正把责任记在心上、扛在肩上、抓在手上。按照“一河一长、分级负责、属地管理、条块结合、全流域包干”的管理体系，在全市设立四级河长的同时，还设立了 41 名“河道警长”❷。根据“组成网络、网中有格、格中定人、各负其责”的原则，绘制责任分工图、污染源分布图，形成了巡视、督办、处置、考核环环相接的网格化管理体系，实现每一延米河道都有人管、管得住、管得好。

截至 2018 年年底，秦皇岛全市排查出河道垃圾 984 处、直排入河排污口 12 处、雨污混排 15 处，已全部完成整治。禁养区内的 167 个规模养殖场，已关闭搬迁 162 个，5 家正在推进。配套建设畜禽规模养殖场废弃物处理利用设

---

❶ 郭猛，宋柏松．碧水清流润港城：秦皇岛全面推行“河长制”纪实［EB/OL］.［2020-06-26］. http://hbrb.hebnews.cn/pc/paper/c/201906/26/c139664.html。

❷ 税喜芝，于存杰．秦皇岛全面实施“河长制”［EB/OL］.［2020-06-15］. http://www.waterchina.com/content/detail/id/14865。

施 1294 个，配建比例达到 93.23%。改造农村厕所 3.3 万座，39 个村完成农村生活污水治理项目建设，2227 个村庄全部建立了农村垃圾长效机制，实现了城乡一体化垃圾处理，垃圾治理市场化率达到 91.6%。

经过 3 年多的努力，秦皇岛市河湖面貌明显改观，河海水质得到提升。2018 年年底，10 个主要河流省考断面中，水质达标比例达到 100%，较去年同期提高 10 个百分点；水质优良比例达到 60%，与去年持平，无黑臭水体；北戴河 8 个海水浴场主要监测指标一类标准比率达到 98.6%，近岸海域 9 个监测点位水质全部达到功能区要求。

秦皇岛市县乡村四级“河长制”在全市范围内推行以后，河流的生态状况得到根本改善，河流真正成为全市的生命之河、美丽之河、富民之河、文明之河。目前全市大多数河流水环境良好，鱼类、鸟类、藻类以及沿岸植物和谐共生，生态链条稳定。海水浴场稳定达标，93.1%为Ⅰ类水质[1]。通过实行河长制，有效地带动了沿岸群众参与治河，让他们看到了治河的希望，尝到了环境改善的甜头，从河流环境的破坏者变为河流环境的保护者、维护者。

第三节　河长制的领导责任体制和协同联动的主要经验

一、以人民为中心，构建勇于集中力量的领导责任体制

党全心全意为人民服务，立党为公，执政为民，始终把人民的利益作为自己工作的出发点和落脚点，深得人民的拥护，为集中力量办大事奠定了深厚的群众基础，使集中力量办大事成为实施重大国家战略、实现经济快速发展、满足人民日益增长物质和文化需要的重要途径。秦皇岛市市委市政府深入贯彻习近平新时代中国特色社会主义思想和党的十九大精神，认真落实习近平总书记关于河长制工作的重要指示精神，自觉践行“四个意识”，坚持以人民为中心的发展思想，站在新的历史起点上实现新的跨越。市委书记孟祥伟 2018 年初提出，坚持以习近平新时代中国特色社会主义思想为指引，把以人民为中心的发展思想落到实处，坚持“全年化、日常化、正常化、网格化”的理念，夯实基层基础，推动全市各项工作奋力迈上新台阶。

以人民为中心，秦皇岛市构建了具备强大战斗力的河长制组织体制，落实领导责任。自 2015 年 6 月开始，秦皇岛市按照“绿水青山就是金山银山”的发展理念，确立了生态立市发展战略，将水系治理作为一项重要工程，在全市

---

[1] 税喜芝，于存杰．秦皇岛全面实施“河长制”[EB/OL].［2020－06－15］. http://www.waterchina.com/content/detail/id/14865。

全面推行市县乡村四级“河长制”：市级总河（湖）长2名（市委书记和市长），市级河长30名、湖长2名；县级河长107名、湖长1名；乡级河长284名、湖长2名；村级河长1949名、湖长7名，编组分包境内17条入海河流，形成了每条河、每个河段、每米河道都有人管理、有人问责的全流域管理体系。市委书记、市长亲自挂帅，带头徒步踏察河道，找问题、严治理、促转变，其他河长各负其责，真正形成“河长挂帅、水利牵头、部门协同，全面落实属地管理责任”的领导责任体制。通过建立“河长制”领导责任体制，秦皇岛市加强了河道源头治理，凝聚了全社会治水合力，推动治水工作常态化、长效化，初步构建了“依法治河、系统治河、科学治河、全民治河”的格局，为建设生态、美丽和文明之河，打造产业之河、富民之河奠定了坚实基础。

治理好河道就是为子孙留下宝贵财富。人民的根本利益包括发展和文明，只有打牢生态基础，才有可持续的发展和更高度的文明。如果秦皇岛没有了美丽的海岸线和干净的海水，就没有这座城市的未来。为此，秦皇岛市委、市政府把河道治理作为历史性的战略，从事关秦皇岛全体人民的利益，事关子孙后代永续利益的高度来认识。把河流生态治理作为最紧迫任务，坚持宜早不宜晚，以实行“河长制”为抓手，带动党员干部和群众，形成建设生态家园最为强大的力量。同时，以市委领导、政府主导为核心的河长集体能清晰认识到，秦皇岛实施河长制两年多来，各项工作之所以取得显著成绩，最重要的一条原因就是改进了工作作风，领导干部亲力亲为。实施的河长制、路长制、段长制、湾长制，开展的“走遍秦皇岛”，实质都是责任制，实质都是把干部肩上的责任进行了明确。市委书记和市长等领导干部带了头，群众有劲头，在工作面前喊出“跟我来”，才形成了300万干部群众心往一处想、劲往一处使、齐心协力为幸福明天奋斗的生动局面[1]。全市干部队伍要始终坚持把到一线发现问题、解决问题，作为贯彻落实中央决策部署的过程，作为服务群众、了解民情、增长才干的过程，作为净化心灵、提升党性的过程，每个人都要做问题的终结者、发展的助推器。

二、做好顶层设计，打造善于做好大事的协同联动机制

（一）顶层设计，源头治理，责任目标网格化管理

责任目标网格化管理，唤回源头活水。按照“一河一长、分级负责、属地管理、条块结合、全流域包干”的管理体系，在全市设立市、县、乡、村四级河（湖）长。市委、市政府、市人大、市政协四大班子成员全员上阵，分包全

---

[1] 孟祥伟．贯彻落实以人民为中心的发展思想 推动全市各项工作奋力迈上新台阶［EB/OL］．［2020-06-28］．http：//www.cn360cn.com/n703499.html。

市17条河流，水务、环保、城管、住建、农业、林业充分发挥参谋助手作用。根据“组成网络、网中有格、格中定人、各负其责”的原则，各村级河长负责网格管理的点，乡镇河长负责网格管理的线，区级河长负责网格管理的面，市级河长负责网格管理的网。绘制责任分工图、污染源分布图，目标与河长、湖长网格相连，问题与责任层层分解，纲举目张，步调一致，形成巡查、督办、处置、考核环环相接的流域网格化管理体系，实现流域内每一片区都有人管、管得住、管得好。

（二）集中力量，做好大事，协同联动机制有创新

创新机制才能促使河（湖）长制长效运行。着力建立健全参谋服务机制、农村垃圾处理长效机制、河道保洁市场化管理机制、河（湖）长制奖惩工作机制。同时，为保障各项工作落实落地，构建督查、纪检、组织、宣传、河长办组成的“五位一体”协同联动督查机制，重在发现不落实的事，找出不落实的人，追究不落实的责任，调整不落实的干部，曝光不落实的典型。按照“菜单式分解、契约化管理、审计式验收、公开化奖惩”的工作落实机制，对各级河长和责任单位交任务、压担子、要结果，真正把“河（湖）长制”抓深、抓实、抓细、抓久、抓活。

持之以恒施长治，将流域系统治理模式转为机制。一是针对农村生活垃圾治理，实行城乡统筹，采用“村收集、乡转运、县处理”，在河北省率先实行农村生活垃圾治理市场化模式。二是大力实施旱厕改造。完成农村无害化卫生厕所改造11.6万座，建设污水集中收集或分散式处理设施的村累计达到560个，实现农村污水有效管控村庄达724个。三是针对指标靶向治理，管控农业面源污染。全市农药化肥施用量在2015年负增长的基础上，2019年又分别降低3%、5%。持续推进畜禽粪污资源化利用，配建畜禽粪污处理设施14处，累计配建达到1146处。四是抓好总氮总量控制，排查整治涉总氮排放66家企业。五是针对多数养殖场存在粪污治理不彻底、部分养殖场粪污入河的问题，制定了《划定畜禽禁养区限养区的规定》，累计关停、整改临河养殖场2317家。

与时俱进恒维新，协同联动机制自主创新。秦皇岛市在全国率先推行“湾（滩）长制”，并实现河长制与摊长制协同联动。

河长制与摊长制协同联动主要内容如下：为全面加强河流、海域水环境治理，秦皇岛市将水治理作为全市1号工程，主要领导亲自挂帅，担任总河长并亲自分包具体河流。市四大班子领导成员全员上阵，编组分包各河流，给每一个市级河长配备个技术参谋。根据“组成网络、网中有格、格中定人、各负其责”的原则，绘制责任分工图、污染源分布图，形成了巡视、督办、处置、考核环环相接的网格化管理，实现每一米河道都有人管、管得住、管得好。秦皇岛市因地制宜，为了保护好海滩和近海，主动创新地提出摊长制。建立覆盖全市海岸线的“滩长制”综合监体系，与河长制无缝对接，让每一米海岸沙滩都有人管理，有人负责，全面提升海岸沙滩综合治理水平。

河长制与摊长制协同联动模式如下：一是建立陆海统筹机制，在组织机构上，各市、县级河长兼任沿海河口段的滩长，实现从源头到海洋的统一管理，形成陆海统筹管理网络；二是建立联席会议机制，河长、滩长及相关部门每月都定期召开联席会议，通报发现问题，研究海域与河流水域综合治理措施；三是建立联合巡查机制，滩长、河长及相关责任部门组成联合巡查小组，加大源头治理力度；四是建立信息共享机制，环保、水务和海洋部门的环境信息共享，统一设置监测断面，同时取样、同时监测、信息共享；五是建立联合执法机制，针对河口、海洋违章建筑、非法排污等问题联合执法，变“都不管”为“都来管”。

秦皇岛市强化了“河长制”与“滩长制”的衔接联动，建立各有关部门间协调联动机制，河长、滩长联席会议，形成各相关部门分工负责、密切配合、协同推进的体制和机制。目前全市大多数河流水环境良好，鱼类、鸟类、藻类以及沿岸植物和谐共生，生态链条稳定。全市 10 条河流国、省考核断面水质达标率 100%，近岸海域 9 个监测点位全部达到一类海水水质。

第四节　河长制的领导责任体制和协同联动的显著优势

一、秦皇岛市河长制的领导责任体制的显著优势

秦皇岛市河长制领导责任体制优势如下：

第一，河长制管理体制的应用使得河长对河道状况、水质情况的把握更加精准。秦皇岛市坚持徒步踏查，扎实地落实河长履职尽责。坚持徒步踏察，把每一河段的问题彻底查清。把徒步踏察作为对各级河长的硬性要求，用脚步丈量河道，做到察看不能有遗漏、治理不能有剩余、监管必须全流域。市委书记孟祥伟从 2016 年 1 月—2017 年 3 月，利用节假日，8 次徒步踏察戴河、1 次徒步踏察护城河、2 次现场调研，行程 90 多 km，从河口到源头，不落一米，不漏一个污染点，走遍了戴河的主干流及支流，看水质、查污染、访住户、谈保护、话发展，现场研究问题的解决办法；秦皇岛市长张瑞书先后 13 次徒步踏察洋河及洋河水库，其他市级领导也都利用节假日徒步踏察分包河流；2016 年，市级河长累计徒步踏察河流 1500 多 km，召开调度会 68 次[1]。通过徒步

[1] 税喜芝，于存杰．秦皇岛全面实施“河长制”[EB/OL].[2020-07-18]. http://www.waterchina.com/content/detail/id/14865。

踏查，摸清了河流整体状况，查明了所有污染源，明确了工作措施。各级河长通过对河道现存问题及其原因进行深入的分析，制定针对性的改进方案，能够让河道治理工作得以规范有序的开展，水环境也能得到根本的改善。

第二，河长在河道治理工作中发挥着关键性的作用。河长制就是责任制，关键是激发各级干部的责任心和担当精神，真正把责任记在心上、扛在肩上、抓在手上。按照“一河一长、分级负责、属地管理、条块结合、全流域包干”的管理体系，秦皇岛在全市设立四级河长的同时，还设立了41名“河道警长”。根据“组成网络、网中有格、格中定人、各负其责”的原则，绘制责任分工图、污染源分布图，形成了巡视、督办、处置、考核环环相接的网格化管理体系，实现每一延米河道都有人管、管得住、管得好。市县两级河长会实时督促相关单位和部门落实职责，有效防范了部分单位推卸责任或者多头管理等不良问题的发生，河道治理工作效果也得到了进一步的强化。

第三，河道治理是一项长期性的系统工程，需要社会各界公众参与。河道环境治理不是一项临时任务，更不是面子工程，而是一项复杂艰巨的系统工程。秦皇岛市坚持问题导向，大力推进综合整治。主要办法是领导干部带头、群众参与、上下联动、统筹施策、综合治理。对河道的监督和管理不可懈怠，相关单位和社会公众都是监督体系的重要一环，通过应用河长制，秦皇岛市让各方对自身职责更加明确，还能保证技术和资金的持续注入，河道治理工作将获得来自各个方面的大力支持。

第四，河长制的实行使得河道真正得到了综合性的治理。总的原则是依法、依政策、依实际治理，严格依法依规办事，堵疏结合，标本兼治。总体治理思路就是“治海先治河、治河先治水、治水先治污、治污先治源，根本在治人”；近期目标是从源头着手解决问题，建立全流域治理体系，坚决不让一滴污水流入河道，让每一延米河道都有人管；中期目标是综合运用化学、物理、生态等修复办法，彻底治理河流环境，建成美丽生态之河；远期目标是建设“生命之河、美丽之河、富民之河、文明之河”，形成生态良好、群众受益、群众参与、河流环境更加良好的正向循环。水污染问题得到了有力遏制，水生态系统恢复了平衡，给人们创建了舒适健康的居住环境，人们也会由衷地产生幸福感。

二、秦皇岛市河长制的协同联动的显著优势

秦皇岛市河长制体现出现来的首要显著优势是中国特色社会主义制度优势。没有中国特色社会主义公有制制度基础，秦皇岛市就无法根除河流污染在水中、根源在岸上的“病根”。

第二个显著优势是坚持党的集中统一领导，坚持党的科学理论，保持政治

稳定，确保国家始终沿着社会主义方向前进。它确保了全国一盘棋思想一以贯之地得以落实。这是秦皇岛全面推行河长制、滩长制，实施综合治理的协同联动的制度基础。

第三个显著优势是坚持人民当家作主，牢记为人民服务的宗旨，发展人民民主，密切联系群众，紧紧依靠人民推动国家发展。人民当家作主的政党是领导力量，便于集中、善于集中和能够集中力量办大事。这是秦皇岛全面推行河长制、滩长制，实施综合治理的协同联动的领导与力量基础。

第四个显著优势是坚持全面依法治国，建设社会主义法治国家，切实保障社会公平正义和人民权利。依法治国是党领导人民作出的重大战略决策。党更加重视发挥依法治国在治国理政中的重要作用，更加重视通过全面依法治国为党和国家事业发展提供根本性、全局性、长期性的制度保障。为了确保全时段、全天候、全流域监管河流生态，秦皇岛市委、市政府先后制发 3 个河长制管理工作方案，推出 6 项工作制度，建立了 5 项工作机制，出台 4 个规范性文件。这些法律法规的修改与完善是秦皇岛全面推行河长制、滩长制，实施综合治理的协同联动的制度保障和不可动摇的法治基础。

第五个显著优势是坚持以人民为中心的发展思想，不断保障和改善民生，增进人民福祉，走共同富裕道路。秦皇岛市委书记孟祥伟在动员会上强调，全市各级河长、各部门务必要提高认识，在理念上提升、在管理上求细、在落实上求实，再接再厉、再攀高峰，把以人民为中心的发展思想落到实处，力求各项工作更加精准精细、好上更好，在推进河长制工作中向前迈出一大步，打造幸福河湖，不断满足全市人民对美好生活的向往。这种坚持以人民为中心的发展思想，以坚实的民生保障制度，不断改善民生，增进人民福祉，满足人民群众对美好生活的向往和需求，这是秦皇岛全面推行河长制、滩长制，实施综合治理的协同联动的目标力量基础。

第六个显著优势是坚持改革创新、与时俱进，善于自我完善、自我发展，使社会充满生机活力。秦皇岛市在全国率先推行“湾（滩）长制”，并实现河长制与摊长制协同联动。这是一种自我革新、自我改革创新、自我完善、自我发展。这种永葆青春、时时充满奋斗力量的政党是秦皇岛全面推行河长制、滩长制，实施综合治理的协同联动的力量之本。

第七个显著优势是生态文明思想的重要实践。生态文明建设是关系中华民族永续发展的千年大计。必须践行绿水青山就是金山银山的理念，坚持节约资源和保护环境的基本国策，坚持节约优先、保护优先、自然恢复为主的方针，坚定走生产发展、生活富裕、生态良好的文明发展道路，建设美丽中国。与周边的工业城市相比，秦皇岛是零距离滨海城市，绿色、生态是城市鲜明的特征和重要的品牌，是赖以生存和发展的本钱，在河北省乃至环渤海地区，没有哪个城市像秦皇岛这样依赖于渤海水质，可以说生态是秦皇岛不可触碰的底线。如果说生态攸关其他城市发展的优劣，那么生态更攸关秦皇岛的生死，河湖生态建设对秦皇岛更具有极其特殊的意义。秦皇岛市委、市政府着眼于建设文明生态城市和持续改善水生态环境的不懈努力。自 2015 年 6 月开始，秦皇岛市按照“绿水青山就是金山银山”的发展理念，确立了生态立市发展战略，将水系治理作为一项重要工程，在全市全面推行市县乡村四级“河长制”。市委书记孟祥伟紧紧抓住“生态立市”这个战略关键，明确指出，推进生态立市，首要的是要抓好全市所有河流的全流域生态治理，抓紧健全河长负责制，立下军令状，并向社会公开公示。所有河长都要采取实地踏查的办法，推进生态治理，让每一条河、每一段河道都有人管、管得住、管得好。

秦皇岛市是国际著名旅游城市，绿色生态是其最大优势，水是秦皇岛的核心生态资源。秦皇岛市坚持“绿水青山就是金山银山”的理念，确立生态立市发展战略，把落实河（湖）长制作为重要抓手，以流域为单元，市委、市政府、市人大、市政协四大班子成员全员上阵，分包全市 16 个流域水系治理任务，相关部门作为技术参谋单位全程配合，构建了“河长牵头、党政齐抓、部门联动、群众参与”的强大领导责任体制和“河长制与滩长制”协同联动机制。秦皇岛市把问题与责任层层分解，目标与河长、湖长网格相连，破解九龙治水、各自为政的治水困局，以实施河长制的实践行动阐释了河长制集中力量办大事的主要经验与显著优势。

后　记

水利是经济社会发展的重要支撑和保障，与人民群众美好生活息息相关。随着新时代的到来和经济社会的持续快速发展，我国水资源形势将发生深刻的变化。水利内涵不断丰富、水利功能逐步拓展、水利领域更加广泛，传统任务与新兴使命叠加，现实需要与长远需求交织，水利事业将面临一系列新的挑战，迎来新一轮大发展的机遇。但目前我国一些地方还存在较严重的水污染、水安全、水生态等问题，缺水的生活之苦、少水的生产之苦、无水的生态之苦、滥水的发展之苦交织在一起。这不仅揭示出当前我国治水的主要矛盾已经从改变自然、征服自然转向调整人的行为、纠正人的错误行为，而且是我国社会主要矛盾变化在治水领域的具体体现，更是我国水利改革发展水平和发展阶段的客观反映。

水的社会属性，引出了水的社会和文化命题，这些命题就是社会科学需要研究和回答的问题。如今，人类社会的水危机越来越多地表现为社会问题，因此，通过社会科学研究去认识水危机问题的深层次原因，从人类社会中寻求解决之道、制定科学的水资源管理战略、实现水危机的综合治理等，已受到了国际社会的广泛重视。社会科学对化解当代水危机、实现水资源的可持续利用有着不可替代的作用。这种危机的特征越来越显示出它的社会属性，大量水问题的产生与人类社会直接相关，单纯的技术手段已经不能够从根本上化解这种危机，亟待社会科学的参与去维持人类对水的记忆，总结历史经验，探索问题的根源，提出化解矛盾的对策，指出水资源可持续利用的路径。因此，社会科学对水问题的研究是必不可少的。

当前，我国治水的主要矛盾已经从人民群众对除水害兴水利的需求与水利工程能力不足之间的矛盾，转化为人民群众对水资源水生态水环境的需求与水利行业监管能力不足之间的矛盾。因此，以紧跟时代的理论自觉，坚持我国国情、水情及新时代水利所处的历史方位，运用马克思主义立场、观点、方法，分析新老水问题和治水的地位、作用，做出符合我国水利改革发展内在逻辑的战略判断，是每个水利工作者不可推卸的使命、责任和担当。

“现代水治理丛书”充分体现了华北水利水电大学社会科学工作者的家国情怀、责任、担当和使命，从社会主义制度优势的角度研究现代水治理的内在逻辑、水利行业强监管的前沿问题、水行政法治的理论与实践、城市水生态文化、生态水利可持续发展等，具有一定的理论价值和现实意义。在丛书交稿之际，研究团队成员苦思冥想、不懈奋战的心慢慢沉静下来，不再有冲锋搏杀般的焦虑与紧张，但也没有多少胜利后的轻松和喜悦，因为汉口超警、九江超警、鄱阳湖告急等长江流域汛情依然牵动着每个水利人的心。水治理是一个巨大的系统工程，需要一代又一代有志之士为之不懈努力！

因编写时间仓促、作者水平有限，书中难免存在纰漏和缺憾之处，敬请读者给予批评指正。

何楠

2020 年 8 月 2 日